JN092736

栄養教育論

土江 節子 編著

秋吉美穂子	井上久美子
井上　広子	牛込　恵子
大瀬良知子	小川万紀子
小倉　有子	小林　実夏
島本　和恵	清水　扶美
高橋　律子	寺田　亜希
橋本　弘子	平田　庸子
馬渡　一諭	安田　敬子

学 文 社

編者のことば

栄養士法では，管理栄養士は，「傷病者に対する療養のための必要な栄養の指導，個人の身体の状況，栄養状態に応じた高度の専門的知識及び技術を必要とする健康保持増進のための栄養の指導，特定多数人に対して継続的に食事を供給する施設における利用者の身体の状況，栄養状況，利用の状況等に応じた特別の配慮を必要とする給食管理及びこれらの施設に対する栄養管理上必要な指導等を行うことを業とする者」とされている。また，栄養士は，「栄養の指導に従事することを業とする者」とされており，「栄養の指導」すなわち「栄養教育」は管理栄養士・栄養士の重要な業務である。

健康・栄養上の問題には，「過栄養」「低栄養」「偏食」などがあり，栄養教育の対象者の背景は，ライフステージ・家庭・地域・組織の他，栄養の知識の有無，心理的な問題など多様である。

今回（2024 年 2 月実施より）改定された「令和 4 年度管理栄養士国家試験出題基準（ガイドライン）」でも，「近年，個人及び地域における栄養課題が多様化・複雑化している」ことが指摘されている。栄養教育では，多様な対象者を理解することが基本となる。

第 1 章の「栄養教育の概念」では栄養教育の対象者の多様性を示した。これらは今後もますます変化していくと考えられる。生活の中で関心をもち，知識を得ていくことが必要である。

第 3 章の「理論や技法を応用した栄養教育の展開」では，栄養教育の具体例を示した。第 1 章の「栄養教育のための理論的基礎」，第 2 章「栄養教育のマネジメント」と関連づけて理解し，また，栄養教育の実際をイメージしながら学び，国家試験の具体的な問題への対応，臨地校外実習や将来就職後に役立たせてほしい。

栄養教育は，健康の維持・増進の基本であり，疾病の治療・合併症の予防となり，QOL の向上につながる。国民の QOL の向上は国の発展につながる。それらの認識のもとに，栄養教育の知識・技術を修得されることを希望する。

今回，本書は，新進気鋭の若手の管理栄養士に執筆をお願いし，学文社の田中社長はじめ編集スタッフにご協力を得て完成することができた。本書に関係くださった方々に心より感謝したい。

2024 年 3 月吉日

土江　節子

目　次

1　栄養教育の理論的基礎

2　栄養教育マネジメント

3 理論や技法を応用した栄養教育の展開
——多様な場（セッティング）におけるライフステージ別の栄養教育の展開

4 栄養教育の国際的動向

1　栄養教育の理論的基礎

1.1　栄養教育の概念

1.1.1　栄養教育の目的と定義

（1）栄養教育の必要性と目的

わが国は世界有数の長寿国である。人口動態統計によると，国民の死因は悪性新生物（腫瘍）・脳血管障害・心疾患が上位となっている。これら疾患および，脳血管障害・心疾患の危険因子である，動脈硬化症・糖尿病・高血圧症・脂質異常症などは生活習慣病である。生活習慣病の**一次予防・二次予防・三次予防**[*1]が有効に行われると，国民の寿命は延長され，健康年齢も伸び，**QOL**[*2]が向上することが推測される。

わが国においては健康増進に係る取組みとして，「国民健康づくり対策」が，昭和 53（1978）年（第 1 次国民健康づくり対策）から数次にわたって展開されてきた。

図 1.1 は「第五次国民健康づくり対策：21 世紀における国民健康づくり運動」「健康日本 21（第三次）（令和 6 年 2024 年～2035）」の概念図である。「全ての国民が健やかで心豊かに生活できる持続可能な社会の実現」を目指し，「健康づくりを進める方向性」を示している。

基本的な方向は，「健康寿命の延伸と健康格差の縮小」である。その実現

＊1　**一次予防**：発症・罹患防止
二次予防：早期発見・早期治療
三次予防：進行防止・機能回復

＊2　**QOL（quality of life）**　生活の質・生命の質（一個人が生活する文化や価値観の中で，目標や期待，基準，関心に関連した自分自身の人生の状況に対する認識：WHO 定義）

全ての国民が健やかで心豊かに生活できる持続可能な社会の実現のために，以下に示す方向性で健康づくりを進める

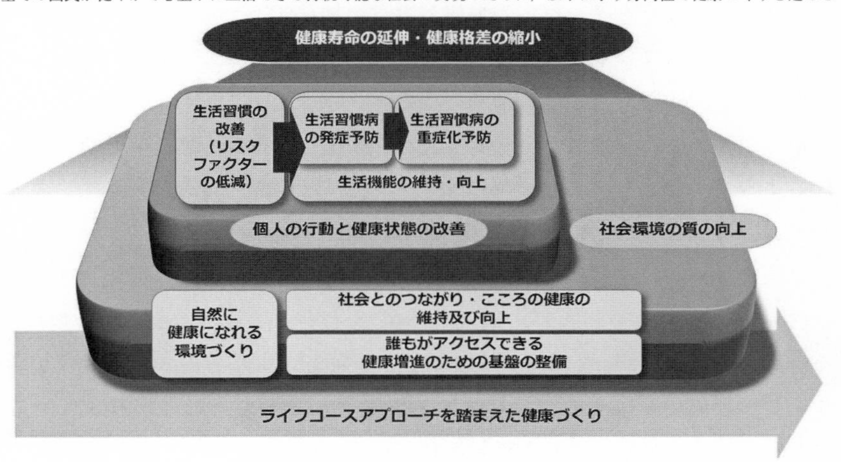

図 1.1　健康日本 21（第三次）概念図

出所）厚生労働省：健康日本 21（第三次）推進のための説明資料（2023）
https://www.mhlw.go.jp/content/001158870.pdf（2023.6.23）

のために，1）「個人の行動と健康状態の改善」，2）個人を取り巻く「社会環境の整備やその質の向上」，3）「ライフコースアプローチを踏まえた健康づくり」が挙げられている。1）については，食生活，身体活動・運動，休養・睡眠，飲酒，喫煙および歯・口腔の健康に関する「**生活習慣病（NCDs）**[*1]の改善（リスクファクアターの低減）」「生活習慣病の発症予防」「生活習慣病（NCDs）の重症化予防」，生活習慣病だけでなく，ロコモティブシンドローム（運動器症候群）・やせ・メンタル面の不調・がんなどの疾患を抱えている人も含め，「生活機能の維持・向上」に取り組むこととしている。2）については，①居場所づくり・社会参加の取組みや環境整備を行うことで，「社会とのつながり・こころの健康の維持及び向上」を図る，②「自然に健康になれる環境づくり」の取組みを実施し，健康に関心の薄いものに向けた健康づくりを推進する。③「誰もがアクセスできる健康増進のための基盤の整備」を行い，多様な主体が健康づくりに取り組むよう促すことを目指している。3）については，これらは，各ライフステージにおいて重要で，また特有であり，「**ライフコースアプローチ**[*2]を踏まえた健康づくり」を進める。

＊1　**生活習慣病**　NCDs（Non-communicable diseases，非感染性疾患）

＊2　**ライフコースアプローチ**　胎児期から高齢期に至るまでの人の生涯を経年的に捉えたアプローチ。

これらの取組みを進めていくには健康教育が重要であり，栄養・食生活に対する栄養教育は健康教育の主軸であり，管理栄養士・栄養士に対する期待は大きい。

なお，「栄養教育」という用語は主に小学校・中学校で使用され，医療保険や介護保険では「栄養食事指導」，特定保健指導では「栄養指導」が用いられている。

（2）栄養教育の定義と要点

栄養とは，生物が，必要な物質を外部から摂取し，それを利用して体を構成し，生命活動を営み，自らの健康を維持・増進する一連の現象である。教育とは，教え育てることで，望ましい知識・技能・規範（行動）などの学習を促進する意図的な働きかけの活動である。

栄養教育とは，対象者が，必要な食物を摂取し，健康を維持・増進していけるように，望ましい食行動を学習し，望ましい食行動に移し（変容），継続していける（形成）ように働きかける（育成）活動である。

実際の進め方は，「健康・栄養状態や食行動の改善の必要な対象者を見つけ（Screening），栄養アセスメント（Assessment）を行い，実施可能な適切な食行動を計画（Plan）し，栄養教育を実施（Do）し，対象者の実施・改善状況をモニタリング・評価（Check）する。評価結果を改善（Action）事項として次の計画（Plan）に取り入れ，このサイクルを繰り返し」進めていく。

「実施可能な適切な食行動」については，「現状の食行動のどこをどのように変更すれば良いか」「いつ，どこで，なにを，なぜ，どのように，購入・

コラム1　栄養教育を行うための管理栄養士・栄養士の必須条件

管理栄養士・栄養士は，エビデンスに基づき栄養教育を行うことが重要である。そのためには，「栄養教育論」はもちろん，「社会・環境と健康，人体の構造と機能及び疾病の成り立ち，食べ物と健康，基礎栄養学，応用栄養学，臨床栄養学，公衆栄養学，給食経営管理論」など管理栄養士国家試験のすべての科目を統合した知識・技術が必要である。また，対象者を取り巻く環境や社会背景の理解のために心理学・倫理学などの人文科学，法律・経済・社会などの社会科学に関する知識も重要である。これらの教科の内容は，日々進歩し変化するものである。管理栄養士・栄養士には，学会や研修会への参加，専門誌の購読，マスコミによる情報を適切に判断するなどの研鑽が求められる。

調理し食べるか」など具体的に示す。これら栄養教育の進め方や知識・技術は，エビデンスに基づいたものでなければならない(コラム１参照)。

また，「食行動の改善の必要性」を理解していても，実施・継続が困難な場合も多い。人間の行動変容に関する理論や技法を活用し，カウンセリング的に寄り添う。

栄養教育は各ライフステージにおいて重要であり，「ライフコースアプローチを踏まえ」進め，また，医師・歯科医師・保健師・看護師・理学療法士・運動指導士・教員・養護教員ら多職種と連携し，情報を交換・共有し進める。

食行動は，個人を取り巻く環境の影響も大きい。「自然に望ましい食行動となれる環境づくりへの取組み」や「食事に関心の薄いものに向けた食行動づくりの推進」「食生活に関心・疑問のある人がアクセスできる基盤の整備」も重要な栄養教育である。

1.1.2　食行動の多様性

近年，少子化・核家族化・都市化・情報化・国際化などにより家庭・組織・地域(**社会背景***)が変化し，それに伴い，人々のライフスタイルや信念・価値観が多様化している。

栄養教育においては，対象者が置かれているそれらを理解し，ライフスタイルの改善や置かれいるなかでの実施可能な食行動を計画することが重要である。

(1)　家庭・組織・地域の多様性

1)　家庭の多様性

晩婚化・未婚化・少子化などにより，世帯構成が多様化してきている。

晩婚化が進み，未婚者が増え，特に男性の未婚者の割合が急上昇している。配偶者と死別している70歳以上の高齢女性も増加しており，内閣府の2020年の調査では，単独世帯は全世帯の約40％近くとなっている。

男性の単独世帯では，「朝食は抜き，昼食・夕食は弁当・惣菜・宅配・外食」「1品好きなもの“だけ”を食べる“だけ食”」「パソコンを操作しながらの“ながら食”」「野菜ジュース，栄養ドリンクなどに頼る」「調理をする

＊**社会背景の変化の具体例**　少子化・高齢化による総人口・生産年齢人口の減少，独居世帯の増加，女性の社会進出，労働移動の円滑化，仕事と育児との両立，多様な働き方の広まり，高齢者の就労拡大等による社会の多様化，あらゆる分野におけるデジタルトランスフォーメーション(DX)(デジタル変革)の加速，次なる新興感染症も見すえた生活様式への対応の進展等，大きく変化してきている。

目的は食費削減」などの傾向がある。

2023年の合計特殊出生率は1.26で，2015年の1.45から毎年減少し少子化が進んでおり，「夫婦と子供」「3世帯等」の世帯は減少している。

「子供がいる世帯」の専業主婦の割合は減っており，「共働き世帯」は増加傾向にある。共働き世帯でも，時間の制約から，調理の時間は減り，弁当・惣菜・宅配・外食（ファミリーレストランなど）の利用が増える傾向にある。また，親が子どもと一緒に食事を摂るなどの子どもと過ごす時間が十分ではない家庭も見られる。

子供のいる世帯は減少しているが，離婚率が増加しひとり親世帯は増えており，特に母子世帯の割合が高い。ひとり親の母子世帯では，母親の約80％は働いているが，非正規雇用の割合が高く，就労収入も一般世帯の女性と比べて低くなっている。

内閣府の調査では，「収入の水準が低い世帯やひとり親世帯では，食料が買えなかった経験の割合」が高く，「朝食，夏休みや冬休みなどの期間の昼食について，毎日食べると回答した割合」が低いという結果がでている。

2） 組織（働き方）の多様性

働き方について，従来は，勤務や雇用の形態により，固定時間制・変形労働時間制（日勤・交代制）や常勤・非常勤（正社員・契約社員・アルバイト・パート社員・派遣社員）などと分けられこれらが多数であった。

近年は，**ワークライフバランス**[*1]を整えるための働き方改革や新型コロナウイルスの影響により，**テレワーク**[*2]・**フレックスタイム制**[*3]・**裁量労働制**[*4]など柔軟な勤務形態が定着し，副業・複業・兼業・**クラウドソーシング**[*5]など働き方や価値観が多様となってきた。また，個人の一生のなかでも働き方（労働移動）が変わる可能性は高い。

労働力調査（2022年総務省）では15～64歳の就業率は78.4％（男性84.2％・女性72.4％）で多くが就業している。就業者の食生活は，従来は，昼食は弁当・社員食堂・外食，夕食は家庭・外食というのが多数であった。現在は，多様な働き方などにより，個人の都合に合わせ，何時，どこで，何を選び，どのように食べるか，個人が決定する場合が多い。

栄養教育は，社員食堂で実施されているがその利用が減り，料理の選択や食事時間など食事に関してすべてを個人が決定することとなるのでより重要である。また，対象者の勤務時間・労働強度（身体活動量）やライフスタイルが多様であり，必要栄養量の設定も複雑となり，細やかな情報収集が必要となる。

3） 地域の多様性

大都市圏への人口集中と過疎化が進んでいる。

*1 **ワークライフバランス** 仕事と生活の調和

*2 **テレワーク** ICTを活用した場所や時間にとらわれない柔軟な働き方。在宅勤務・モバイルワーク・サテライトオフィス勤務・ワケーション。

*3 **フレックスタイム制** 事前に定められた労働総時間の範囲内で，労働者が日々の始業・終業時刻・労働時間を決められる制度。

*4 **裁量労働制** 労働時間が労働者の裁量に任されている労働契約。成果が評価の対象。

*5 **クラウドソーシング** 企業がインターネット上で不特定多数に業務を発注する業務形態。

都市部では交通の利便が良く，食料品の入手も容易であるが，人間関係の希薄化，地域社会コミュニティ意識の衰退などにより，子育てをする者や高齢の独居者には相談相手や話し相手を得にくく生活しにくい面もある。

また，自然・広場・遊び場などは少なくなり，情報化の進展もあって，子どもの生活はテレビゲームやインターネットなどの室内の遊びが増える傾向にあり，健康への影響が懸念される。

地方部においては，少子化や都市部への人口流出により，人口が減少し，店舗や公共交通機関が縮小され，食料品の入手が困難な買い物弱者や病院・医院への通院の困難者が増えている。食料品は，自家栽培・販売店の送迎・移動販売・個別宅配・ネット購入などの利用となるが，これらを利用しにくい高齢者では入手できる食料品が限られる場合もある。

また，地域コミュニティの担い手が減少し，伝統行事の継続が困難となり，文化や行事食・伝統食などの伝承の機会が減っている。

(2) 各ライフステージにおける多様性

1) 妊娠・授乳期

妊娠期・授乳期の年齢は，10代から50代と年代の幅が広い。10代では生活も安定しておらず，精神的，経済的な問題を抱える場合がある。35歳以上の初産は高齢出産とされ，妊娠・出産に伴うリスクが高い。晩婚化により高齢出産が増えている。

妊娠中の母親の心身の状態は個々に異なり，つわりによる悪心・嘔吐・食欲不振，情緒不安定や，悪阻，妊娠貧血・妊娠肥満・妊娠糖尿病・妊娠高血圧症候群などの合併症を発症することもある。

出産後の母親の回復状態も個々に異なり，身体(疲れや体のトラブル)，精神(不安や孤独や自信がもてない)，生活(睡眠がとれないや生活時間が不規則になる)などさまざまな不安・負担を感じ，マタニティブルー・産後うつ病を発症することもある。

授乳についても，「平成27年乳幼児栄養調査(全国の4歳未満の子どもを対象に10年ごとに実施されている)」では，77.8 %の保護者が「困ったことが」あり，「困っていること」は「母乳が足りているかどうかわからない」「子どもの体重が増えない」など多様(16項目)である。

これらの不安・負担について，多くの子育て環境は，単世帯家族であり，地域のつながりも希薄で，経験者への相談や助けが得にくい。また，デジタル化により情報が氾濫しており，さらに不安感をあおることになる。

栄養教育では，これら保護者の多様な状況や，出産・育児経験，家族構成，ライフスタイル，就業状態などを把握・理解した上で実施可能な食行動を計画する。

妊娠合併症については，将来慢性疾患に発展しないようコントロールすることが重要となる。

また，妊娠の可能性のある女性が低栄養状態になると，低出生体重児が生まれ，将来，生活習慣病の罹患リスクが高くなるとされている(p.112，3.2.2(1)参照)。妊娠前から女性のやせ願望による極端なダイエットに対する栄養教育は特に重要である。

栄養教育は，産科施設・自治体保健センターなどで行われる。

2）　乳・幼児期

乳・幼児期は，誕生より小学校就学までの時期で，成長・発達が著しいため適切な栄養摂取が重要であり，栄養量の過不足は将来の健康状態に影響する。

乳・幼児期の食生活は，栄養量の摂取という目的の他に，食機能や味覚・し好の発達，食行動の自立，食事のリズム・ライフスタイルの確立の基本となる。また，親子の触れ合いや家族・仲間などとの和やかな食事の経験は安心感・信頼感を育む。

乳児の在胎週数・出産状況・出生体重はそれぞれであり，その後の身長・体重・言語・運動・社会性や歯の萌出・齲歯の状況なども個々に異なる。

食行動においても，授乳の方法・授乳量，離乳食の開始時期・進め方・完了時期など個人差が大きい。授乳や離乳食に不安・負担を感じる保護者も多い。幼児の食行動では偏食，むら食い，遊び食い，早食い，小食，過食，朝食の欠食，間食の質など注意点も多様である(**図 1.2**)。

子どもの食習慣は，保護者の食行動の影響が大きい。「朝食を欠食する」子どもは 6.4 %で，保護者が朝食を「ほとんど食べない」「全く食べない」場合は，「朝食を食べない」子どもの割合が高い(平成 27 年度乳幼児栄養調査)。

栄養教育では，保護者のライフスタイル・食行動，食知識・態度・スキル，食育状況，子どもの出生順位，家族構成，就業状態など，子どもの成長・発達や置かれている環境を把握し，画一的にならないようにすることが大切である。共稼ぎ家庭が増え，市販の離乳食や調理済み食品の利用も増えており，それらの情報提供も重要である。栄養不良・肥満・骨折・先天性代謝異常・食物アレルギーなど疾病をもつ場合も多い。疾病をもつ乳・幼児の栄養教育については，医学的知識を習得し，医師や医療関係者と連絡をとりながら行う。

栄養教育の場は，産科施設，自治体保健センター，保育所，認定こども園，幼稚園などが主である。近年は，「地域子ども・子育て支援事業」が展開されており，今後，これらの場での栄養教育が展開されることが期待される。

3）　学童期・思春期

学童期は小学校１～６年生の時期であり，身体や知能の発達に加え，情動

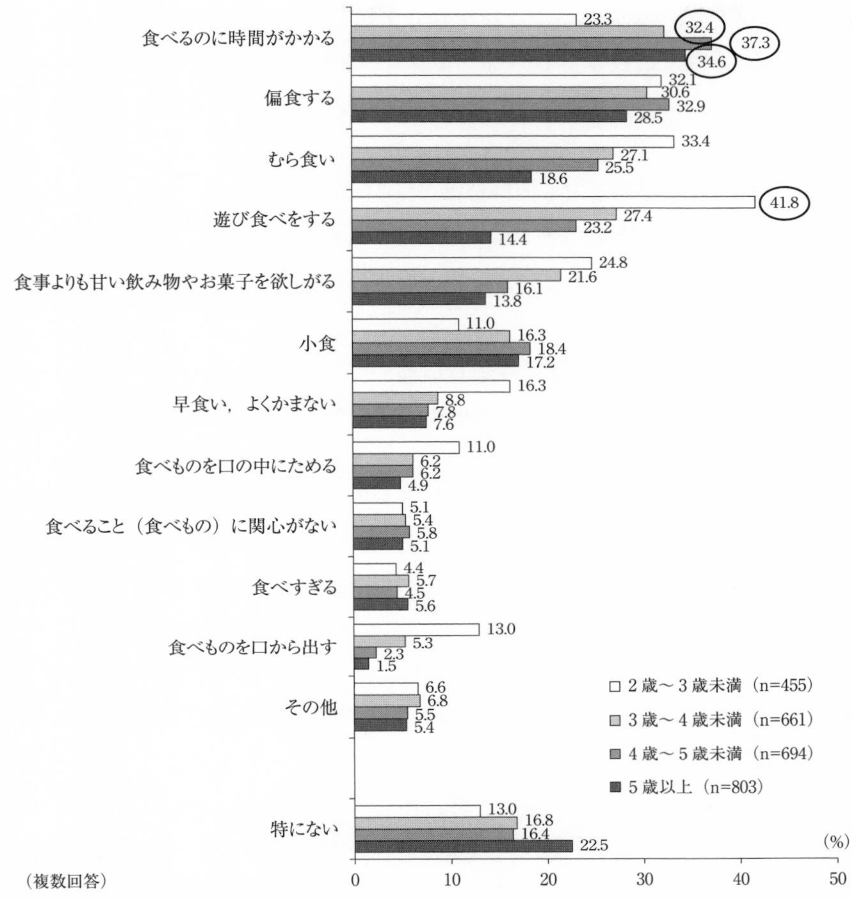

図 1.2　現在子どもの食事で困っていること（回答者：2 ～ 6 歳児の保護者）

出所）厚生労働省：乳幼児栄養調査結果の概要（2015）

が安定する。食行動では保護者への依存が大きいが，友人との行動など社会性が拡がり，自らがライフスタイルや食行動を決定する機会が増え，また，それが定着してくる時期である。

思春期は第二次性徴の発現から終わる頃の小学校高学年から高校生くらいの時期で個人差がある。親や大人への反抗心が芽生え，自我同一性の確立の時期で，精神的な不安や動揺が起こりやすく，ライフスタイルや食行動が乱れやすい。小学校から中学校・高校・大学・社会人へと環境に応じ食行動の変化する時期である。

栄養・食生活については，次のような現状で多様な課題がある。

令和元年国民健康・栄養調査の肥満の割合は，6 ～ 14 歳 7.9 %（男性 10.5 %，女性 4.9 %），15 ～ 19 歳 4.0 %（男性 5.4 %，女性 2.5 %）であり，特に 9 ～ 11 歳男性に高く（12.8 %），生活習慣病への注意が必要である。

一方，思春期では，やせ願望による極端なダイエットが見られる。成長曲線を一定基準以上に外れるようなやせ方をしている「不健康やせ」の割合が中学3年7.6％，高校3年16.5％(平成17年度調査)であったという報告がある。低栄養，貧血，骨量の減少，摂食障害(神経性やせ症・神経性過食症)，無月経・不妊など健康に深刻な影響が懸念される。

「朝食を欠食する」子どもの割合は，「何も食べない」が7～14歳1.3％，15～19歳7.6％である(令和元年国民健康・栄養調査)。「週1日以上朝食を欠食する」子どもは，「保護者も欠食する」状況にあり，また，「午後9時以降のメディア(テレビ・ゲーム・スマートフォン)の利用が長く」なっている。

夕食については，学校外での学習活動(学習塾，家庭教師，通信添削，習い事)への参加が増えており，時間が不規則，家族と一緒に食べることが難しいなどが生じている。

栄養教育では，規則正しい就床・起床，保護者の朝食の摂取，21時以降のメディア利用の制限など環境づくりが重要である。

また，不登校・いじめ・発達障害・児童虐待・ネグレット・貧困・介護ケアラーなどを抱える子どもへの健康・栄養への配慮が課題である，

貧血，食物アレルギー，摂食障害(神経性やせ症・神経性過食症)，先天性代謝異常，1型糖尿病など疾病をもつ場合については，医学的知識を習得し，医師や医療関係者と連絡をとりながら行う。

栄養教育の機会は，小中学校，自治体保健センター，会社(社員食堂)・大学(学生食堂)などである。学校給食では，栄養教諭は，給食を教材として望ましい食事内容・食行動について教えるとともに，行事食や地域の特産品利用などにより，食文化・地産地消・食料自給率などへの関心を高める。学童保育(放課後児童クラブ)やこども食堂には，管理栄養士・栄養士が配置されていない。資格をもったボランティアなど何らかのかたちでの栄養教育が望まれる。

高校(夜間高校を除く)では，給食がなく自分で食を選択する機会が増えるが，栄養教育の場がほとんどない。中学校時代までに正しい生活習慣・食行動を習得しておくことが重要である。

4)　成人期

18歳頃から64歳までの長い期間である。身体の発育や思春期が終わり，身体的・精神的・社会的に充実した活動的な時期を経て，徐々に身体機能が低下する。

食行動は，ストレスや付き合いにより，飲酒や外食が増え，食塩過剰，野菜・果物不足や，朝食欠食が年代によって増える傾向にある。

余暇時間は，メディア(テレビ・ゲーム・スマートフォン)の利用が多く，とくに，新興感染症拡大時には外出控えによりさらなる運動不足となっている。

30～40歳頃からは，身体機能の低下にこれらが加わり，生活習慣病が発症してくる。

令和元年国民健康・栄養調査の結果(20歳以上)では，肥満者(BMI≧25 kg/m²)：男性33.0 %，女性22.3 %，糖尿病が強く疑われる者：男性19.7 %，女性10.8 %，収縮期(最高)血圧140 mmHg以上の者：男性29.9 %，女性24.9 %，血清総コレステロール240 mg/dL以上の者：男性12.9 %，女性22.4 %であった。

これらは，日本人の死亡原因の上位を占める，脳血管障害・心疾患につながる疾患であり，**特定健康診査(特定健診)・特定保健指導制度**[*1]の利用(2021年度：実施率は56.5 %)が望まれ，この制度のなかでの管理栄養士・栄養士の活躍が期待される。

一方，やせの者(BMI＜18.5 kg/m²)は男性3.9 %，女性11.5 %であり，とくに，20歳代の女性のやせの者は20.7 %で，5人に1人がやせである。(2) 1)に述べた通り，低栄養，貧血，骨量の減少，摂食障害(神経性やせ症・神経性過食症)，無月経・不妊など健康に深刻な影響が懸念される。栄養教育は，医学的知識を習得し，医師の指示の下で行う。

成人期は，卒業・就職・転勤・転職・結婚・出産・子育て・子どもの結婚など生活の変化が多く，食行動が変化することが多い。

この経過には個人差があり多様である。栄養教育では，個人の置かれている家族構成や就業状態などを把握する(p.3 (1)家庭・組織・地域の多様性を参照)。

栄養教育の機会は，社員食堂，自治体保健センター，特定健康診査・特定保健指導などとなる。

5) 高齢者

65-74歳は前期高齢者，75歳以上は後期高齢者とされている。

高齢者では，運動機能，食欲，味覚・臭覚・視覚，歯・咀嚼・嚥下，消化・吸収，代謝機能(栄養機能)が低下する。

令和元年国民健康・栄養調査では，65歳以上の高齢者の低栄養傾向の者(BMI≦20 kg/m²)の割合は男性12.4 %，女性20.7 %で，85歳以上でその割合が高い。

運動不足も重なり，食欲不振，低栄養，脱水，便秘・下痢，骨折・骨粗鬆を発症することや，**フレイル・ロコモティブシンドローム・サルコペニア**[*2]となり寝たきりや要介護状態になることもある。

認知症・うつ病や，貧困・独居・孤独・介護不足などにより，生活の困難を抱える者も多い。

一方，70歳以上の高齢者の肥満者(BMI≧25 kg/m²)の割合は，男性28.5 %，女性26.4 %で，糖尿病が強く疑われる者は男性26.4 %(4人に1人)，女性19.6 %(5人に1人)である。

＊1　**特定健康診査(特定健診)・特定保健指導**　40歳～74歳の健康保険組合や全国健康保険協会など被保険者・被扶養者や国民健康保険の加入者を対象として実施されている，メタボリックシンドローム(内臓脂肪症候群)に着目した健診および保健指導。

＊2　**フレイル(虚弱)**　身体機能や予備能力が低下し，健康と要介護の間の状態。早期に栄養状態や運動を改善することで，再び健康な高齢者の状態に戻ることができる。
ロコモティブシンドローム(運動器症候群)　筋肉・骨・関節に障害が生じ，日常生活が困難となる状態。寝たきりや要介護になるリスクが高い。
サルコペニア　筋肉量が減少し，全身の筋力低下および身体機能の低下が生じる。

また，健康への意識が高く，栄養や運動に留意し，活動的に生活する高齢者も多く，個人差があり多様である。

栄養教育では，生活の現状を把握し，残存機能を発揮できる食行動を計画する。自立を支援し，重度化を防止し，QOL の向上を高めることを目指す。

介護(要介護・要支援)が必要になると，介護給付サービス(居宅介護・施設など)・介護予防給付サービスを利用する(p.129，3.4 を参照)。

栄養教育は，介護保険では居宅の場合は栄養食事指導として訪問して行い，条件を満たせば，介護報酬による居宅療養管理指導料が算定される(3.4 を参照)。医師・看護師・ケアマネージャー・理学療法士らと連携する。利用者宅を訪問して生活支援(調理)を行う訪問介護員に行うこともある。介護施設では管理栄養士・栄養士が行うが，介護度の高い施設では誕生会など食事会を開催し「楽しく食べる・給食を残さず食べる」ことが栄養教育の目的となる。

1.2　行動科学の理論とモデル

栄養教育は，健康診断の受診などの単発的なものから，生活習慣の改善のような継続的な行動変容まで，さまざまな**保健行動**[*1]への改善を導くことを目的としている。後者の中でも特に食行動は，本能行動である一方で，その人特有の経験や価値観，さらに社会的・文化的な影響を受けながら時間をかけて学習を繰り返し習慣化してきたものであり，改善することは容易ではない。対象者が自ら望んで食行動を変容し，新たな習慣として継続できるように支援するためには，人間の行動，特に保健行動を科学的にとらえる行動科学の理論やモデルを活用することが効率的である。

1.2.1　行動科学の定義と栄養教育に必要な理由

行動科学は，「人間の行動を総合的に理解し，予測・制御しようとする実証的経験に基づく科学」と定義されている。外部から観察することができる「行動」だけでなく，外部からは観察することができない「**認知**[*2]や感情」にいたる広い範囲を対象とする行動科学は，健康を獲得するための健康教育，その中核をなす栄養教育において，一次予防から三次予防にいたるすべての場面で活用されることが望まれる。

行動科学には数多くの**理論やモデル**[*3]があり，個人，個人間，社会(集団・組織・地域)・環境の 3 つのレベルに分類することができる。まず，理論やモデルを複数選び，行動変容を導かせたい個人や集団の対象者への**アセスメント**[*4]で得た食事の状況や知識・態度・スキル，生活行動・環境に関する情報をあてはめてみる。そして，改善すべき問題点や優先課題，あるいは，適した改善方法や評価すべきアウトカムを最も明確にできる理論やモデルを選択することが，効果的な栄養教育の実践を可能にする。ただし，現場で実践すると，

＊1　**保健行動(health behavior)**　健康行動(自分が健康だと思っている人が病気予防のためにとる行動)，病感行動(体調不良な人が病状をはっきりさせ必要な治療を受けるためにとる行動)，患者役割行動(罹患者が回復のためにとる行動)の，3 つの行動からなる。

＊2　**認知**　人間が対象となるものを意識し，それが何であるかを知って理解し，感情を抱くなどの過程のこと。

＊3　**理論やモデル**　保健行動を説明する理論(theory)は，構成概念(construct)といわれる抽象的で特有なものから構成される。これは理論を象徴する重要なものであり，たとえば社会的認知理論における「自己効力感」(p.15，1.2.3(3)④参照)が相当する。モデル(model)は，複数の理論に含まれる構成概念を合理的に組み合わせて構成したものである。

＊4　**アセスメント(assessment)**　個人や集団の健康・栄養状態を総合的に評価・判定すること。A(anthropometry：身体計測)，B(biochemical methods and biological methods：血液生化学検査・生理学的検査)，C(clinical methods：臨床診査)，D(dietary methods：食事調査)，E(environment：環境)，F(feeling：感情・心理的状態)がある。

ひとつの理論やモデルだけで人間の行動をすべて説明することは困難なことが多い。その場合は，栄養教育の段階（アセスメント，問題点の抽出，**PDCAサイクル***や対象者の状況に合わせ，ふさわしいものを組み合わせて用いる応用が有効である。

＊**PDCAサイクル**　栄養教育をマネジメントする時の一連の流れ（栄養アセスメント：assessmentにより問題点を明らかにした後の，計画：plan→実施：do→評価：check→改善：action）を示す。

1.2.2　行動変容へ影響を及ぼすさまざまな要因を包括的に示したモデル

1）　生態学的モデル（ecological model of health behavior）【マクレロイ，K. R.，1988年】

3つの中のいずれかのレベルに着目して抽出した特定の要因を改善する単独介入を行っただけでは，一時的な行動変容にとどまったり，変容に至らない事例が少なくない。これは，保健行動が単独の要因だけでなく，同時に複数のレベルの要因から複雑に影響を受けるためであり，要因の関わりを包括的に把握し，介入のレベルや改善すべき要因の優先順位を明らかにする必要性を示している。生態学的モデルでは，3つのレベルをさらに個人内，個人間，組織，コミュニティ，政策・環境に層分けし，多層の重なりから相互に関連し合った要因の影響を受けながら，人間は保健行動を決定していると説明している（**図1.3**）。

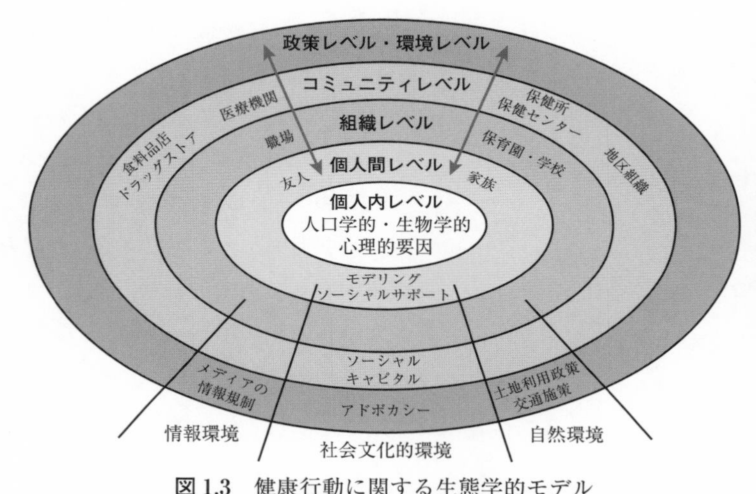

図1.3　健康行動に関する生態学的モデル

出所）武見ゆかり，赤松利恵編：人間の行動変容に関する基本，医歯薬出版（2022）

たとえば米国では，砂糖入り清涼飲料水の摂取を控える行動変容への働きかけを，個人あるいは集団に対してのみに実施するより，同時に政策レベルでの課税を実施した方が，売り上げが減少したことが報告されている。そのため，はじめに生態学的モデルを用いて，レベルや層における要因と介入すべき優先順位を明らかにした後，多層的な視点から，新たな行動を選択しやすくなる環境や政策を整備し，システマティックで包括的な介入プログラムを企画・実施していくことが，行動変容を効果的に導くものと期待される。

1.2.3　個人レベルでの行動変容を導く理論やモデル

人は，多くの個人要因（すでに自身や心の中にあるものや生じたりするもの。知識・態度・スキル，信念や動機，成長歴や経験，価値観など）の影響を受けて行動を選択している。そこで，保健行動への変容を導くにあたって，個人要因へ着目した理論やモデルを紹介する。

(1) 刺激－反応理論（stimulus-response theory, S-R theory）

行動を，刺激（stimulus: S）と反応（response: R）との関わりで成り立つ学習（学習理論）の結果ととらえた理論であり，これに基づいて考えられた行動変容技法は数多い。

1) レスポンデント条件づけ（respondent conditioning：古典的条件づけ）【パブロフ，I., 1898 年】

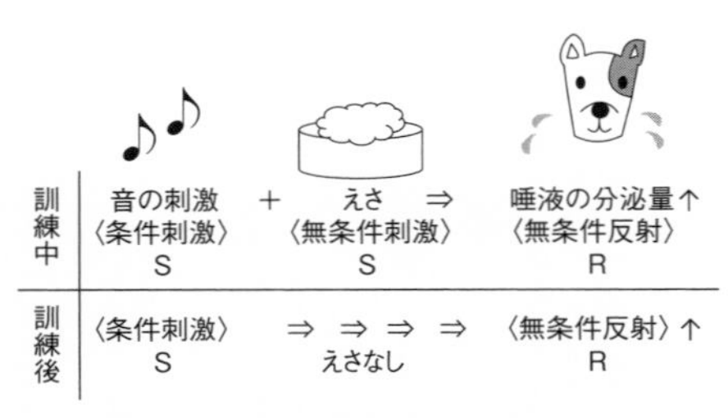

図 1.4　レスポンデント条件づけ

犬の生理学的な反応の観察から，学習を，刺激と反応で説明したものである。犬は，えさを見ると唾液の分泌が増すという条件反射を生まれながらに備えているが，その条件反射に，関連性のない音という刺激を与えた後にえさを与える訓練を繰り返し行うと，えさの有無にかかわらず，音に反応して唾液の分泌量が増すようになる。すなわち，得られる結果にかかわりなく，関連性のない条件刺激に対して新たな応答を生じるようになる変化を，学習と説明している（図 1.4）。

2) オペラント条件づけ（operant conditioning：オペラント強化法）【スキナー，B. F., 1950 年】

レバーを押すとえさがでてくる仕組みを備えたスキナー箱にネズミを入れた実験が有名である。最初，偶然レバーというきっかけ（先行刺激）に触れてえさという結果（随伴性）を獲得したネズミは，やがて，えさを獲得するという目的を達成するためにレバーを押すという行動（反応）を学習し，自発的に繰り返すようになる（図 1.5）。すなわち，反応によって得られた結果が好ましければ，その結果を正の強化子（強化刺激：reinforcer）と受けとめ行動を増やすが，結果が電気ショックのような好ましくないものであれば，負の強化子と受けとめ行動を減らすと説明している。

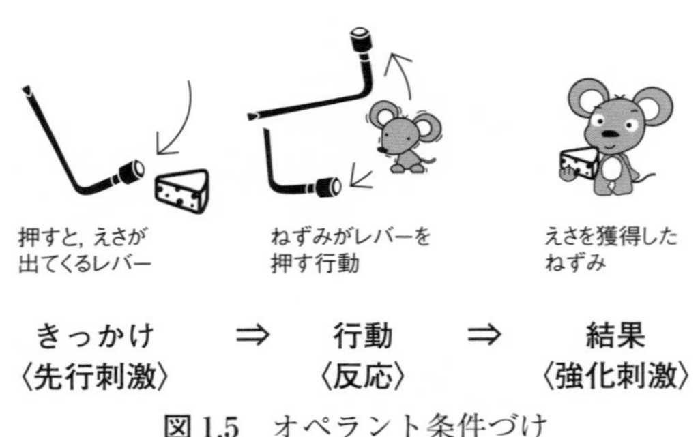

図 1.5　オペラント条件づけ

人に例えれば，「あの新しいお店のヘルシーメニューはおいしそうだ」という情報を得て（先行刺激），「行って食べてみる」という行動（反応）をした場合，結果として，「おいしかったという満足感」という正の強化子か，「あまりおいしくなかったという不満足感」という負の強化子のいずれかを得る。再度，行動をするか否かは，行動の結果である強化子が正か負かで決まるというものである。なお，ヘルシーメニューを選択するという新たな行動の結果として，管理栄養士がほめる，家族が称賛するなど社会的

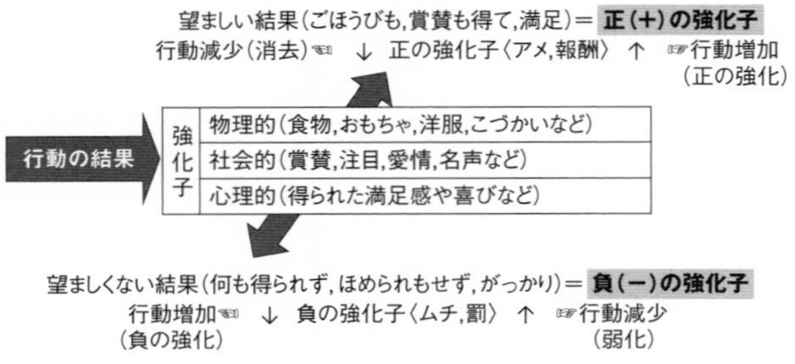

望ましい結果（ごほうびも，賞賛も得て，満足）＝ **正（＋）の強化子**
行動減少（消去）☜　↓　正の強化子〈アメ，報酬〉　↑　☞行動増加（正の強化）

行動の結果 ⇒ 強化子
- 物理的（食物，おもちゃ，洋服，こづかいなど）
- 社会的（賞賛，注目，愛情，名声など）
- 心理的（得られた満足感や喜びなど）

望ましくない結果（何も得られず，ほめられもせず，がっかり）＝ **負（－）の強化子**
行動増加（負の強化）☜　↓　負の強化子〈ムチ，罰〉　↑　☞行動減少（弱化）

図 1.6　オペラント条件づけにおける強化子の種類と作用

な正の強化子が得られると，行動変容を持続しやすくなる(図 1.6)。

(2) ヘルスビリーフモデル (health belief model：健康信念モデル，保健信念モデル)【ローゼンストック，I. M., 1966 年，ベッカー，M. H., 1974 年】

もともとは，疾病予防と早期発見のために実施する健康診断事業の受診者が少ない理由を把握する目的で，公衆衛生分野で開発されたモデルである。保健行動は，「個人によって合理的に行われる主観的な判断」によって決定されるとし，①罹患性(疾病にかかる可能性を，主観的に自覚している大きさ)と重大性(疾病にかかった場合に生じる深刻さを，主観的に自覚している大きさ)の 2 因子から構成される「ある特定の疾病の脅威・恐ろしさ」，②行動によって生じると自覚される利益から，自覚される不利益や負担を引いた「差の大きさ」の 2 つの要因に対する判断が，健康になるための予防的な行動をとるか否かを決定づけると説明している(図 1.7)。

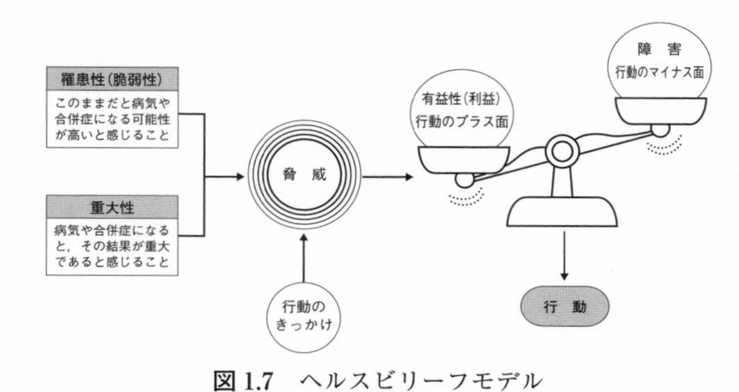

図 1.7　ヘルスビリーフモデル

出所)城田知子ほか：イラスト　栄養教育・栄養指導論，東京数学社(2014)

健康診断で境界型糖尿病と診断された対象者を例にあげる。①の「糖尿病の脅威や恐ろしさに関する自覚の程度」は，「罹患性」については親の罹患歴や自分の肥満度に関する認識の有無，「重大性」については合併症の知識の有無が大きく影響すると考えられるので，対象者の状況を正確に聞き取り，必要な情報や知識を提供し，自覚を高める工夫が必要である。また，糖尿病予防のための栄養相談会のお知らせは，予防的行動にとってよいきっかけになる。しかし，②の「利益と不利益の差の大きさ」について，参加するという実際の行動は，費やす時間や費用負担などの不利益に対して，得られる情報の利益の方が小さいと判断されれば成り立たない。企画の時間帯，場所，方法，費用などの検討とともに，提供する情報の内容や有益性を PR することも検討課題として見えてくる。

(3) トランスセオレティカルモデル* (transtheoretical model：行動変容段階モデル)【プロチャスカ，J. O., 1979 年】

このモデルは本来，禁煙実施の援助研究がきっかけで提唱されたものであるが，現在では，特定健康診査・特定保健指導をはじめ，減量や禁酒などの健康行動や生活習慣病予防・改善教育プログラムなど，多くの栄養教育現場で活用されている。

本モデルは 5 つのステージ理論(学習者の姿勢・態度)と 10 のプロセス理論(学習者の行動・実践)から成り立っており，プロセス理論がステージ理論をサポ

＊トランスセオレティカルモデル (transtheoretical model：基盤となる，多くの理論を超越したモデル)　300 種類以上の精神療法の理論を系統立てて作り上げられたモデル。汎(広く全体に行き渡る)理論的モデルともいわれる。

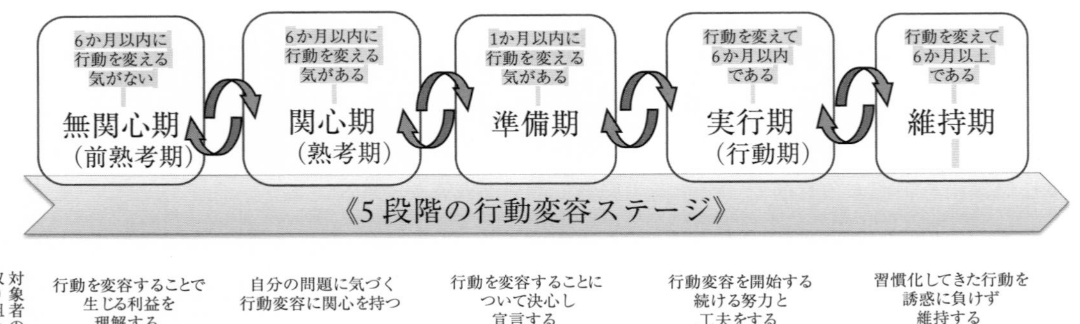

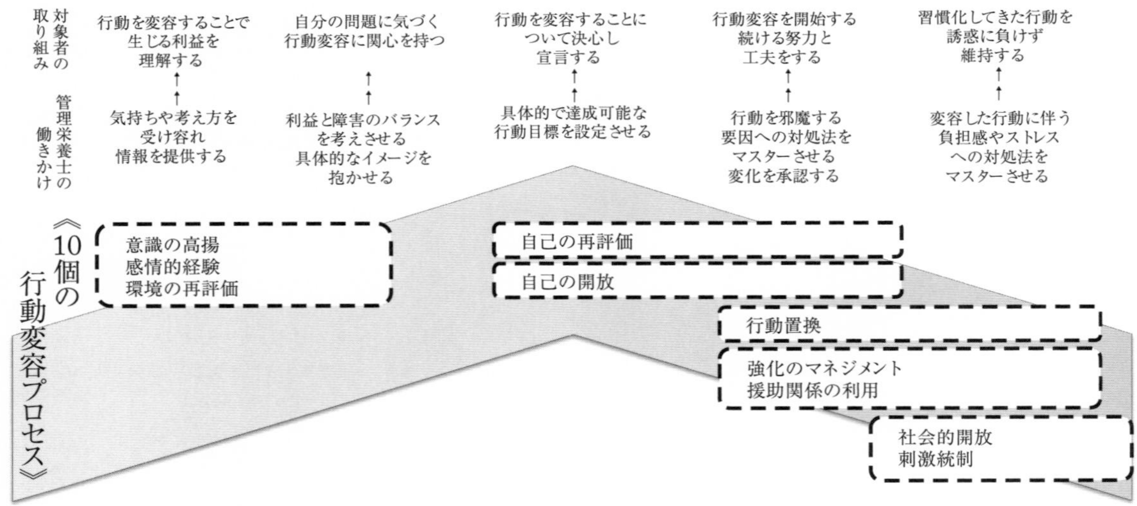

図 1.8　トランスセオレティカルモデルの行動変容ステージ～それぞれのステージにおける働きかけと取り組み～

出所）武見ゆかり，永井成美ほか編：ビジュアル栄養教育論（第2版）南江堂（2021）図2-8をもとに，筆者作成

ートすることにより効果がみられ，それを左右するのは「意思決定バランス」と「自己効力感（セルフエフィカシー）」であるとされている。

① ステージ理論（stage theory）：**準備性***（新しい行動を実行する準備状態）をあらわすステージは，5段階に設定されている（**図 1.8**）。無関心期（前熟考期）・関心期（熟考期）・準備期・実行期（行動期）・維持期があり，それらはうまく進んだり，失敗して後戻りしたり，あるいは断念し再挑戦するなど，成功と失敗を繰り返すが最終的には，目標達成することが理想である。

② プロセス理論（process theory）：5段階のステージには，それぞれ適した働きかけの支援方法があると考えられ，10個の変容プロセスが示されている（**図 1.8**，**表 1.1**）。学習者の段階を確認しながら，適した支援を選択して実施することが，対象者の取り組みを促すのに有効である。

③ 意思決定バランス：行動変容は，利益の方が不利益より大きく感じられた場合に生じる。無関心期や関心期には，利益より不利益が大きいことが多い（p.37，1.4.1（6）意思決定バランス参照）。

たとえば，「運動すべきだとわかっているけれど，仕事が忙しすぎてとて

＊**準備性**　新しい行動を実行するということに対し，本人の心構えや準備がどれだけ整っているかの程度を表す。

表 1.1　行動変容のための 10 のプロセスと支援の具体例

変容のためのプロセス		対象者が行動変容のためにすべき内容	栄養教育における支援の具体例
認知的プロセス	意識の高揚 consciousness raising	健康的な行動に関する情報を集めるとともに，自己の状況把握をする	自分が肥満であることを認識させ，肥満を原因とする疾病などの知識を提供し，運動の効果を説明する
	感情的体験 dramatic relief	問題行動あるいは新たな健康行動が引き起こす，ネガティブあるいはポジティブな感情を，体験し表現する	問題行動を続ける自分と，例えば運動を始めた自分を思い描かせ，どう感じたかを話させる
	環境への再評価 environmental reevaluation	問題行動あるいは新たな健康行動を続けることが，周囲に与える影響を考える	問題行動は，家族に心配をかけていないか，例えば運動を始めて痩せたら周囲はどう思うかを，考えてもらう
	自己の再評価 self-reevaluation	問題行動あるいは新たな健康行動が，自分に及ぼす影響を考え，行動変容の重要性に気づく	問題行動を続けたら肥満は解消されないが，例えば運動を始めたら，肥満の解消や健康な将来につながるポジティブなイメージを持たせる
	社会的開放 social liberation	社会や環境が，行動変容をしやすい方向へ，社会や環境が変化していることに気づく	安価で自由な時間に利用できる，地域の運動施設が増えていることを気づかせる
行動的プロセス	行動置換 counterconditioning	問題行動の代わりに，健康的な行動を取り入れ置き換える	「エレベーターやエスカレーターには乗らず階段を使う」といった，具体的な方法の提案をする
	援助関係の利用 helping relationships	行動変容のサポーターとなる存在を見つけ，問題を話し合い，信頼関係の中で支援を受ける	家族だけでなく，会社の同僚にも理解してもらい，歩く機会の増加につながる協力を求めるように勧める
	強化のマネジメント reinforcement management	行動を変容し維持するために，自分あるいは他者からの強化(報酬や罰)を行う	「1 か月間，毎朝 1 駅歩くなどの目標達成をしたら，ベルトを新調する」という報酬(ごほうび)を，最初に自己設定させる
	自己の開放 self-liberation	できると信じて，不健康行動から健康行動への行動変容を決心し，宣言する	具体的な運動についての宣言をさせ，実行の決断を固めさせる
	刺激統制 stimulus control	問題行動を引き起こす刺激を避け，健康行動への変容や維持を導く刺激の設定をする	遠出にはレンタカーを利用し，普段の移動手段は自転車か徒歩にする 運動と体重の記録表を家族も見える場所に貼るよう勧める

も時間がとれない」といった場合，特別な運動時間をとらなくても，通勤時の階段の上り下りや一駅前で下車して早足で歩くなど，生活のなかで不利益(今までの生活リズムを変えて運動時間を作りだす困難さ)を克服するための方法を提案することで，準備期へすすめることができる。実行期や維持期では，「会社の最寄り駅から 1 駅歩くために 20 分ほど早く自宅を出ることになるが，朝の空気は美味しく，電車は空いていて，快適に仕事が始められるようになった。そして，なんとベルトの穴が 1 つ手前になった！」というように，少々の不利益があっても，利益を大きく感じるようになれば継続される。

④ 自己効力感(self-efficacy)：どんな条件下であっても，健康的な行動をとることができるという自分に対する自信のことである。自己効力感を強くもっていることこそ，行動変容して保健行動を身につけるために大変重要である(p.17，1.2.4 3)，p.39，1.4.1(9)自己効力感(セルフ・エフィカシー)参照)。

対象者の行動変容の段階を認識して，より適切な支援を行うだけでなく，対象者が主観的に抱く，「利益—不利益＝大(利益＞不利益)の決定バランス」と「強い自己効力感」が，行動変容を可能にさせる。

(4) 計画的行動理論（theory of planned behavior）【エイゼン（アズゼン），I., 1991年】

人が目的とする行動をしようとする時には，実際に実行しようと思うかどうかという気持ちの強さ，すなわち，行動意図の影響を受ける。行動意図へ，直接的あるいは間接的に影響を及ぼすのが，行動への態度(attitude)と主観的規範(subjective norm)，その行動を実行できるという行動コントロール感(perceived behavioral control)という3つの要因であると説明したのが，計画的行動理論である(図1.9)。

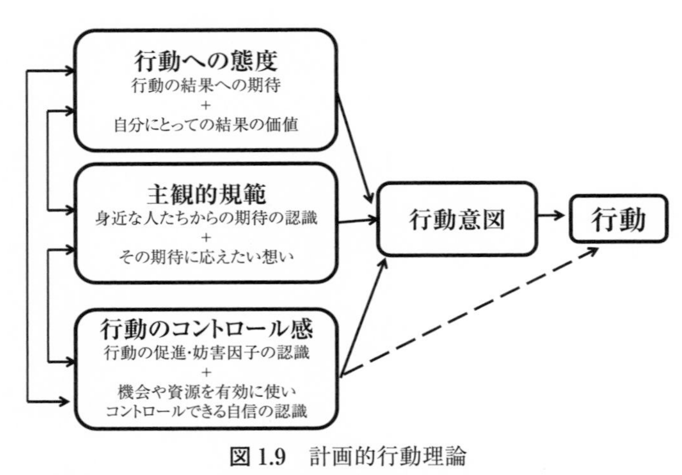

図1.9　計画的行動理論

出所）畑栄一，土井由利子編：行動科学(改訂第2版)，南江堂(2009)図3-4に一部加筆

行動への態度は，「その行動をとったことで結果として生じることに対する期待」と「その結果は，自分にとって価値があると評価できること」の2要因で構成される。主観的規範は，「自分にとって大切な身近な人たちが自分に対して抱いてくれている期待に対する認識」と「その期待に応えようとする想い(動機付け)」の2要因で構成される。

朝20分早く家を出発して歩くという行動は，「肥満を解消するに違いない」「肥満解消は，自分の健康増進につながる」という態度と，「家族も，すてきで健康な僕を望んでいる」「ぜひ，お腹周りをスリムにして，家族の期待に応えよう！」という主観的規範を感じることで，実行され維持されていく。しかし，「誰も僕の健康のことなど考えていない」「どうせ僕が変わっても，誰も気づきもしない」と感じたら，行動は実行されない可能性が高い。

行動のコントロール感とは自己効力感に似た概念であるが，「行動を実行することを促進したり妨害したりする要因の認識」と「必要な資源や機会を有効に使いこなし，それらの要因を自分でコントロールできるという自信の認識」によって決定される。

行動のコントロール感は，本人や友人の経験や間接的に得た情報などの影響も受けやすく，友人から「自分もやってみようと思ったけれど，結局挫折した」などと事前に言われると，低下してしまいがちである。友人にはなかった家族の支えを認識させ，うまく行動変容できた事例を紹介して，どうすれば行動をコントロールできるかを話し合うことも重要である。

1.2.4　個人間レベルでの行動変容を導く理論やモデル

人間は，社会，すなわち家族や友人，同僚など多くの人々との関わりの中で生活をしているため，その行動は，周囲の人々から大きな影響を受けることになる。そこで，社会という環境において，個人と個人が互いの存在を認識して，自己の健康行動をどう形成していくかを説明する理論やモデルを紹介する。

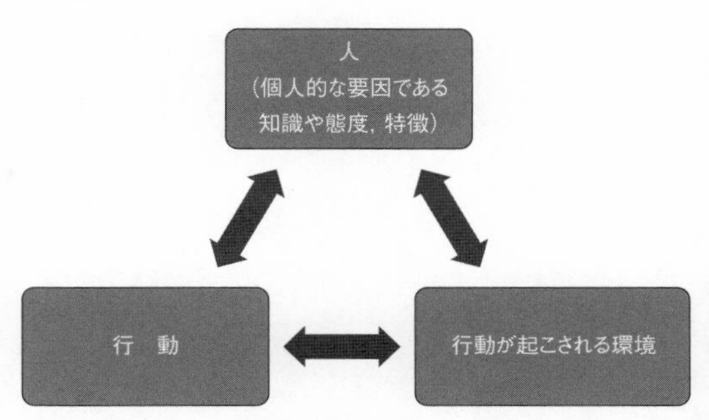

図 1.10　社会的学習理論における相互決定主義

出所）春木敏編：栄養教育論（第 3 版），21，医歯薬出版（2014）を一部加筆

(1) 社会的認知理論（social cognitive theory）【バンデューラ，A., 1986 年】

複雑な社会環境のなかで生じる人間の健康問題を解決するためには，刺激－反応理論では取り扱われなかった認知的要因，すなわち，人間としての知覚・記憶・思考などを重視する必要がある。

1960 ～ 1970 年代前半，バンデューラらは観察学習を基盤とした社会的学習理論を提唱したが，その後自ら 1986 年に，相互決定主義，自己効力感などの概念を導入した社会的認知理論へと改名している。社会的認知理論は，心理学の理論的な考え方を保健行動への変容に適用できるように，多くの重要な構成概念が明確に示されており，わかりやすく実用的である。代表的なものを説明する。

1)　相互決定主義（reciprocal determinism）：人間の行動は，「個人的な要因（知識や態度，特徴）」と「行動」および「**行動が起こされる環境**[*1]」の 3 要因の相互作用によって決定される（**図 1.10**）。そのため，健康に関する考え方を改善するという個人的要因への働きかけだけでなく，具体的な技術を身につける，環境の改善を図るなど，他の 2 要因へのアプローチも実施することが有効であると考えられる。

たとえば，朝食を欠食してくる児童が授業で朝食の大切さを学び，朝食を食べたいと願っても，朝食の整わない環境を保護者が提供している限り，行動の改善は大変に困難である。この場合は，最初に環境を改善する働きかけが必要となる。

2)　観察学習（modeling：**モデリング**[*2]）：子どもは直接的報酬を得なくても，他の子どもの行動を観察し，観察された子どもが受ける報酬や懲罰によって学習していく（ほめられる様子やしかられる様子が代理的（擬似）強化となる）様子から，人間は行動モデルとなる人を環境のなかに見つけて，観察することで学ぶことができるというものである。

対象者と類似したバックグラウンドをもち，同じ行動変容の目標を達成した経験者と接し，体験談を聞く機会を提供することができれば，有効な観察学習の場となる。

3)　自己効力感（self-efficacy：セルフ・エフィカシー，自己有効性）：行動変容に最

＊1　**環境（environment）**　当初，人の行動に影響を与える社会的環境として，家族，友人，職場や学校の仲間などがあげられ，物理的環境として施設の有無や食物の入手可能性などがあげられた。近年では，情報の与える影響が加わっている。

＊2　**モデリング（modeling）**　憧れている芸能人の喫煙や服薬行動，あきらかにやせすぎているモデルのダイエット行動は，代表的な負のモデリングの対象となる。

も大事な必要条件と考えられ，多くの理論やモデルのなかに組み込まれている概念である。「人がある“結果”をもたらす“行動”ができるかどうかという確信度」であり，あるいは「その行動を実行する際に障害になっているものを克服して，やり遂げられる自信・信念」のことである。

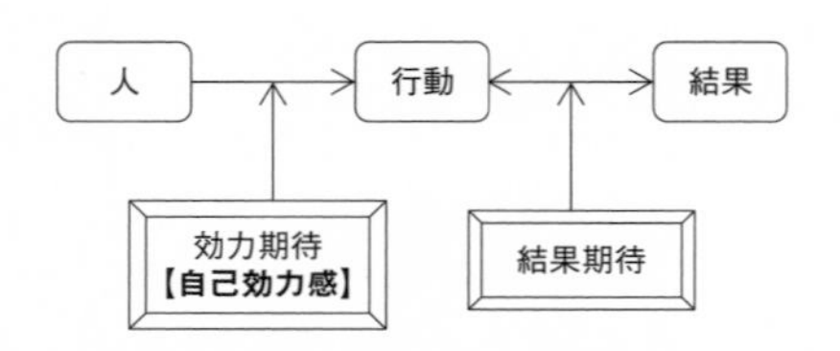

図 1.11　行動変容を導く自己効力感と結果期待

出所）中山玲子，宮崎由子編：栄養教育論（第 5 版），21，化学同人（2016）を一部加筆

バンデューラは，行動というものは，結果期待（outcome expectancy：その行動をするとどのような結果が得られるか）と，効力期待（efficacy expectancy：その行動を実行できるという確信）の 2 つの要因によって引き起こされるとし，特に認知された効力期待のことを「自己効力感」と表した（**図 1.11**）。

「朝に 1 駅歩くという行動は，きっと肥満解消につながる」と結果期待していても，「毎日，続けることは困難だし，できるわけがない」と低い自己効力感を抱いていると，行動にはいたらない。このような場合には，自己効力感を高めるために次の 4 つの方法を試みる。① 成功体験：過去に障害に打ち勝ち少しでも成功したときの経験を思い出したり，実際に経験し，成功体験をもつこと（スモールステップ法による達成感の積み上げや，ロールプレイによる疑似体験を含む），② 代理体験：学習者と同様の努力をして目標に到達した人の，望ましい生活行動を観察したり話を聞いて（モデリング），自分もできそうだと思うこと，③ 社会的な言語的説得：信頼のおける人から，「大丈夫」という肯定的な評価を受けること，④ 生理的・情動的状態：ある行動をとることで生じる，生理的な身体の状態を知り，抱いているストレスやネガティブな感情の状態を，ポジティブにすること。

学生時代にはクラブ活動があったから 6 時には出発していたわけだし，友人も最近，朝に歩いて出勤するようになって，体重がずいぶん減ったと言っていた。その友人からも管理栄養士からも「大丈夫，できますよ！」と言われた。面倒くさかったけれど，確かに昨日歩いてみたら，とてもさわやかな空気で，頭がすっきりした感じだった。続けられるかもしれないと考えられるようになれば，自己効力感はかなり高まった状態にあり，行動に取り組み，継続し習慣化できる可能性が高まる。

また，行動変容の試みは，途中で挫折すると自己効力感は低下する。そこで，1 時間のウォーキング時間を新たに設けるのではなく，通勤時に，20 分間 1 駅歩きのように，できるだけ可能な目標設定をさせ，一つひとつ目標達成しながらスモールステップアップを積み重ねていくことで，自己効力感を継続的に高く維持させるように支援する。

4）　強化（reinforcement）：社会的認知理論においては 3 つの強化が重要である。オペラント条件づけのような直接的強化（レバーを押してネズミが得たえさ），観察学習のような代理的あるいは間接的強化(毎日給食を完食する友達が先生にほめられている様子)，自分で決めた自己報酬(1か月間毎朝歩けたら，新しいベルトの購入)や懲罰による自己強化である。いずれにしても，正の強化(報酬)は，保健行動の起こる回数を増大させる。

また，外的強化(5回調理講習会に参加するとプレゼントがもらえる)と内的強化(5回調理講習会に参加したらもらえる調理器具を使って，手早く美味しい食事を作れるようになりたい)という視点での分類もできる。外的強化より，内的強化を目指す栄養教育を計画し実施する方が，対象者の学習意欲や記憶，興味を増大させることができる。

5) セルフコントロール(self-control：自己制御)をすすめるセルフモニタリング(self-monitoring：自己観察)：保健行動は，最終的には個人のセルフコントロールの元で実行，習慣化されていかなくてはならないため，次の3つのステップを用いてセルフコントロール力を高めることが必要である。

① 自分自身の行動と影響を与える要因や効果を，**行動記録表***などを用いてセルフモニタリングし，問題点に気づくこと(自己観察)，② セルフモニタリングの結果を，自己設定した目標と比較すること(自己評価)，③ 満足感や充実感といった自己報酬を与え，変容した行動を継続していくこと(自己強化)。

一つひとつの目標達成を，セルフモニタリングで確認することによって得られた満足感は自己効力感を高め，さらなるセルフコントロールを導くことができる。

＊**行動記録表**　対象者自身が，食事の内容のみならず，いつ，どこで，誰と，どんな気分で食べたかという食行動，睡眠や運動(歩数など)，体重や血圧などを記録する。さらに，目標にした行動の記録も添える。できるだけ負担にならず続けられる記入方式を工夫する。

(2) ソーシャルサポート (social support)【カッセル，J., 1976年】【ハウス，J. S., 1981年】

家族・親戚，知人・友人，職場や学校・地域を通じた社会関係，保健・医療・福祉の専門家などで構成されるソーシャルネットワーク(social network)上で生じる人と人の間の相互活動の内，個人が保健行動を起こし健康的な生活をすごすためには，特に，手伝う，相談にのる，情報を伝えるなどの好ましい結果をもたらす支援(ソーシャルサポート)が重要となる(**表1.2**)。

ソーシャルサポートは一般的に，① 共感，愛情，信頼，配慮などの心理的サポート，② 援助を必要とする人への実際的な支援やサービスなどの物質的サポート，③ 個人が自己評価するために必要な，フィードバックにつながる建設的なアドバイスや，個人の考え方への是認など，評価のサポート，④ 問題を解決するための，

表1.2　ソーシャルネットワークの概念と定義

概念	定義
互助	社会的なつながりの中での資源や支援のやりとりの程度
強度	精神的な親密さを感じられる程度
複雑性	社会的なつながりがさまざまな機能に貢献できる程度
密度	ネットワークメンバーが互いに知り合って交流する程度
均一性	ネットワークメンバーの年齢や人種，経済状態などが似ている程度
地理的分散	ネットワークメンバー，特に中心メンバーの近隣に住んでいる程度

出所）畑栄一：行動科学(改訂第2版)，29，南江堂(2009)表3-3

健康関連情報や助言などを提供する情報的サポートの4つに分類される[*1]。

ソーシャルサポートが充実すると，ストレスの予防や回避，抑うつ症状の抑制など健康への直接的効果があり，認知機能やQOLを高めることが知られているため，個人に適したソーシャルネットワークとソーシャルサポートの整備に努めるべきである。

*1 ソーシャルサポートの分類については，①と③をまとめて情緒的・心のサポート，②と④をまとめて手段的・環境のサポートと，2つに分類することもできる。

1.2.5 社会（集団・組織・地域）や環境における人々の営みや変化の理解によって行動変容を導く理論やモデル

人々の健康・栄養問題は組織や地域，社会，環境などの影響を受けるため，個人レベルでの努力だけでは解決できないことが多い。そこで，個人の望ましい健康行動への変容を支援できる地域や社会のあり方，健康行動に影響を及ぼす組織や社会システムでの変化の導き方に焦点をあてた理論やモデルを説明する。

(1) コミュニティオーガニゼーション（community organization，1800年代のアメリカのソーシャルワーカーらによる造語であったが，1986年にWHOがヘルスプロモーションの概念に応用）

個人やグループ，組織的団体が，抱えている共通問題に気づき話し合い，協力し合って，自分たちの住んでいる地域の生活状態や環境をよりよい状態に改善していこうとする組織的，継続的な活動のことである。コミュニティは，次に挙げる5つの現象によって，さらに活力を高めることができる。①ある地域社会の共通問題に共同して取り組んだ成果として，連帯性，共同性，自発性をもつ地域社会が育つ，② 専門家組織による適切な情報提供も取り入れながら，地域住民が，主体的に地域保健の政策決定から保健事業の計画・実施・評価に参加することで，取り組みを地域に根づかせることができる，③ 住民同士が民主的に協力し合うことで，個人の意思が組織を通じて反映される，④ 地域にある社会資源(施設設備や制度などの物的資源と，知識や技術などの人的資源)を知る機会が増え，有効利用がすすむ，⑤ 地域社会におけるさまざまな組織の諸活動を，調整し協調することが可能になる。

管理栄養士・栄養士は，地域の健康問題に対しコミュニティオーガニゼーションによる住民の組織化をすすめるとともに，協働して改善を推進することが求められる。その場合の主体は住民であるため，専門家として必要な情報を的確に提供し，組織活動の順調な進行をサポートする。

(2) イノベーション普及理論[*2]（diffusion of innovation theory）【ロジャース，E.M., 1962年】

*2 イノベーション普及理論 普及するための情報伝達に，適したチャネルを選択することは最低必須要件となる。

イノベーションといわれる新しいもの(商品，技術やアイデア，行動，プログラムなど)は，① 開発(現状にはないが必要な新しいものづくり)，② 普及(人々へ伝える活動)，③ 採用(人々による受け入れ)，④ 実行(人々が利用・実行)，⑤ 維持(継続)

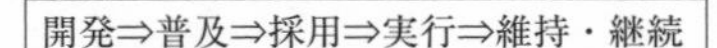

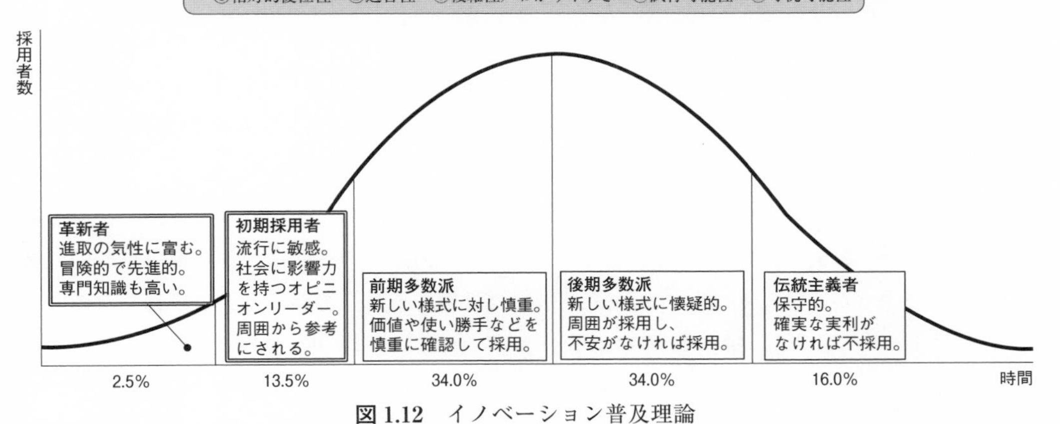

図 1.12　イノベーション普及理論

出所）ロジャーズ，E. M. 著，宇野善康監訳：イノベーション普及学入門，産業能率大学出版部（1981），p.250 に一部加筆

の５つの段階を経て，社会へ普及することができるととらえる理論であり，社会全体に変化を起こす戦略づくりに用いられる（**図 1.12**）。普及する速度は，そのイノベーションが，① 現状にあるものより優れているか（相対的優位性），② 人々のニーズに適合しているか（適合性），③ 利用や理解する際，複雑や面倒ではないか（複雑性／わかりやすさ），④ 試すことができるか（試行可能性），⑤ 採用したことやその効果を他人に気づいてもらえるか（可視可能性）という５つの特性に依存する。

普及は一気にはすすまない。そのため，たとえば地域住民を対象とする集団栄養教育では，他の人より早くイノベーションを採用する少数派の革新者と初期採用者を見つけて，新しい知識やスキルを先に普及することが重要で，少数派による口伝てなどから多数派による採用につながり，社会全体に変化を導くことができることを示唆している。

(3) ヘルスリテラシー【ナットビーム，D.，2000 年】

健康状態の向上をめざそうとする個人や地域社会の意思決定は，ヘルスコミュニケーションの過程でなされるが，対象者のヘルスリテラシーのレベルに依存する。ヘルスリテラシーは，健康情報を入手し，理解し，評価して，活用するという，４つの能力からなる。ナットビームは，「良い健康状態を維持・増進するために，情報を入手し，理解し，活用する個人の能力を決定する個人的・認知的・社会的なスキル（2000）」と定義し，① 機能的ヘルスリテラシー：基本的な読み書き能力に基づいた情報の理解力，② 相互作用的ヘルスリテラシー：コミュニケーションをとって情報を入手・理解し行動に適用できる力，③ 批判的ヘルスリテラシー：情報を批判的に分析し，その情報を，普段の状況をよりよくするためにうまく活用できる能力，という3つのレベルで説明している。

ヘルスリテラシーが高いと，ストレスを回避し健康行動を選択し健康・栄養状態は良好になるが，ヘルスリテラシーが低いと，疾病予防，ヘルスケア，ヘルスプロモーションのいずれの面でも不健康な行動を選択し，結果的に社会の医療費負担の増大を導くことになる。日本では，ヘルスリテラシーに関する一貫した健康教育システムがないため，測定尺度などを用いて自己のリテラシーを把握できる機会の提供と，個人のスキルと能力を高めるための継続的な支援が必要である。さらに，保健医療の専門家を含む健康情報発信者が，正しくてわかりやすい情報の提供を推進していくことが求められる。

1.2.6 栄養教育マネジメント (p.53，2.1)

より効果的かつ効率的に，個人や集団の健康・栄養状態やQOLを改善し持続させるためには，もれのない関連要因の抽出と明確な優先順位付け，さらに，最も効果的な介入方法の選択など，多くの視点から客観的に全体像を把握しマネジメントしていくことが重要になる。ここでは，栄養教育の計画や実施の場面でマネジメントに活用されている，有用な行動科学の理論やモデルを紹介する。

(1) プリシード・プロシードモデル[*1] (PRECEDE-PROCEED model)【グリーン，L. W., 1991年】(p.53，2.1.1(1))

行動変容を促すための理論やモデルというより，効果的な栄養教育のプログラムをデザインしていくときのガイド，枠組みを示したものである。特に公衆衛生活動に活用され，国や州単位でのヘルスプロモーションの計画・実施・評価の過程を詳細に組み立てるのに有用である。

グリーンは**健康教育理念の体系化**[*2]をすすめ，「健康教育は，自由意志による，健康のためになる行動の実践を促進するために，さまざまな方法を組み合わせて計画的に使うことである」と定義し，1980年にプリシードモデルを，1991年には，1986年のオタワ憲章に提唱された環境的支援を重視し，政策・法規・組織要因などを組み込んだプリシード・プロシードモデル(PRECEDE-PROCEED model)を提唱した(**図1.13**)。その後も，社会や環境，人々のニーズの変化に伴って改訂を繰り返し，現在の2022年版に至っている。全体の流れは8段階で構成されており，第1～第4段階まで(上段右から左へ)がプリシードにあたる。改善すべき目標を明確にするために，対象集団の抱える問題点や要因をステップに分けて事前にアセスメントし，**健康・栄養教育の戦略**[*3]を詳細に立て実施する。第5～第8段階(下段左から右へ)の過程をプロシードといい，評価を行う。

第1段階(社会アセスメント)：コミュニティや対象集団におけるQOL (quality

＊1　**プリシード・プロシードモデル**　PRECEDEは，Predisposing, Reinforcing, and Enabling Constructs in Educational/Environmental Diagnosis and Evaluationの頭文字，PROCEEDは，Policy, Regulatory, and Organizational Constructs in Educational and Environmental Developmentの頭文字である。

＊2　**健康教育理念の体系化**　グリーンによる健康教育の定義は，「個人や集団，地域において，健康のためになる行動について自発的に取り組み，それを実現するために計画された，あらゆる学習経験の組み合わせである」とも翻訳されている。

＊3　**戦略**　2005年版に改訂される際，それまでの計画という表現から，大局的視野と長期目線を伴う戦略(strategy)に変更した。さらに2022年版では，3段階に分けて戦略を組み立てるべきであることを明確にしている。

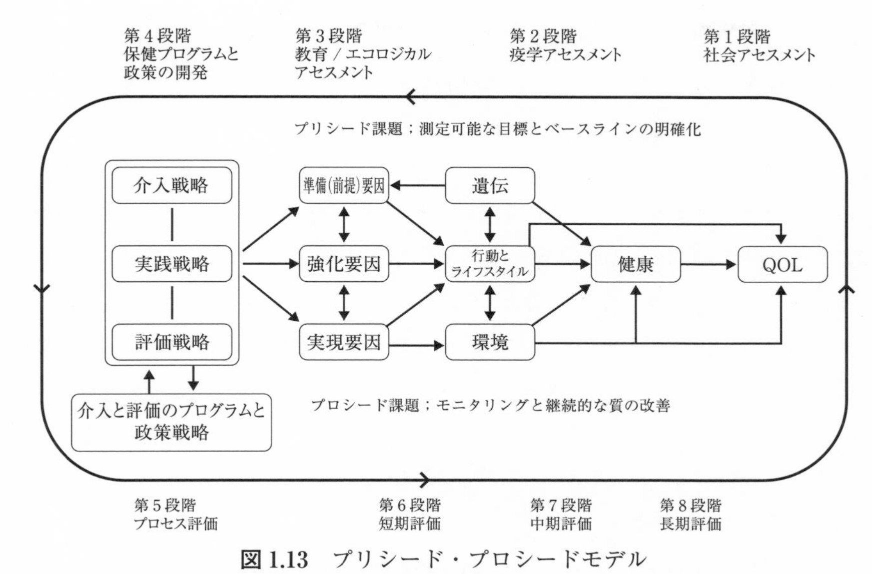

図 1.13　プリシード・プロシードモデル

出所）加藤佳子研究代表：健康支援プロジェクト研究「ひょうご健康づくり支援システム」を活用した健康施策推進のために，https://www2.kobeu.ac.jp/~ykatou/hyogo.html（2023.12.2）を基に一部加筆

of life：生活の質，生きがいや生活満足度）やニーズを，量的な質問紙調査，重要な人へのインタビューやフォーカスグループインタビューなどの質的な調査で把握する。

第2段階（疫学アセスメント）：対象集団の健康・栄養状態の問題点を明確にする。次に，問題点に関連する，行動とライフスタイルや環境の要因を抽出する。これらは，栄養教育における行動と環境の改善目標を設定する根拠となる。遺伝の影響も確認する。

第3段階（教育／エコロジカル・アセスメント）：改善すべき行動とライフスタイルや環境の要因が生じる理由を，個人，個人間，社会（集団・組織・地域）や環境の3つのレベルに応じて明らかにする。① 個人レベル；準備（前提）要因として，現在，対象者がもっている知識・態度・価値観などを調べ，提供すべき知識や，望むべき態度・価値観を導く方向性を知る。② 個人間レベル：強化要因として，行動の改善を継続させる家族や友人のサポートや，新たな行動への取組みに対するほめ言葉などのフィードバックが得られるかなどを調べる。③ 社会や環境レベル：実現要因として，行動変容を可能にする資源，設備，新しい技術（スキル）やコミュニティオーガニゼーションなどを調べておく。

第4段階（保健プログラムと政策の開発）：第1～第3段階のアセスメント結果を反映した，具体的かつ，最も高い効果を得られる健康・栄養教育の戦略を練る。個人の準備（前提）要因への教育的な働きかけと，強化要因と準備要因に関する環境的な働きかけの両面から検討する**介入***戦略だけでなく，その実

＊**介入（intervention）**　栄養教育現場において，当事者である対象者の行動変容を促すという目的をもって，他者（管理栄養士・栄養士）が対象者の抱える問題解決に意図的に関わっていくこと。

施可能性を最大限に高める実践戦略と，適切な評価戦略の３種類を，充分に練って開発する。さらに，３つの戦略に基づいた，介入と評価のプログラムを支える政策戦略まで，検討を行う。

第５段階(プロセス評価)：戦略として立てた介入を実践した健康・栄養教育の，プロセス評価を行う。第６段階(短期評価)では準備(前提)・強化・実現要因，第７段階(中期評価)では行動とライフスタイルの要因ならびに環境要因，第８段階(長期評価)：健康・栄養状態とQOLの，それぞれに生じた変化を**評価**[*1]する。

＊1　**評価**　2005年版では第６～第８段階を影響評価と結果評価と表現していたが，2022年版では短期，中間，長期の成果評価に変更されている。

このように，プリシード・プロシードモデルは，問題行動と，それに関わる３要因や環境の及ぼす影響を明らかにし，改善目標と評価項目を明瞭にする。健康・栄養教育を戦略立てて行うことで有効化や効率化が図られるだけでなく，段階に沿った欠落のない効果評価は，次の実践の向上にいかすことができる。

(2) ソーシャルマーケティング (social marketing) (p.53，2.1.2)

ソーシャルマーケティングの目的は対象者と社会の福祉の向上であり，ビジネス分野で多用されている消費者と企業双方がともに満足できる自発的な交換を成立させるマーケティング技術を，行政や医療，教育関連など非営利組織が展開する行動変容を導くプログラムのマネジメントに応用することである。

管理栄養士・栄養士ではなく対象者主導であることが根幹となる。**フォーカスグループ調査**[*2]などで把握した対象者のニーズ(needs：必要性)やウオンツ(wants：欲求)によってセグメントに分け(segmentation：セグメンテーション)，共通の課題や特徴，実施可能性をもった均一グループになるようターゲットを絞る(targeting：ターゲティング)(**図1.14**)。対象者に，自ら新しい行動を採用し実行することを選択してもらうために，以前の行動や他の行動に比べ新しい行動の方がコスト(損失)よりメリット(利益)が多いという考え(ポジショニング)に至るよう，４つのＰ(マーケティング・ミックス)についてプログラムを工夫する(**表1.3**)。

＊2　**フォーカスグループ調査(FGI)**　８名程度の似た背景をもつグループを設定し，徹底的に，聞きたいことを聞き話したいことを話してもらって，録音記録した内容を分析する集団面接法である。(2.2.4参照)

対象者のニーズとウオンツの把握
⇩
セグメンテーション
ターゲティング
ポジショニング
⇩
マーケティング・ミックスの決定
⇩
作成したプログラムや教材を用いたプレテスト
チャネルの選択
⇩
プログラムの実施
評価による見直し

図1.14　ソーシャルマーケティングの流れ

表1.3　マーケティング・ミックスにおける４つのＰ

項　目	内　容	例
Product (プロダクト) ～製品～	対象者にとっての，新しい行動の有用性や魅力	採用してほしい新しい行動について，健康増進へ及ぼす効果などメリットを提示する
Price (プライス) ～価格～	新しい行動を実施する場合の，対象者が抱える負担の程度や量	行動変容やその継続のための金や時間や気持ちなどの負担(障害)を軽減する
Place (プレイス) ～場所～	新しい行動の実施場所や，そこへのアクセスの便利さ	いつ，どこで，すぐに行動できるかなど，実現可能な環境を整備する
Promotion (プロモーション) ～販売促進～	対象者が新しい行動を選びやすくなる，きっかけや手段	新しい行動を採用・実行してもらうきっかけとなる情報提供の方法(SNS，ポスター，イベントのキャンペーンなど)を工夫する

プログラムや作成した教材などを用いたプレテストの実施により，事前に効果を確認しておく。さらに，工夫したプログラムに関する情報を，着実かつ効率的にターゲットへ伝達できる最適な**チャネル***の選択をする。これらの体制を整えた上で，プログラムを実施・モニタリングし，評価を行う。

ソーシャルマーケティングにおいて重視される交換の原則において，非営利団体にとっては企画したプログラムで掲げた行動変容の目的が達成されること，対象者にとってはプログラムを受け自発的に行動変容した結果として受け取ることができる恩恵や利益が交換対象となる。双方が関心や利益について満足できるWin-Winの関係を構築することで，長期的な視点から社会全体の福祉の向上につなげていくことができる。

*チャネル　情報伝達経路のことであり，適したチャネル（媒体，マスメディア・ソーシャルメディア・広報誌・POPなどの広告・さまざまなイベントやコミュニティグループなど）を選択することが大切である。

1.3　栄養カウンセリング

栄養教育は，人の生涯にわたる健康を保持・増進し，その状態や食行動が望ましい形になるように変容させ，QOLの向上につなげることを目的としている。対象者の主体的な行動を変容させるためには，行動科学の理解と栄養カウンセリングにおける働きかけが有用である。

1.3.1　行動カウンセリング

(1) カウンセリングの定義

「カウンセリング（counseling）」は，「相談する」から由来しており，相談援助のことを示す。問題となっている対象者の情緒，態度，行動，悩みなどに対し，専門家との心理的コミュニケーション（会話や対話）を通して援助していく方法である。指導・助言などは直接的には行わず，対象者に解決の意欲，自己受容や自己変容が芽生えるようにすることを基本とする。また，カウンセリングでは，言語（言葉）や非言語（態度・表情・雰囲気）などによるコミュニケーションを通して，クライアントの行動変容を試みる。

カウンセリングの起源は，アメリカで労働者の就職を支援するプログラムとして開発された心理学的な援助過程であり，現在ではさまざまな分野で応用され発達してきている。

(2) カウンセリングの専門用語

カウンセリングは，人と人の一対一の相対する社会的相互作用関係である。専門的立場（管理栄養士，臨床心理士等）からカウンセリングを行う人を「カウンセラー（counselor）」，カウンセリングを受ける人を「クライアント」または「クライエント（client）」と呼ぶ。

カウンセラーは，クライアントに関わりながら，クライアント自身の気づきや自己決定，行動変容，課題解決，自己成長などを支援する。

(3) 行動カウンセリング

行動カウンセリング(behavioral counseling)[*1]とは，行動理論を導入し，行動変容技法を応用したカウンセリングである[*2]。クライアントの「(食生活)の不適切な学習や適切な学習の失敗を改善する」ために，問題行動を分析し，カウンセリングで解決すべき問題行動を特定し，改善につなげる。

米国のロジャース(Rogers, C. R.)は，クライアント中心療法(client-centered therapy)を提唱した。クライアント中心療法は，クライアントは成長する力をもっているとする人間尊重が前提であり，クライアントの成長する力を信じ，その力と決断力を中心に進めるカウンセリングは，「非指示的方法」であるが，行動カウンセリングは，必要に応じ，「積極的に指示，助言，技術指導」を行う。

行動カウンセリングには，禁煙支援の方法に用いられている5Aアプローチをもとに進めてゆく方法がある。5Aアプローチの進め方を**表1.4**に示す。

*1 **行動カウンセリング** クルンボルツ(Krumboltz, J. D.)とソアセン(Thoresen, C. E.)によって考案された。理論的には，「適応的・不適応的な行動の学習」を説明する学習理論と行動理論に基づいている。目的としている適応的な行動や症状の消去した状態を実現できるか否かを重視し，実際にやってみて成功するか失敗するかの「行動実験」を通してクライアントの行動を望ましい方向に変化させていく。

*2 **行動カウンセリングと心理カウンセリングの相違** 行動カウンセリングは，外部から客観的に観察可能な「行動・言動」に働きかけ，主観的に推察(想像)することしかできない観察不能な「内面心理(精神内界)」にはあまり踏み込まない。

表1.4 5Aアプローチによる行動カウンセリングの進め方

5Aアプローチ		過　程
Assess	評価する	行動変容に必要な情報(現在の食生活状態の把握と食生活に関連する要因等)や行動変容の準備性を収集し，評価する。
Advise	助言する	評価した内容を基にクライアントに合った専門的な情報を提供する。行動変容の重要性も伝える。
Agree	同意する	クライアントの意思を尊重し，最終的な決定はクライアント自身が行うことを主眼としてカウンセリングを進める。
Assist	支援する	クライアントが自主的に行う行動変容をサポートする。
Arrange	フォローする	クライアントの行動変容が維持され，習慣化(継続)することをサポートする。

出所) 小林麻貴ほか：サクセス管理栄養士・栄養士養成講座―栄養教育論，26，第一出版(2021)

(4) カウンセリングを取り入れた栄養教育

従来の栄養教育は，管理栄養士から対象者への一方的なガイダンス(知識・技術の伝達)や，コンサルテーション(アドバイス)を行う指示的な対応が多かった。これからの栄養教育では，対象者自身が管理栄養士とのかかわりを通して，自己模索し，生活上の課題に気づき，自らの行動変容により課題を解決しようとする，対象者中心の支援が求められる。そのためには，管理栄養士と対象者との信頼関係づくりが基盤となる。両者間の信頼関係を深めるには，管理栄養士のカウンセリングマインド(人間関係を大切にする姿勢)を身につけた対応が必須となる。ガイダンスやコンサルテーションだけの管理栄養士主導の対応は，対象者の心の状態，すなわち気持ちや情緒面を軽視したかかわりとなる。

(5) 栄養カウンセリングの定義

栄養カウンセリング(nutrition counseling)とは，カウンセリング技法を用いて栄養・食に関する問題を解決する，行動変容の中でも食行動の変容を目的として実施される栄養教育方法の１つである。栄養カウンセリングでのカウンセラーの役割は，クライアント自身が食生活の問題に向き合い，解決の方法をクラアント自らが見つけ出せるように，心理学的知識と技能を用いて援助する。「心の問題解決」を図る心理カウンセリングと栄養カウンセリングは，実施する目的は異なるが，原則的な方法論は同じである。

(6) 栄養カウンセリングを実施するときの重要事項

1) 行動変容を促す「ラポールの形成」

人間が人間と話す場合，互いのしぐさの印象で，その後の会話は変化する。カウンセリングでは，カウンセラーとクライアントの両者が安心して会話でき，感情を自由に交流できる良好な人間関係を構築していくことが，基本となる。

ラポールの形成とは，カウンセラーとクライアントの両者が相互を信頼し，望ましい関係(理解し合える関係)を形成することである。ラポールとは，臨床心理学の専門用語であり，相手に対する敬意・誠意をもった対応のことを示す。両者の心が通じあい，信頼し合い，相手を受け入れる状態で人間関係をかたちづくることをラポールの形成という。ラポールの形成が深まると，クライアントは親近感や居心地のよさを感じる。カウンセリングの初期段階やカウンセリングを効果的に進めるためには，ラポールの形成が重要視される。

ラポールを形成するためには，視覚・聴覚・触覚などにかかわるアプローチが挙げられる。クライアントが良好な対応ができるように，カウンセラーは意識的な技法を習得し，身につけることが大切である(**表 1.5**)。

2) カウンセラーとしての基本的態度

カウンセラーは，基本態度(カウンセリングマインド)を身につける必要がある。カウンセリングマインドとは，カウンセラーがクライアントとの間に親密で信頼感に満ちた人間関係をつくっていく姿勢・態度・心構えを指す。カウンセラーは話しやすい雰囲気を作り，時には視線を合わせ，うなずきながら話を聞くようにする。

① クライアントを信頼し，主体性を尊重する(相談者を信じる。サポーターになる)。

② クライアントに対して偏見をもたない(決めつけない，差別をしない，相談者の力を伸ばすことを念頭にカウンセリングに臨む)。

③ クライアントの守秘義務を守る(個人情報の保護に留意する)。

④ カウンセラーとクライアントの関係性を守る(不必要にプライバシーに立ち入らない)。

3) 管理栄養士としての倫理*と態度

管理栄養士・栄養士は，栄養と食の専門職である。クライアントは，その

＊**倫理**　社会生活を送る上で守るべきモラルのこと。

表 1.5　ラポールの形成に必要な主なテクニック

アイコンタクト (eye contact)	凝視しない程度に，時々相手と目を見合わせる。下を向いてメモすることに集中しすぎない。
ペーシング (pacing)	話し方や話す速度，声のトーン，呼吸のリズム，相づちの頻度等，相手に非言語的な情報のペースを合わせる。人間には「類似性の法則」という心理作用があり，自分と共通点のある人物に対して親近感を抱きやすい傾向にある。ペーシングは特に初対面の人物との距離を縮める上で有効な手法であり，聞き手と話し手の間で一体感が生まれるため，コミュニケーションの円滑化に寄与する。
ミラーリング (mirroring)	鏡に映したかのように相手の所作を自然に真似る手法。ペーシングと同じく類似性の法則を利用したテクニックで，手足の位置や組み方，瞬きのテンポやお茶の飲み方など，仕草や動作を真似ることで相手は親近感を抱きやすくなる。ただし，あまりにも同じ動作を真似ていると相手は違和感を覚える可能性があるため，自然な形で合わせる必要がある。
マッチング (matching)	ミラーリングのテクニックの1つ。話し方や所作などを真似るのではなく，その一部を取り入れる手法。ラポールを築く上で特に重要となるのが聴覚情報のマッチングとなる。人は話すテンポや声のトーンが大きく異なる相手に対して，違和感や嫌悪感を抱く傾向にある。声のボリュームやリズムなどを合わせることでラポールの形成に寄与するため，主に電話のような非対面の対応時に効果を発揮する手法。
バックトラッキング (backtracking)	俗に言う「オウム返し」と呼ばれるテクニック。相槌を打つ際に相手の言葉を繰り返す手法。単に頷くだけでなく，相手が発した言葉の要約や感情を伝え返すことで，受容されているという肯定的な感情が芽生える。相手の話をきちんと受け入れていることを示したい場合や，相手が発した言葉を再確認してもらう際に役立つテクニック。
キャリブレーション (calibration)	心理学においては非言語的情報から相手の心理状態を読み取る手法を指す。表情や姿勢，呼吸のリズム，声のトーン等，無意識下の動作や変化を観察し，言葉の裏にある心理状態を読み取るのがキャリブレーションの目的となる。いわゆる「察する力」と呼ばれるテクニックであり，相手の感情の変化に合わせた対応が可能となり，信頼感や安心感の醸成につながる。

出所）関口紀子ほか編：栄養教育論—栄養の指導，61，学建書院（2020）

専門家であることを期待して，栄養カウンセリングを受けに来る。カウンセラーとしての態度や倫理も備えなくてはならない。

① 対人業務であることを意識する（挨拶，言葉遣い，身だしなみなどに注意する）。

② 自身の健康管理に留意する（身体的，精神的側面の健康保持を行う）。

③ 管理栄養士としての役割を認識する（仕事の職域を超えない，他の専門家に相談する・情報を共有する，責任をもつ）。

コラム 2　グループカウンセリング

栄養カウンセリングの応用として，小集団への栄養教育にあたる「グループカウンセリング」が用いられることがある。グループカウンセリングとは，1人または複数のカウンセラーに対して，共通の疾患や食生活上の問題（同じような悩みや困り事等）を抱えた人たち（クライアント集団（7～10名））を対象とし，集団のもつ相互作用などの特性や機能を活用して個人の問題を解決する治療法のことである。グループカウンセリングの特徴は，グループダイナミクス（集団力学）を活用できることが挙げられる。また，その他の利点として，① 他のクライアントと互いに観察し合いながら，悩みを分かち合い，情報を交換し，自己理解を深め，行動変容に対する自己効力感を高めることができる。② 食事療法に対する感情の問題に着目し，怒り，不安，孤独，恐れなど，食事療法の遂行を阻害する否定的な感情を自由に表現し，共有し合うことで一人ではないという連帯意識が芽生える。

4) 栄養カウンセリングに求められる知識とスキル

栄養カウンセリングでは，クライアントの栄養・食に関する問題を解決するために，栄養学，食品学，調理学，食品衛生学，栄養疫学，応用栄養学をはじめとする食・栄養に関するさまざまな最新情報や研究結果のエビデンスが必要となり，高度な専門的知識が求められる。さらに，知識はあるものの，行動変容がなかなか進まないクライアントも多く，専門的知識に加え，行動変容を支援するスキルが必要不可欠となる。

5) カウンセリングの場面設定

カウンセリングを実施する際には，話す内容が外部に漏れない，プライバシーの保護に配慮したスペースを提供する。さらに，カウンセリングを実施する際の位置関係は，カウンセラーとクライアントが(90度)になるような位置関係が適度に目線も外せ，クライアントも緊張しにくく話しやすくなり理想的である(**図 1.15**)。

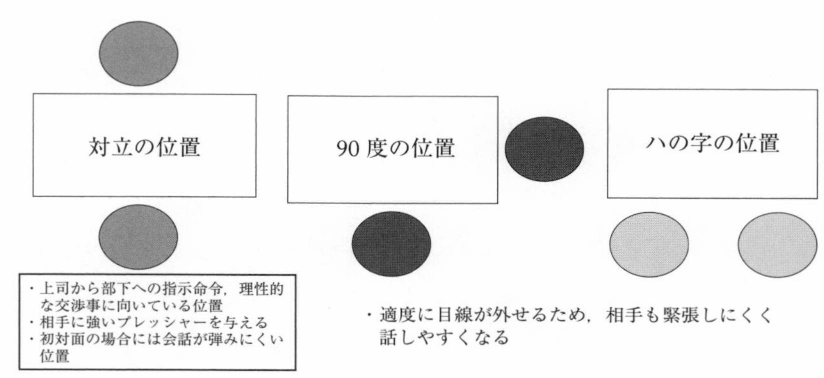

図 1.15 カウンセリング時の位置関係

出所）筆者作成

1.3.2 カウンセリングの基本的技法

(1) 傾　　聴

傾聴は，クライアントの話を真剣に中立的な立場で十分に聴くこと。相手の話に耳を傾けること。相手の意見を「肯定する」ことでも「否定する」ことでもない。栄養カウンセリングの技法のなかで最も基本となる技法である。

表 1.6 栄養カウンセリングにおける傾聴を構成する技法

かかわり行動	かかわり行動とは，クライアントの話を聴く時の管理栄養士の視線，姿勢，身体的表現や会話を指す。管理栄養士の適切なかかわり行動により，クライアントは自分自身の考えや気持ちなどを管理栄養士に率直に話すことができるようになる。そして，かかわり行動によって，両者間の信頼関係が形成される。
理解したことを確認する	クライアントの話について，管理栄養士が理解した内容を簡潔に伝える。クライアントは，自分の思いを整理できる。
気持ちを受け止め応答する	クライアントの話を良く聴き，そして非言語的な表現も良く見て言葉では表現されない気持ちや感情についても確認し，そのことに焦点をあてた言葉を伝え気持ちや感情を受け止める。クライアントは，自分の気持ちや感情に気づき，自分を受け入れていくことができるようになる。

出所）小松啓子，大谷貴美子編：栄養カウンセリング論(第2版)，9-15，講談社サイエンティフィク(2009)を加筆訂正

傾聴は，単にクライアントの話を「聞く」のではなく，クライアントの気持ちを「聴く」ことも含む。そのため，クライアントのしぐさや表情などにも注意を向け，非言語的コミュニケーションから気持ちを理解する。また，カウンセラーが十分に傾聴すると，クライアントは「ちゃんと自分の話を聞いてくれている」と安心する気持ちになる。

心理学的援助のどの段階においても，支援の中心となるのは「傾聴（積極的に話を聞くこと）」である。単に話を聞くのではなく，クライアントを温かく受容し，共感しながら，傾聴することが大切となる。

(2) 受　容

受容は，クライアントのあるがままの姿を尊重し，クライアントに肯定的な関心を抱き続けて，その感情や言葉を無条件に温かく受け入れる技法である。カウンセラーは，クライアントの強みや弱み，パーソナリティ，葛藤の考えや気持ちを受け入れ，理解することが必要となる。クライアントはカウンセラーに自分が受け入れられているという気持ちを抱くことで，相手を信頼し，ありのままの自分と向き合えるようになる。

(3) 共　感（共感的理解）

共感とは，クライアントの考え方，ものの見方，感じ方の枠組みに立ち，クライアントになったつもりでその体験を理解しようとする姿勢をいう。クライアントと同じ立場に立ち，一緒になって感じたり，考えたりすることで，相手を深く理解することができる。カウンセラーは，共感したことをクライアントにわかりやすく簡潔に伝えることが重要である。短い言葉で簡潔に，クライアントの情緒的な調子に合わせて応えることは有効である。

(4) 自己一致（純粋性）

ありのまま，構えのない自分らしい自然な状態でいることを自己一致という。この状態でクライアントを尊重し，クライアントの立場を大切にしてかかわっていく。クライアントに対する思い込みや解釈，評価的態度をとらないようにすることが重要である。クライアントに共感しながら，より正確にクライアントを理解しようとすると，課題解決につながる発展的な質問が展開するようになる。さらに，管理栄養士の真摯な態度は，クライアントが自ら課題解決に意欲的に取り組もうとする方向性を導き出すことになる。カウンセラーが自分自身を偽らず，本当に感じていることに気づいて，それを言葉や行動で示す。

(5) 非言語的態度の理解

クライアントが伝えたいことは話の内容だけでなく，話し方や身振り，手振り，また沈黙に現れていることも多い。コミュニケーションの種類には，言葉によって伝え合う意思，感情，行動などのメッセージを指す「言語的コミュニケーション」，話し言葉に代わって伝える言語外のメッセージ(話し方の抑揚，調子，速度等)を指す「準言語的コミュニケーション」，身体的動作(表情，視線，姿勢，身ぶり，服装，髪型)，空間(対人距離)など体を使ったコミュニケーションにおけるメッセージを指す「非言語的コミュニケーション」がある。2者間のメッセージは，7％が言語的，38％が準言語的，55％が非言語的コミュニケーションにより伝達されると言われている。そのため，2者間のコミュニケーションは，準言語的・非言語的コミュニケーションを注意深く観察し，読み取ることが大切となる。

(6) 要　約

要約は，クライアントの話の内容を気持ちと関連づけ，適所で簡潔にまとめて示すことである。管理栄養士が，クライアントの話を簡潔・正確にタイミング良くまとめて確認することにより，クライアントが自分のことを理解してくれたと感じる。さらに，要約することによって，クライアントは自分の発言や問題を系統立てて整理でき，課題が見えてきて，解決へ向けて進展する。管理栄養士は，クライアントの発言を正しく理解しているか確認することができる。

(7) 開かれた質問・閉ざされた質問

クライアントに対する理解を深めるためには，適切な質問をタイミング良く行っていく必要性がある。カウンセラーがクライアントに質問を行う際には，質問の内容により「開かれた質問」と「閉ざされた質問」に分けることができる。

「はい」「いいえ」など，特定の情報を求める質問(短い答えで答えられる質問)を「閉ざされた質問」という。「どんな相談でしょうか」「どうされましたか」など，クライアントが自分の言葉で自由に表現できるように質問をすることを「開かれた質問」という。クライアントが自由に返答できる開かれた質問を使うことで，話が長続きするだけでなく，クライアントは気持ちよく話すことができ満足度が格段に向上する。

(8) 沈黙の尊重

クライアントがこれから何か言おうとしていたり，気持ちを整理していたり，考えをまとめているような場合に生じる沈黙は尊重する。沈黙は言語的な応答よりも，重みや深みがあり，内面的な意味を含んでいる場合も多いので，それを妨害しないようにすることが大切である。

管理栄養士にとっては，栄養カウンセリングの中で起こってくる対象者の沈黙は，耐えがたい時間に感じられがちだが，その時間は対象者自身にとって大切な時間である。カウンセラーは，クライアントからの発言を待ち，考える時間を与えるように，見守り寄り添うように心がける。

コラム3　カウンセリングのコツ　5箇条

1）常に笑顔でクライアントや家族に接しよう！

初回の栄養教育を実施するクライアントは，不安な顔つきをしている。しかし，管理栄養士が笑顔で接することで，だんだんとクライアントも笑顔になる。人の心を癒すための重要なポイントは笑顔。笑顔を見ると自然と心が穏やかな気持ちになり，不安な気持ちが取り除かれるだけでなく，前向きな気持ちになる。栄養教育という negative thinking になりがちな環境だからこそ，不安を少しでも和らげてみよう。

2）目を見て話そう！

クライアントは，どんなことを話してくれるんだろうと興味津々である人もいる。だからこそ誠意をもって管理栄養士は対応したい。まずは，目を見て話すことで「話をちゃんと聞いてますよ」「あなたに好感を持っていますよ」というように，好意シグナルを伝える。特に社会的に権力をもつ人や高齢者の中には，"無礼"として，目を合わせないことに不快を感じる人がいる。笑顔に加えて，目を見て話すよう心がけてみよう。

3）目線を同一にしよう！

日本語には「目上」「目下」という表現があるように，社会的にも心理的にも目の高さは上下関係を表している。クライアントの中には，上から話されることに不快を感じる人もいるため，できるだけカウンセラーもクライアントと目線を同じにして話すように心がけよう。

4）クライアントとの距離を確保しよう！

クライアントには，病院であれば病気のことを中心に多くのプライバシーがある。だからこそ，カウンセラーは，プライバシーを尊重しよう。人は無意識にテリトリー（パーソナルスペース）を形成しており，ある一定の範囲に他人が入ってくると不快を感じる。特に初対面の時には対象者のパーソナルスペース内に入らないように注意する必要がある。

5）穏やかな声で話そう！

クライアントは，病院の場合には主治医の外来受診や多くの検査を経てから栄養教育（栄養食事指導）を受けに来る。栄養教育は，ゆったりとした気持ちで受講ができるようにしたい。カウンセリングの際には，声が相手の耳に居心地よく入るよう，声の高低が丁度よい穏やかな調子で，ゆっくりと話すように心がけてみよう。合間に随時，クライアントが質問できる雰囲気づくりをしてみよう。

1.3.3　認知行動療法

認知行動療法（cognitive behavioral therapy：CBT）は，クライアントの不適応状態に関連する人の情緒（気分や感情），行動（ふるまいや態度），認知（思考，捉え方，考え方の癖）に焦点をあて，情緒・行動・認知を改善させる心理療法である。栄養教育では，食生活における行動や認知に焦点をあてる。そして，その行動変容の妨げとなる認知を再評価し，妨げとなる要素を取り除きながら，望ましい行動を条件づけるという技法（行動療法的技法や認知的技法）である。

人間は，状況や出来事に対してそれぞれ異なった感情や行動を示す。認知行動療法では，感情や行動を引き起こすのは，出来事そのものではなく，出来事に対しその人にとっての意味の与える認知であると捉える。例えば，食生活（お菓子の食べ過ぎ）の改善が必要となった場合，強い不安，歪んだ解釈をする人もあれば，積極的に向き合う人もいる。認知行動療法は，「認知面」に変化が生じ，その結果が行動に影響するよう支援する。「考え方が変わることによって，気分や行動は変わる」ということを繰り返し経験することにより，「考え方を変えれば，情緒や行動をコントロールすることができる」ということを自覚できるように促していく。

栄養教育では，食事・体重の記録(セルフモニタリング)や面接により，食行動の問題点やパターンに目を向け客観的に気づけるように導入し，行動療法の技法を応用し進める。摂食障害では，低体重となるような食事量の減少や，過食につながるような強固で極端な食事制限などの行動は二次的なものであり，自分の価値を判断する「体型や体重の過剰な評価」が焦点となる。治療は精神神経科の専門医が主体であり，管理栄養士はチームのメンバーとして参画する。

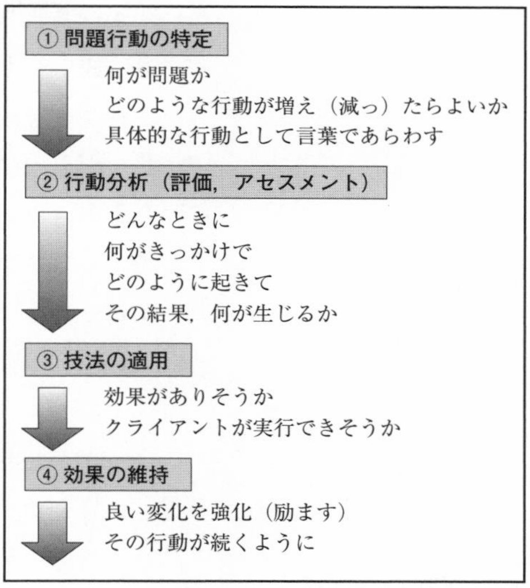

① 問題行動の特定

何が問題か
どのような行動が増え（減っ）たらよいか
具体的な行動として言葉であらわす

② 行動分析（評価，アセスメント）

どんなときに
何がきっかけで
どのように起きて
その結果，何が生じるか

③ 技法の適用

効果がありそうか
クライアントが実行できそうか

④ 効果の維持

良い変化を強化（励ます）
その行動が続くように

図 1.16　認知行動療法の基本的プロセス

出所）足達淑子編：ライフスタイル療法Ⅰ　生活習慣改善のための行動療法(第 4 版)，14，医歯薬出版(2014)
※認知行動療法のエッセンス—治療のプロセス—

1.3.4　動機づけ面接

動機づけ面接法(motivational interviewing：MI)は，米国のミラー(Miller, W. R.)と英国のロルニック(Rollnic, S.)により開発された行動変容を目的としたカウンセリング法で，米国のロジャーズ(Rogers, C. R.)の提唱した非指示的な来談者中心療法と方向志向的要素を併せ持つ準指示的な面接法である。動機付け面接は，クライアント自身の考え，解決策，そして価値観を引き出すことによって，**両価性***の解決を目指し，行動変容への動機づけを形成・強化することを支援するカウンセリングアプローチである。

＊**両価性(アンビバレンス)**　人は変化の過程において，変わりたいと思うと同時に，今のままでいたいとも思う。このような相反する動機が同時に存在することを「両価性(アンビバレンス)をもつ」という。

(1) 4 つのスピリット (PACE：ペース)

動機づけ面接のスピリットとは，理論の根底に流れている姿勢や心構えのようなものを指し，「協働」「受容」「思いやり」「引き出す」の 4 要素が挙げられている。動機付け面接において一貫している態度は，クライアントとカウンセラーが積極的に協働関係を築いていくことであり，決してカウンセラーが一方的に何かを教えるということではない。面接のほとんどの時間をクライアントの話を聞くことに費やし，生活を理解する必要がある。

1)　**協働 Partnership**：クライアントとカウンセラーが行動変容のために目標に向かって協働すること。クライアントが受け身ではなく，能動的に取り組めるようにカウンセラーが誘導する。

2)　**受容 Acceptance**：動機づけ面接法のなかでも特に重要視されている。「正確な共感(相手の視点を理解しようとすること)」「自律性の支援(その人自身が自分の道を選択するサポートをすること)」「是認(その人の強みと努力を認めること)」「絶対的価値(生得的に価値ある存在として敬意を示すこと)」の 4 つが含まれる。

3） **思いやり Compassion**：積極的にクライアントの福利向上，ニーズ，利益の追求を最優先すること。

4） **引き出す(喚起) Evocation**：クライアント自身の考え，解決策，価値観を引き出し，行動変容に向かうことを支援すること。

(2) 4つのプロセス

プロセスとは，面接を行う際に面接者の道しるべとなるようなものである Engaging (かかわる)，Focusing (フォーカスする)，Evoking (引き出す)，Planning (計画する)という流れで面接を進めていく。

1） **かかわる**：人としてクライアントとカウンセラーが関係性をつくるというプロセスである。面談全般における基盤となる段階である。

2） **フォーカスする**：クライアントの両価性を正確に把握した上で，変化のゴールや目標についてクライアントとカウンセラーが協働で決定していく。

3） **引き出す**：クライアントの目標行動についてチェンジトークを引き出し，維持トークを消去する。

4） **計画する**：クライアントの動機が十分に引き出され変化する準備が整った後に，具体的な計画を立案しその行動を強化する。

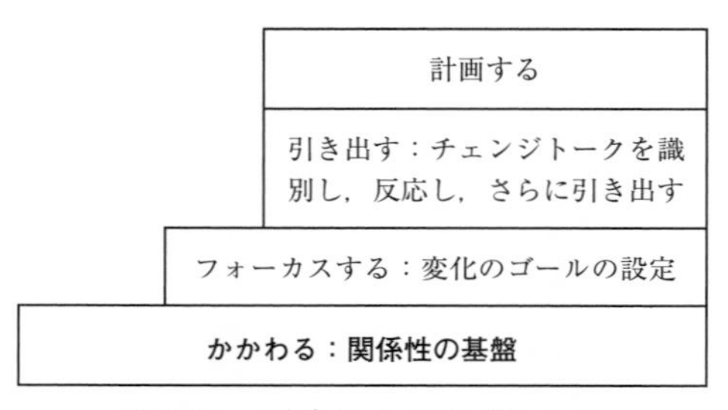

図 1.17　面談の4つのプロセス

出所）北田雅子，磯村毅：医療スタッフのための動機づけ面接法　逆引き MI 学習帳(第6版)，90，医歯薬出版(2021)　※図 3-4 面談のプロセス

(3) チェンジトークと維持トーク

動機づけ面接の中で行動の変化に向かって自ら語られた「変わりたい」という考えに関するクライアントの発言を「チェンジトーク(Change talk)」という。一方で，クライアントが「今のままでいたい」という考えに関する発言を「維持トーク(Sustain talk)」という。

人は行動変容への動機をもっていたとしても，それと同時に拮抗する気持ちや状況，すなわち両価性の状態で在ることは特別なことではない。通常の会話の中では，チェンジトークと維持トークが混在していることも多い。動機づけ面接では，主に「引き出す」過程の中で行動変容技法を用いながらカウンセラーが行動変容へのチェンジトークを「認識する」「引き出す」「応答する」ことにより，チェンジトークを更に増やしたり内容をより具体化(選択的に強化)し，面接の場が「宣言による自己動機づけ」に結びつくことを中間的な目標としている。

(4) 4つのスキル(OARS：オールス)

動機付け面接における具体的なコミュニケーションスキルとして，「開かれた質問(Open-ended Question)」「是認(Affirming)」「聞き返し(Reflective Listening)」「要約(Summurizing)」がある。

表1.7　動機づけ面接における4つのスキル

スキル	内　容
開かれた質問(O)	クライアントが自らを振り返ったり，詳しく説明したりするための問いかけを行うこと。
是認(A)	クライアントに敬意を示し，良い部分に気づき，認めること。
聞き返し(R)	クライアントの発言を確認し，理解を深めること。
要約(S)	クライアントの発言をまとめ，前の発言と関連させたり，次につなげたりすること。

出所）図1.17に同じ

1.4　行動変容技法と概念

1.4.1　行動変容技法の種類と概念・活用方法

行動療法は，「健康行動科学」として，健康増進，減量，飲酒，運動，ストレスなど，健康教育や栄養教育の分野で幅広く応用されている。

不適切な生活習慣が要因となり，発症する生活習慣病の予防・治療は，生活習慣を，健康行動に変容させることである。

栄養教育における具体的な活用法としては，食行動について①不適切な行動を特定，②行動のアセスメント，③改善目標を明確にし，④さまざまな技法の選択およびそれらの組み合わせにより，望ましい食行動に変容し，⑤その行動を長期間維持できるように支援することである。

行動科学理論を踏まえた健康教育や栄養教育は，学校，医療，地域，職域などにおいて，個人や集団に対して展開されていくものであり，管理栄養士・栄養士として，行動科学理論および行動変容技法を十分に理解しておく必要がある。

以下に，行動変容技法と具体例を示す。

(1) 刺激統制

対象者の行動が特定の先行刺激や要因によって起こる場合，その行動は刺激統制下にあるものである。したがって，問題行動を起こさせている刺激を取り除き，それに代わる適正行動(目標行動)が起こりやすくなるような刺激を与えるなどの支援を行い，環境的条件を調整する技法のこと。

例 1）ダイエット中にもかかわらず，ついつい衝動買いをしてしまうケース

①「空腹時に買物に行くことが多く，不必要な物品まで購入する習慣がある」→「食事終了後(満腹時)に買物に行く習慣を身につける」

②「いつも予算を決めずに買物に行ってしまう」→「購入に必要な金額だけ持っていくようにする」

③「特価品など，不必要な食品も購入してしまう」→「買物リストを作成し，それ以外の売り場には立ち入らない」

例 2）アルコール制限を指示されているが，連日飲み過ぎてしまうケース

①「冷蔵庫に常時多量のアルコールをストックしている」→「毎日飲む分だけ，購入するようにする」

②「もう 1 本だけと思って冷蔵庫に手がいってしまう」→「冷蔵庫に 1 日の適量を書いて貼っておき，飲み過ぎを防止する」

（2）反応妨害

問題行動を軽減できるようなトレーニングを行い，健康行動が継続できるような技法のこと。ただし，この方法自体がストレスになりやすいので，対象者とよく話し合い，納得した内容で試みることが大切である。

例 1）ダイエット中にもかかわらず，ついついお菓子を食べてしまうケース

「本当にお菓子を食べたいのではなく，単に退屈しているだけだと自分に言い聞かせる」「お菓子を本当に食べたいのではなく，習慣化しているだけだと思う」

例 2）毎日の飲酒習慣がやめられないケース

「仕事上のストレス解消を言い訳に，本当に飲みたいわけではないのに，習慣で毎日飲酒してしまっているだけだと思う」「アルコールを過剰に飲むことは，家族に迷惑をかけていると自分に言い聞かせる」

（3）習慣拮抗法（行動置換と表現されていることもある）

問題行動とは，同時に実行(両立)できない行動を実行して，問題行動を行わないようにする技法のこと。

例 1）ダイエット中だが，間食習慣がやめられないケース

「いつも間食をしてしまう時間になったら，散歩に出かける」「甘い物が食べたくなったら，歯を磨く」「日頃から間食をする時間帯を，掃除の時間とする」

例 2）休日は朝からでもアルコールを飲んでしまうケース

「スポーツジムに入会し，休日は午前中，ジムで汗を流す」「休日は家族と一緒に買物に出かける」「休日の午前中は，日頃できない場所の掃除をする」

(4) オペラント強化

オペラント条件づけ[*1](随伴性の管理)ともいい，自発的行動の学習を意味するものである。適正な行動の形成と確立を目指す「正の強化」と，不適切な行動の抑制や除去を目指す「負の強化」に分類される(p.12，1.2.3(1)参照)。

「正の強化」は，行動することによって快刺激(正の強化・好子)が得られる場合で，行動は強化される。「負の強化」は，行動することによって不快な刺激(負の強化・嫌子)が除去される，または，刺激が与えられ，行動をとることで不快な刺激を受けないようにする場合で強化される。

例1) ダイエット中なので，甘いものは1週間に1回だけにするという目標を達成した場合:「よく頑張りましたね。これからもダイエット成功のために頑張りましょう」と誉められた(「正の強化」)。

例2) ダイエット中なのに，甘いものを毎日たくさん食べて注意を受けていたが，1週間に1回に減らしたら注意を受けなかった(「負の強化」)。

その他の強化法には，**物理的強化**[*2]，**社会的強化**[*3]，**心理的強化**[*4]，**自己強化**[*5]などがある。

*1 **オペラント条件づけ** パブロフによって提唱され，刺激(えさ，ベル)を与えると反応(唾液分泌)し，これを繰り返すこと(学習)で行動の変容が起こることを示した(レスポンデント条件づけ)。その後，スキナーは，行動の頻度は，結果，報酬，強化，または罰によって規定され，報酬などが得られる環境では行動が繰り返される可能性を高め，罰の場合は行動が繰り返される可能性は薄くなるというオペラント条件づけを提唱した。結果，報酬，強化，または罰は随伴刺激といわれ，このような刺激を管理することで食行動変容を成功させることが可能となる。

*2 **物理的強化** 強化子は，金銭，洋服，アクセサリー，花束，おもちゃ，食べ物など。

*3 **社会的強化** 強化子は，愛情，賞賛，承認，注目，名声，同意など。

*4 **心理的強化** 強化子は，満足感のある活動，心地よさなど。

*5 **自己強化** 目標達成の得点化，自分に褒美を与えるなど。

(5) 認知再構成(認知行動再構成法)

内潜行動[*6]のひとつに位置付けられている「認知」に直接働きかけて修正していく技法で，自分の思い込みや習慣によってマイナス思考に偏りがちになってしまう考え方を修正することである。すなわち，自然に身につき，習慣化している考え方や行動を，プラス思考に変容させる方法である。

「私にはどうせダイエットなんかできない」「家族みんなが肥満であるのだから，自分が太っているのは仕方がない」「母親が糖尿病だから，自分もいつかは罹患する」などのようなマイナス思考的な考え方を，「自分もダイエットして，素敵な洋服を着れるようにする」「努力すれば糖尿病は予防できるし，合併症などの心配もなくなる」のように，プラス思考的な考え方に思考変容をすることによって，行動変容を促すようにする行動療法である。

*6 **内潜行動** 思考(認知)や感情などの精神活動も測定評価できる形で現して「行動」とみなすことをいう。

(6) 意思決定バランス (p.14，1.2.3(3)参照)

意思決定バランスとは，食行動の変容を実践する際に起こる，メリット(肯定的な感情，気持ち)とデメリット(否定的な感情，気持ち)の2つの感情のバランスのことで，どちらが強いかによって食行動の変容に影響を与えることである。

たとえば，節酒を考えている男性にとって，「アルコール量を減らせば，肝機能の数値が改善できる」「毎月の飲み代の負担が少なくてすむ」といったメリットが考えられる一方で，「付き合いが悪くなり，仲間との関係が悪くなってしまう」「仕事に支障が出るかもしれない」といったデメリットも予想される。

行動変容に関する準備性が低い無関心期(前熟考期)や関心期(熟考期)(p.14,

図 1.8 参照）では，通常，デメリット＞メリットの関係式が成り立っていることが多い。

そこで，行動変容に対する障害や問題点などのデメリット面を解決し，行動変容することによって起こるメリット面を考えることにより，行動変容の準備性が高まる。さらに，行動変容が進み，実行期や維持期になると，メリット＝デメリットからメリット＞デメリットの関係式に移行されるので，意思決定バランスは行動変容プロセスに重要な影響を与える。

（7）目標宣言，行動契約

行動目標を宣言することを「目標宣言」，宣言した目標を実行することを自分や他人と約束することを「行動契約」という。

行動目標を管理するために，目標を声に出して自分自身に言い聞かせたり，普段よく目につく場所に宣言した内容を書いて貼っておくことが効果的である。たとえば，「飲み会は週に 1 回までと決める」「ごはんは必ず計量して盛るようにする」「来月末までに 2kg の減量を実行する」「体重は毎日測り，グラフに記録する」などである。

（8）セルフモニタリング＊

＊**セルフモニタリング**　目標設定のポイントを小さな目標にして，学習者が達成しやすい内容にする方法を，セルフモニタリングにおけるスモールステップという。

自己監視法ともいう。対象者自身が自分の行動を観察し，その内容を記録して，さらに評価する（自己調整機能）ことにより目標の達成度を客観的に判断することが可能となり，自己強化されることである。

体重や血圧などの身体測定結果や，アルコール摂取量や甘いお菓子類の摂取頻度など，自分で観察するべき内容の記録用紙を準備し，毎日記録する。行動変容が生じるきっかけを作り，望ましい行動強化につなげる技法である。

表 1.8，1.9 は記録表の具体例である。

表 1.8　（例 1）ダイエット実行中の体重変化の記録表

月日	体重（kg）	前日との比較（kg）	反省点・自己評価
3/10	65.5	＋0.3	×（昨夜，隣人からもらった果物があったので，夕食後，たくさん食べてしまった）
3/11	65.1	－0.4	◎（昨日果物の食べ過ぎで体重が増えてしまったので反省。今日は 3 食ともにごはん量を少しだけ控えた）
3/12	66.0	＋0.9	××（友人に誘われてランチバイキングに行き，好きな物を考えもなく食べてしまった）

表 1.9　（例 2）アルコール摂取量の自己管理記録表

月日	飲酒量	飲酒場所	飲酒相手	自己評価
3/10	ビール（大）3 本＋焼酎 2 合	飲み会（居酒屋）	同僚 4 名	×（取引先とのやり取りで嫌なことがあったので，飲み過ぎた）
3/11	焼酎 1 合弱	自宅	1 人	○（いつもの飲み仲間が都合がつかず，自宅にて夕食）
3/12	ビール 5 杯＋日本酒 2 合程度	近所の居酒屋	町内会の役員 5 ～ 6 名	××（相手に勧められるたびに断れなく，近所だから少し位飲み過ぎても大丈夫だと思って）

摂取量，食べた場所・相手，食べた理由なども記録し，グラフを作る。毎日の変化を視覚的に見やすくしておくと，自分がどのような状況におかれたときに，不適切な行動を起こしてしまうかを自己解析でき，セルフコントロールにつながりやすい。

(9) 自己効力感（セルフ・エフィカシー）(p.15，1.2.3(3)，p.17，1.2.4(1)参照)

どんな条件下であっても，健康的な行動をとることができるという自分に対する自信のことである。自己効力感を強くもっていることが，行動変容して保健行動を身につけるために重要である。行動変容の過程において，人は非保健行動に駆り立てられる誘惑が3つあるといわれ，① 否定的な感情のとき，② うれしい出来事があったとき，③ 強く望むときである。

無関心期のように，変容段階が初期の頃は自己効力感が低い。つまり，今すぐダイエットしようと考えていないので，好きな食べ物がたくさんあるときはダイエットが実行できない。しかしながら，実行期では，どのような状況でも食べ過ぎをコントロールできる自信をもっていて，誘惑されない。このように，行動変容の段階が進むと自己効力感が強まる。

(10) ストレスマネジメント*

「何らかの対処が必要な状況や変化」のことを「ストレス状況」という。

対処が難しい状況において，心や身体にさまざまな反応を起こす。これを「ストレス反応」という。

ストレスを引き起こす物理的・精神的因子を「ストレッサー」といい，ストレッサーや，それがもたらす感情に働きかけて，ストレスを除去したり緩和したりする技法を，ストレスコーピング(ストレス対処法)という。最近，メンタルヘルス対策で利用されている。働きかけの内容により，「問題焦点型」「情動焦点型」に大別される。

- 問題焦点型：ストレッサー自体に働きかけ，問題を解決しようとする考え方である。ストレッサーに直接働きかけることで，ストレッサーを変化させて，問題課題を明らかにする方法である。この方法は，抱えている問題が解決可能なものであることが前提であるため，解決が不可能または困難な問題に直面している場合は，後述の働きかけが適している。
- 情動焦点型：ストレッサー自体ではなく，ストレッサーがもたらす不快な感情を軽減する等，自己の感情をコントロールする方法である。不快な感情を話し，それを聴いてもらうことで，感情を整理し，発散させる。ストレッサーに対する捉え方や考え方を修正し，新しい適応の方法を考えていく。運動，趣味などで気を晴らすなどの方法がある。

＊ストレスマネジメント　コーピングが重要である。コーピングとは，「対処法」「適切に対処する」という意味である。ストレスの発散方法が健康的でない行動に偏らないように，多様なストレスコーピングの引き出しを作っておき，その場その場に応じて使い分けることが重要である。

（11）ソーシャルスキルトレーニング

社会技術訓練法ともいい，自分の置かれている状況を上手に他人に話し，周囲の理解を得て，協力してもらう環境をつくるように訓練することをいう。つまり，社会生活のなかのあらゆる誘惑にいかに立ち向かうか，言い換えれば，断るかどうかの技術を身につけることである。

食行動変容を成功させるために，多量の酒などを人から勧められた場合に相手に不快感を与えずに穏やかに断る方法をロールプレイなどで練習を積み，上手な対人関係を高める訓練をする。

例 1）日頃から会社帰りに飲み会に誘われることが多い場合，行きつけの店主に薄い水割りを作ってもらうように頼んでおく。

例 2）友人にランチに誘われることが多く，なかなか断れない場合，自分からヘルシーなランチのお店をリサーチして予約してみる。

（12）ナッジ

ナッジとは，他人に強制されることなく自ら意思決定して，望ましい行動に誘導するような「仕掛け」のことである。ひじをつつかれた時，人が意識せずに反応するのと同様に，ナッジを活用することによって対象者が気づかないうちに望ましい選択肢を選ぶように誘導することである。

ナッジを食環境整備などに活用することによって自然と対象者の健康維持・増進を推進することができる。

例 1）スーパーの，レジ近くのお菓子の陳列をやめる。

例 2）定食メニューすべてに，サラダをつける。

例 3）他の人と比較して，対象者の歩数がどの程度かの情報を提供する。

1.4.2　行動変容技法の応用

個人栄養教育を実施する際，病歴や食生活の内容を聞き取ることから始める。

食生活の内容や食事量等を聞き取ると同時に，その背景を明らかにしながら傾聴していくことで，管理栄養士・栄養士が的確な支援ができるようになる。さらに，対象者も食行動が意識化され，気持ちが整理され，適切な方向に変容していくことが多い。共感的な立場で理解することは，信頼関係の構築にもつながり，継続教育が可能となる。

行動変容の技法を選択する際は，効果がありそうなこと，また対象者にとって実行しやすい内容から始めることがポイントである。成果が出たらそれを励まし強化することにより，その行動を続けられるよう支援することが重要となる。

1.4.3 行動変容技法を用いた栄養教育の実例

(1) 社内で健診受診後，医師より栄養指導を受けるように指示された例

1) 行動変容の関心が低い場合（初回の指導例）

管理栄養士：田中さんですね。管理栄養士の○○です。
今日は，先日受けられた健康診断の結果から，改善していただきたい内容について20分程度お話しさせていただきます。

田中さん　：よろしくお願いいたします。

管理栄養士：中性脂肪と肝機能検査の値の結果については，アルコールの飲み過ぎが関係しているのではないかと思いますが。
（意識の高揚・気づき）[*1]

田中さん　：若い頃からずっとアルコールは毎日飲んでいますが，別にこれといった自覚症状もないし，あまり問題はないと思っていますが。なんか改善しなければいけないですか？

管理栄養士：肝臓は「沈黙の臓器」といわれるほど，なかなか自覚症状が出にくいものです。症状が現れると日常生活にさまざまな支障が出てきますから，今から少しずつ，食事内容の改善やアルコール制限をしておいたほうがいいですね。
（感情的体験）[*2]

田中さん　：営業の仕事上，接待や付き合いも仕事の一部なので，酒を減らすのは難しいですが。

管理栄養士：いますぐに禁酒ではなく，少しずつ酒量を減らすように努力してみませんか？

田中さん　：どのようにすればよいですか？

（中略）

管理栄養士：毎日飲んだ量を記録してみませんか。できれば，飲んだ場所や時間，相手，理由なども一緒に記入してみると，どのような時に飲み過ぎているかがわかるようになります。
（セルフモニタリング）

田中さん　：手帳か何かにメモ程度であればできると思います。

管理栄養士：それで大丈夫です。そして，週に1日だけでも休肝日を作ってみることはできますか？　その目標を自分や他人に宣言してみてはどうでしょう。
（目標宣言・行動契約）

田中さん　：会社に行った日はどうしても飲みたいので，休日の土曜日か日曜日のどちらか1日ならできるかもしれません。
（強化のマネジメント）[*3]

管理栄養士：どちらでもいいです。ご自分の健康のためですから，きっとご家族も喜ばれると思います。
酒の肴なんですが，こってり系ばかりでは，どうしてもエネルギーオーバーになってしまい，中性脂肪値も改善しにくいですね。こってり料理を頼むならば，さっぱりとしたお浸しなどの野菜料理も一緒に頼んでみてはいかがでしょう？

田中さん　：仲間がどうしてもこってり系ばかりを選ぶので。

管理栄養士：では，野菜料理は田中さんが注文するようにしたらいかがですか？
「健康のために野菜を摂るようにこころがけているんだ」ってお

＊1　意識の高揚・気づき
→表1.1参照

＊2　→表1.1参照

＊3　→表1.1参照

っしゃればどうでしょうか？
(ソーシャルスキルトレーニング)
田中さん　：今度からそのようにしてみます。
管理栄養士：帰宅してからの夜食は，おなかがすくので召し上がるのですか？
田中さん　：というよりも，習慣で。家内も作ってくれるので。
管理栄養士：では，帰宅したら，すぐに歯を磨いて，水分以外はとらないようにしてみてはいかがでしょう(**行動置換**)*1。奥様にもそのように伝えておいてくださいね(**自己の解放**)*2。
田中さん　：なんとなくできそうな気がします。
管理栄養士：ご自分の健康のために，無理せずにできることから始めてみてください。
田中さん　：ありがとうございました。焦らず，頑張ります。
管理栄養士：次の検査で良い結果になっていますように，期待しています。

＊1～＊4　→表 1.1 参照

2)　決めた目標がある程度できた場合(継続指導例)

管理栄養士：あれから１か月経ちましたが，お酒の目標は守られていますか？
田中さん　：自宅で飲むときは量をコントロールできます。でも，友人と外で飲むときはどうしても多くなりがちです。休肝日も週１回を目標にしていますが，たまに気がゆるんでしまいます。
管理栄養士：では，休肝日がとれた週には，シールを貼り，目標の数が集まると趣味のものを買うなど，ご自分に褒美を与えてみてはいかがでしょう。
(オペラント強化法・正の強化)
田中さん　：そうですよね。自分の健康のためだから，自分自身に厳しくしなくてはだめですね。
(意思決定バランス)
家族や同僚も心配してくれて，協力してくれていますから，焦らず，がんばります。
(環境への再評価)*3
管理栄養士：週末は，ご家族と近所を散歩したり，買い物に同行したりして，リフレッシュすることも大切ですね。公的機関のスポーツジムを利用されてもよいですね。
(社会的開放)*4
田中さん　：日頃の運動不足解消と健康作りのためにトライしてみます。
管理栄養士：前向きな気持ちが大切です。ご自分の体験を地域の人や会社の同僚にもお話ししてみてください。喜ばれると思います。
(ソーシャルネットワーク)

1.5　組織づくり・地域づくりへの展開

食習慣の改善は，個人の努力や周囲の支援だけでは困難な場合がある。個人の行動変容のために，学校や職場などの組織や地域の仕組みがどうあるべきかに焦点を当てて働きかける必要がある。

1.5.1　自助集団（セルフヘルプグループ）

交通被害者・アルコールや薬物などの依存症，犯罪被害者など同じ問題をかかえる者同士が自発的に集まり，悩みを共有し，問題を乗り越えるために支え合うことを目的とする集団を自助集団(セルフヘルプグループ)という。自助集団の原型は，アメリカで1930年代に設立されたアルコール依存症者による「アルコホーリクス・アノニマス(Alcoholics Anonymous：AA)」である。依存に関するグループ治療の原型であるこのAA方式は，以後，グループ治療に応用されてきている。同じ問題をかかえている者同士が対等な立場で話ができるため，参加者は孤立感を軽減されたり，安心して感情を吐露して気持ちを整理したり，グループの人が回復していくのをみて希望をもつことができたり，さまざまな効果が期待できる。

・事例：体重管理セルフヘルプグループ

グループは，体重管理に関心のあるメンバーで構成され，食事習慣，運動習慣，ストレス管理などについて情報を共有し，励まし合って健康な体重の維持または達成を目的とする。

（活動内容）

グループメンバーは食事・運動・ストレスの状況を記録し，定期的なミーティングで，その内容について反省・成功を語り合う。互いに共感やアドバイスを得ることでサポートしあう。グループの専門家(管理栄養士・栄養士やフィットネストレーナー)が定期的に参加し，アドバイスや指導を提供する。

（結果）

メンバーは，グループの協力を通じて，食事の改善や運動の継続を支え合い，体重の減少や維持を実現した。メンバーの支えが体重維持につながっているので，継続してグループを開催していくこととする。

1.5.2　グループ・ダイナミクス

グループ・ダイナミクスは，「集団では互いに作用しあう集団力学がはたらき，参加者個人のもつ能力の合計以上の力が生まれる」ことである。管理栄養士・栄養士が集団に栄養教育を行うなかで，対象者間で相互作用，相乗効果が生じ，グループ・ダイナミクスの効果が起こりえる。個別の栄養教育では触れられなかった新たな問題，集団のなかで相互に議論することにより自発的に率直な発言を誘発させる効果などが指摘されている。ただし，グループ・ダイナミクスがマイナスに作用すると，個人が議論へ積極的に参加せず，極めて平凡な結果となる心配がある。

(1) 事例：健康的なランチワークショップ

栄養バランスのよい健康的なランチについてグループ討議と調理実習を行い，望ましいランチ(食事)を理解し，実践していくことを目的とする。

（活動内容）

参加者を小さなグループに分け，外食時の健康的なランチの選択について語り合ったり，ついで家庭における簡便なランチメニューについて調理実習を行う。終わりに，フィードバックのセッションを行い，意見交換を行う。

（結果）

ランチの現状や選択について，アドバイスや同じ状況であるという感想が述べられた。調理実習は連帯感が生まれ，効率的であった。フィードバックのセッションでは，「次回，このグループはいつありますか」と質問があり，「皆さん，今日のことを参考に頑張り，次回報告しましょう」という発言があった。多くのメンバーが拍手した。集団力学が働き，グループダイナミクス効果が伺えた。

1.5.3　エンパワーメント

エンパワーメントとは，個人や集団が，能動的に学習し，自分に影響を及ぼす事柄を自身でコントロール(自己決定)できるようになることを意味する。

(1) 事例：エンパワーメントを活用した食育活動

対象者の自己決定や自己管理能力を高め，持続可能で健康的な食習慣を促進することを目的とする。

（活動内容）

栄養学やバランスのよい健康的な食事の基本について情報を提供する。それを基にする。対象者は自身の食生活の目標を設定し，目標と現状の食生活を比べ自己評価を行う。この面談を繰り返し行い，改善策の実施を把握することにより，自己管理状況が確認される。

（結果）

食生活の自己評価により，自身の食生活について，改善策を見つけ出し(自己決定)，進んで実行(自己管理)するようになった。健康的な食習慣を身につけることができた。

1.5.4　栄養教育と食環境づくり (p.146，3.5.3 参照)

私たちの毎日の生活行動は，私たちを取り巻くさまざまなことがら，すなわち環境に大きく影響される。**オタワ憲章***のなかでも，人々が健康に到達する過程として，「個人や集団が望みを確認，実現し，ニーズを満たし，環境を改善し，環境に対処すること」と，環境との関わりが取り上げられている。したがって，本人の健康にとって好ましくない行動について，それは個人の問題としてのみ片づけられるべきではなく，そのような環境を作る“社会全体”の問題としても捉えられるべきであると考えられる。

栄養・食生活についての適切な情報とより健康的な食物を身近に利用できるような環境づくり(このような環境を担保するための法的・制度的基盤の整備を含む)

＊**オタワ憲章**　1986年にカナダのオタワで開催された国際保健促進会議において採択された。この憲章では，健康の定義，健康促進に関する重要な原則とアプローチを提唱している。

を目指すことは，**ヘルスプロモーション**[*1]という観点からはきわめて重要なことである。

「**健康日本21（第2次）**[*2]」の報告書のなかでは，栄養・食生活分野の環境要因としては，周囲の人々の支援，食物へのアクセス，情報へのアクセス，社会環境があげられている。食環境とは，食物へのアクセスと情報へのアクセス，並びに両者の統合を意味すると定義されている。

(1) 食物へのアクセス

食物の生産から消費までのシステムをさし，これを整備することは，より健康的な食物を入手できる，食環境を整えることを意味する。

1) 食物の生産段階

持続可能な**農業プラクティス**[*3]の導入や有機農業への転換により，食物の品質が向上すれば，農産物にアクセスできる多くの人々に利益をもたらす。漁業の管理や水産物の持続可能な漁獲により，新鮮な魚介類や海産物にアクセスできるようになる。

2) 食品製造と流通段階

食品製造業者は，栄養価の高い食品を提供し，加工食品を改良することにより，消費者に健康的な食品の選択肢を提供できる。スーパーマーケットや食品小売業者は，消費者に栄養情報を提供し，健康的な食品を陳列することにより，消費者がよりよい食品を選択する環境を整えることができる。

3) 外食・中食産業

レストランやファーストフードチェーン店，惣菜販売業者は，健康的な料理を組み込むことで，外食や中食を楽しむ人々に健康的な食事の選択を提供できる。

4) 消費者の食料消費

消費者は栄養情報にアクセスし，食事を計画し，健康的な食料を選択する能力が必要であり，栄養教育を通じて，食料選択に関する知識を向上させることが重要である。

これら栄養情報，栄養教育により，より多くの人々が健康的な食物にアクセスしやすくなり，健康的な食生活習慣を築くための環境が整備される。

(2) 情報へのアクセス

栄養や食生活に関連した情報や健康情報を利用者に提供し，受信および発信するシステムを意味する。

1) 情報提供の場やツール

図書館やコミュニティセンターに設置された栄養教育コーナーで栄養や食生活に関するパンフレット，ポスター，情報冊子などが提供されれば，住民が簡単にアクセスできるようになる。ウェブサイトやソーシャルメディアや

＊1　**ヘルスプロモーション**　WHO（世界保健機関）が1986年のオタワ憲章において提唱した新しい健康観に基づく21世紀の健康戦略で，「人々が自らの健康とその決定要因をコントロールし，改善することができるようにするプロセス」と定義されている。

＊2　**健康日本21（第2次）**　健康増進法に基づき，厚生労働省は国民の健康の増進の総合的な推進を図るための基本的な事項を示すために，2000年に「二十一世紀における第二次国民健康づくり運動（健康日本21（第2次））」を公表した。この政策は，国民の健康増進と生活習慣病の予防を目指しており，その成果については最終的な評価が2022年に行われている。

＊3　**農業プラクティス（GAP：Good Agricultural Practices）**　農業生産工程管理農産物（食品）の安全を確保し，よりよい農業経営において，食品安全だけでなく，環境保全，労働安全等の持続可能性を確保するための生産工程管理の取組み

地域のイベントやワークショップを活用して，栄養情報や食事アドバイスを提供することで，幅広い人々に情報を発信できる。

2）栄養教育の機会の提供

学校や自治体保健センターにおける栄養教育は，生徒や地域の住民に対して，栄養や食生活に関する場を提供できる。

以上のような情報へのアクセスの整備は，地域社会全体の健康を向上させる。

3）専門家の役割

管理栄養士や栄養士は，適切な学習教材やメディアを選び，カスタマイズした栄養情報を提供することができる。外食産業や食品製造業は，消費者に対して栄養成分表示や食事の選択に関する情報を，理解しやすく提供する責任がある。

(3) 食物および情報へのアクセスの統合

健康的な食物が，わかりやすく正しい情報を伴って提供されるような仕組みづくり，すなわち，食物へのアクセスと情報へのアクセスの両面を統合した取組みの一層の推進が必要である。

1）外食産業

レストランやファーストフードチェーンは，メニューにエネルギー，各栄養素などの栄養情報を掲示することで，消費者は食物の栄養価を簡単に理解できるようになる。健康的な食物選択を奨励し，野菜，低ナトリウムのオプションなどを強調することで，消費者が健康的な選択をしやすくする。

2）食品販売業

スーパーマーケットや食品小売業者は，商品に栄養情報を掲示し，消費者が簡単に比較できるようにする。また，栄養の基本的な知識をもつスタッフが消費者に健康的な料理のサンプルや調理デモを行い，健康的な選択肢を学ぶ機会を提供する。

3）情報提供

食品販売業者や外食事業者は，栄養成分表示だけでなく，簡潔なアイコンやシンボルを使用して，食品の健康効果を示すことができる。また，栄養教育イベントを開催し，消費者が食物選択に生かせるようにする。

4）消費者と業者の協力

消費者と業者間での意見交換会やフィードバックセッションを実施し，食品の改善や情報提供に関する意見を収集する。業者間が協力し，業者が新しいアプローチを試していくことで，業界全体が向上する。

これらの取組みを通じて，外食業界や食品販売業者は，より健康的な食物を提供し，同時に消費者が健康に関する情報を理解し，選択を行うことができる。

コラム4　外食産業や食品販売業者の「持続可能な開発目標（SDGs）」の取り組み

外食産業と食品販売業者は，消費者の食事選択を健康的に変え，持続可能な未来を築くために重要な役割を果たしている。国際的な目標である「持続可能な開発目標(SDGs)」においても，特に以下に上げるSDGsの達成に向けて業界の取り組みはますます重要となっていく。

SDG 2：飢餓を終わらせる・健康的な選択肢の提供により，飢餓を減少させる。
SDG 3：すべての人に健康と福祉を—健康的な食事選択を奨励し，健康促進に寄与する。
SDG 12：持続可能な消費と生産を確保する—消費者が持続可能な食事選択をするための情報提供に貢献する。

消費者も自分の食事選択に健康と持続可能性を意識的に取り入れ，この重要な取り組みをサポートする役割を果たすことが必要である(p.142，3.5参照)。

【演習問題】

問1　妊娠8週の妊婦。妊娠前からBMI 18.5 kg/m^{2}未満であるが，妊娠中の適正な体重増加にほとんど関心がない。トランスセオレティカルモデルに基づいた支援として，最も適当なのはどれか。1つ選べ。

（2022年国家試験）

(1) 少しずつ食べる量を増やす工夫について説明する。
(2) 母体のやせが胎児に及ぼす影響を考えてもらう。
(3) 体重を増やすと目標宣言をして，夫に協力を求めるように勧める。
(4) 毎日体重を測ってグラフ化することを勧める。
(5) 自分にとってのストレスと，その対処方法を考えてもらう。

解答（2）

問2　K保育園で，4歳児に対する野菜摂取量の増加を目的とした食育を行った。計画的行動理論における行動のコントロール感を高める働きかけである。最も適当なのはどれか。1つ選べ。　（2022年国家試験）

(1) 野菜をたくさん食べると，風邪をひきにくくなると説明する。
(2) 給食の時間に野菜を残さず食べるよう，声掛けをしてまわる。
(3) 野菜を食べることの大切さについて，家庭に食育だよりを配布する。
(4) 5歳児クラスの野菜嫌いだった子が，野菜を食べられるようになった例を話す。
(5) 給食の野菜を全部食べたら，シールをもらえるというルールを作る。

解答（4）

問 3　健康教室への参加者が，ある効能をうたった，いわゆる健康食品に関する情報をインターネットで調べた。これに続く参加者の行動とヘルスリテラシーのレベルの組合せである。最も適当なのはどれか。1 つ選べ。

（2022 年国家試験）

(1) 自分と同年代の人の体験談を読んで，自分にも当てはまるか，考えた。
——機能的ヘルスリテラシー

(2) 健康教室の参加者と一緒に，情報の信頼性について議論した。
——機能的ヘルスリテラシー

(3) 説明文書をよく読んで，確実に理解するようにした。
——相互作用的（伝達的）／ヘルスリテラシー

(4) その食品に関して集めた情報を家族に伝えた。
——批判的ヘルスリテラシー

(5) 本当に効果があるのかを疑って，さらに情報を集めた。
——批判的ヘルスリテラシー

解答（5）

問 4　小学生の野菜嫌いを改善するための取組を行うことになり，プリシード・プロシードモデルに基づくアセスメントを行った。準備要因のアセスメント項目として，最も適当なのはどれか。1 つ選べ。

（2023 年国家試験）

(1) 野菜に興味を示す児童の割合
(2) 野菜に触れる授業の回数
(3) 便秘気味の児童の割合
(4) 家庭で野菜料理を意識して食べさせている保護者の割合
(5) 農業体験ができる地域の農園の数

解答（1）

問 5　大学において，成人の学生を対象に，毎年，年度始めに「適正飲酒教室」を開催してきたが，参加者が少ないという課題があった。そこで，ソーシャルマーケティングを活用して，参加者増加を目指すこととした。マーケティング・ミックスの 4P とその働きかけの組合せである。最も適当なのはどれか。1 つ選べ。

（2022 年国家試験）

(1) プロダクト（Product）　大学生に人気のあるエリアで開催する。
(2) プライス（Price）　参加者に土産として，無糖の飲料を配る。
(3) プライス（Price）　短時間で終わる内容にする。
(4) プレイス（Place）　居酒屋でのお金の節約方法を教えますと宣伝する。
(5) プロモーション（Promotion）　オンラインでの参加を可能とする。

解答（3）

問 6　栄養カウンセリングを行う上で，管理栄養士に求められる態度と倫理に関する記述である。最も適切なのはどれか。1つ選べ。

（2020 年国家試験）

(1) クライアントの外見で，行動への準備性を判断する。
(2) クライアントの課題を解決するための答えを，最初に提出する。
(3) クライアントの情報を匿名化すれば，SNS に投稿できる。
(4) 管理栄養士が，主導権を持つ。
(5) 管理栄養士が，自らの心身の健康管理に努める。

解答（5）

問 7「減量のために間食を控えたいと思っていますが，介護によるストレスのせいか，なかなかやめられません。でも，なんとか間食をやめたいんです。」と話す肥満の中年女性への栄養カウンセリングである。クライアントの訴えたい内容を受け止めて，受容的態度を示す管理栄養士の発言として，最も適切なのはどれか。1つ選べ。　（2023 年国家試験）

(1) そんなに深刻にならなくても，大丈夫ですよ。
(2) 介護のストレスが，とても大変なんですね。
(3) なんとか間食を控えて減量したいと，思っていらっしゃるのですね。
(4) そういうことはありますよね。

解答（3）

問 8　肥満児童の母親が，仕事からの帰宅時間が遅く，子どもが母親を待っている間にお菓子を食べ過ぎてしまうと悩んでいる。栄養カウンセリングにおいて，ラポールを形成するための発言である。最も適切なのはどれか。1つ選べ。　（2022 年国家試験）

(1) 不在時に，お子さんがお菓子を食べ過ぎてしまうのは仕方のないことですよ。
(2) 不在時に，お子さんがお菓子を食べ過ぎてしまうのは心配ですね。
(3) 職場の上司に，帰宅時間を早めたいと相談してみてはいかがですか。
(4) お菓子の買い置きをやめることはできませんか。

解答（2）

問 9　営業職の男性に対する栄養カウンセリングである。動機づけ面接のチェンジトークに該当する男性の発言として，最も適当なのはどれか。1つ選べ。　（2023 年国家試験）

(1) 仕事が忙しくて，食生活を改善できる気がしません。
(2) 仕事帰りに，居酒屋に寄ることが唯一の楽しみなんです。
(3) 仕事で，食事が不規則になるのは仕方ないですよね。
(4) 忙しい中でも，できることを考えてみると良いのですよね。
(5) 家族のためにも，今は仕事を頑張ろうと思っています。

解答（4）

問 10　妊娠をきっかけに，食生活を改善しようと考えているが，飲酒だけはやめられない妊婦に対する，動機づけ面接におけるチェンジトークを促すための質問である。誤っているのはどれか。1つ選べ。

（2022 年国家試験）

（1）どうしてお酒をやめられないのですか。
（2）このままお酒を続けたら，どのようになると考えていますか。
（3）お酒を飲まずにいられた日もありますね。それはどのような日でしたか。
（4）お酒を飲まない生活には，どのようなメリットがあると思いますか。
（5）もしお酒をやめたら，ご家族はどのように思われるでしょうか。

解答（1）

問 11　大学における食環境づくりに関する記述である。食物へのアクセスの整備として，正しいのはどれか。1つ選べ。　（2019 年国家試験）

（1）大学内の学生掲示板に，食事バランスガイドのポスターを貼る。
（2）大学ホームページに，食堂のメニューとその栄養成分値を掲載する。
（3）食堂のモニターに，朝食用の簡単レシピを紹介する動画を流す。
（4）食堂のメニューに地場野菜使用と表示し，その野菜を食堂で販売する。
（5）大学の SNS に，学生が考案したバランスランチメニューを配信する。

解答（4）

参考文献・参考資料

赤松利恵，永井成美：栄養カウンセリング論，化学同人（2021）
足達淑子編：ライフスタイル療法Ⅰ　生活習慣改善のための行動療法（第 4 版），医歯薬出版（2014）
池田小夜子，川野因，斎藤トシ子：栄養教育論，第一出版（2016）
今中美栄，坂本裕子，上田由香理，河嶋伸久，木下ゆり：栄養教育論―健康と食を支えるために，化学同人（2021）
岩壁茂監修：完全カラー図解　よくわかる臨床心理学，ナツメ社（2020）
加藤佳子研究代表：健康支援プロジェクト研究「ひょうご健康づくり支援システム」を活用した健康施策推進のために
https://www2.kobeu.ac.jp/~ykatou/hyogo.html（2023.12.2）
川田智恵子，村上淳編：栄養教育論，化学同人（2011）
北田雅子，磯村毅：医療スタッフのための動機づけ面接法　逆引き MI 学習帳，医歯薬出版（2016）
厚生労働省：健康づくりのための食環境整備に関する検討会報告書について
http://www.mhlw.go.jp /shingi/2004/12/s1202-4.html（2024.2.10）
厚生労働省：「健康日本 21（第三次）」を推進する上での基本方針（2023）
https://www.mhlw.go.jp/stf/newpage_33414.html（2023.10.5）
厚生労働省：健康日本 21（第 2 次）最終評価参考資料
https://www.mhlw.go.jp/stf/newpage_28410.html（2024.2.10）
厚生労働省：2021 年度特定健康診査・特定保健指導の実施状況について（2023）
https://www.mhlw.go.jp/stf/seisakunitsuite/bunya/newpage_00043.html（2023.11.11）
厚生労働省：平成 27 年度乳幼児栄養調査結果の概要（2015）

https://www.mhlw.go.jp/stf/seisakunitsuite/bunya/0000134208.html（2023.11.17）
厚生労働省：令和元年国民健康・栄養調査の概要（2019）
https://www.mhlw.go.jp/content/10900000/000687163.pdf（2023.10.11）
小林麻貴，斎藤トシ子，川野因編：—サクセス管理栄養士・栄養士養成講座—栄養教育論，第一出版（2021）
小松啓子，大谷貴美子編：栄養科学シリーズ Next 栄養カウンセリング論（第2版），講談社サイエンティフィク（2022）
関口紀子，蕨迫栄美子編：栄養教育論—栄養の指導，学建書院（2020）
総務省統計局：労働力調査（基本集計）2022年（令和4年）平均結果（2022）
https://www.stat.go.jp/data/roudou/sokuhou/nen/ft/pdf/index.html（2023.11.5）
武見ゆかり，赤松利恵編：人間の行動変容に関する基本，108，医歯薬出版（2022）
武見ゆかり，足達淑子，木村典代，林芙美編：栄養教育論（改訂第5版），262，南江堂（2021）
内閣府男女共同参画局：男女共同参画白書　令和4年版 全体版（HTML形式）（2022）
https://www.gender.go.jp/about_danjo/whitepaper/r04/zentai/index.html（2023.11.17）
内閣府：令和3年子供の生活状況調査の分析 報告書（2021）
https://www8.cao.go.jp/kodomonohinkon/chousa/r03/pdf-index.html（2023.11.10）
永井成美，赤松利恵編：栄養教育論（第2版），147，中山書店（2022）
中山玲子，宮崎由子編：栄養教育論（第6版），244，化学同人（2021）
畑栄一，土井由利子編：行動科学－健康づくりのための理論と応用（改訂第2版），143，南江堂（2010）
春木敏編：栄養教育論（第3版），医歯薬出版（2014）
福田吉治監修：一目でわかるヘルスプロモーション　理論と実践ガイドブック，国立保健医療科学院
https://www.niph.go.jp/soshiki/ekigaku/hitomedewakaru.pdf（2023.12.7）
文部科学省委託調査：平成30年度家庭教育の総合的推進に関する調査研～子供の生活習慣と大人の生活習慣等との関係に関する調査研究～報告書（2019）
https://katei.mext.go.jp/contents2/pdf/H30_kateikyouikushien_houkokusyo.pdf（2023.11.10）
渡辺久子（主任研究者）：平成17年度厚生労働科学研究（子ども家庭総合研究）「思春期やせ症の実態把握及び対策に関する研究」（2006）
https://mhlw-grants.niph.go.jp/project/11000（2023.11.4）

Contento, Isobel R.：*Nutrition Education-Linking Research, Theory, and Practice-*／足立己幸，衞藤久美，佐藤都喜子監訳：これからの栄養教育論—研究・理論・実践の環，385，第一出版（2015）
Glanz, Karen, Barbara K. Rimer, K. Viswanath: *Health Behavior: Theory, Research, and Practice*, 5th ed., Jossey-Bass Public Health, 512,（2015）
Glanz, Karen, Barbara K. Rimer, Frances Marcus Lewis: *Health Behavior and Health Education: Theory, Research, and Practice*, 3rd ed.,／曽根智史 , 湯浅資之，渡部基，鳩野洋子訳：健康行動と健康教育，324，医学書院（2008）

2 栄養教育マネジメント

個人や社会のニーズに合わせた栄養教育を，限られた資源（人材・物資・資金・情報）のなかで有効かつ標準的に実践するためには，栄養教育の概念（第1章）にマネジメントの考え方や方法論を取り入れた「栄養教育マネジメント」の実践が必須である。

栄養教育の目的は，生活の質（QOL）の向上を念頭において，健康の維持増進を図り，疾病の予防や治療を促進し，重症化や再発を防ぐことである。栄養教育の目標は，健康（疾病）・食行動に関する知識・技術の提供や動機付けを行い，対象者が，望ましい食行動（食物の選択や食べ方など）を理解して意欲的に実践し（行動変容を含む），その行動を維持できる自己管理能力，さらに，食行動について他者を支援する能力を育成することである。

一方，「マネジメント」とは，「何らかの組織が，ある目的に向けて，より具体的な目標を達成するために，人々を動かしていくための活動のこと」である。その組織は，各構成要素が有機的に関係し合い，ムダ・ムラ・ムリなく機能できるよう体系化されていなければならない。また，その活動の手順は，マネジメントサイクルとよばれるPDCAサイクル（plan：計画，do：実施，check：評価，act：改善），あるいはPDSサイクル（plan：計画，do：実施，see：評価）をくりかえしながら実施する。

栄養教育マネジメントもPDCAサイクルを繰り返しながら，系統的・計画的に実施する（**図2.1，2.2**）。管理栄養士・栄養士には，栄養教育プログラムのシステム構築と個別の栄養教育をマネジメントする能力が必要である。

2.1 栄養教育マネジメントで用いる理論やモデル

2.1.1 プリシード・プロシードモデル 【p.22，1.2.6（1）参照】

2.1.2 ソーシャルマーケティング 【p.24，1.2.6（2）参照】

2.2 健康・食物摂取に影響を及ぼす要因のアセスメント

栄養教育を計画する際，まず**栄養アセスメント***を実施する。健康・食行動に関する諸問題は，人間の嗜好や本能など，生物学的・心理学的な特性などの個人要因の他，個人を取り巻く家庭，組織，地域，社会，経済，文化などの環境要因とも密接にかかわっており，諸要因を総合的・包括的に捉えるこ

*栄養アセスメント　対象者の健康・栄養状態と環境の情報を集め評価・分析すること。

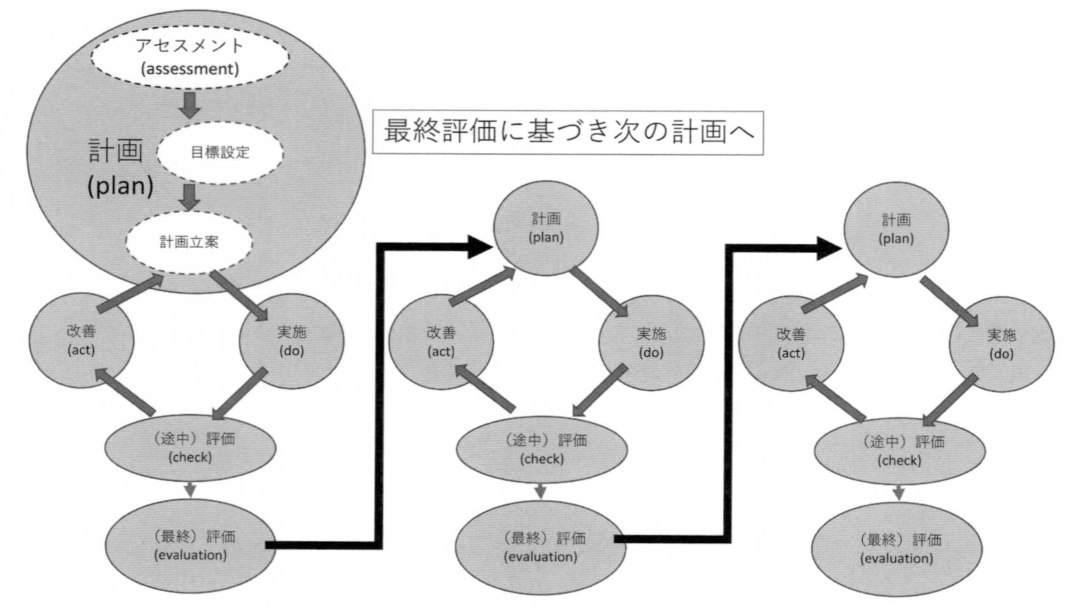

図 2.1　栄養教育マネジメントにおける PDCA サイクルの循環

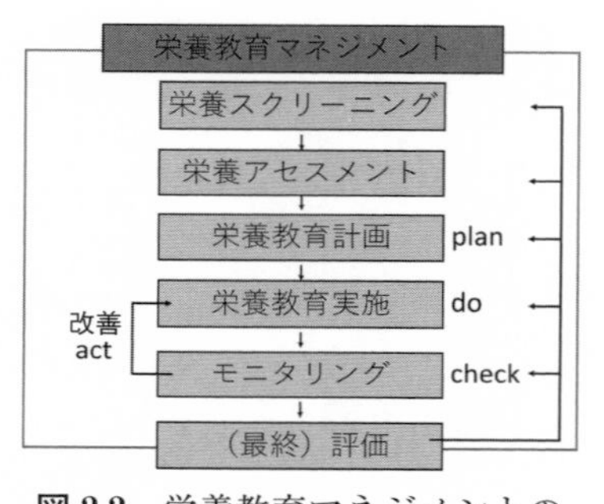

図 2.2　栄養教育マネジメントのフローチャート

とが必要である。詳細な栄養アセスメントによって個人を的確に捉えることがニーズに合った適切な栄養教育につながる。

従って栄養アセスメントは，問題・課題の抽出と目標設定および対象者に合った栄養教育の計画立案と実施に必要となる。

またアセスメントの項目は，**評価指標***でもある。

栄養アセスメントの目的は，以下の 6 点である。

① 対象者の健康(疾病)・食行動を把握し，その問題点を明らかにすること：健康(疾病)・食行動上の問題と課題の明確化

② 健康(疾病)・食行動に影響する個人要因や環境要因を把握し，問題点との関連性を見出すこと：問題点の背景要因と，行動変容の促進および阻害要因の特定

③ ①②を統合して評価判定し，問題の解決と改善のための目標を設定すること：目標設定

④ 栄養教育プログラムや個別の教育計画を立案すること：計画立案

⑤ 栄養教育の実施に際し，対象者に適した行動科学の理論とモデルおよびカウンセリング手法を選択すること

⑥ 栄養教育の途中および最終時に再評価を行い，計画修正や新たな栄養教育プログラム作成への情報とすること：計画修正と新プログラム作成

2.2.1 アセスメントの種類と方法

アセスメントの項目は，プリシード・プロシードモデルを参考に，個人要

＊**評価指標**　目標の到達の程度を把握するための基準や尺度である。
例：「血圧」はアセスメントの項目であり，評価指標でもある。「血圧」をアセスメントすることによって，「収縮期血圧の高い者が多い」という問題点が抽出され，それに対して「収縮期血圧を下げなくてはならない」という課題が明確になり，「収縮期血圧の平均値を○○ mmHg 下げる」という目標が設定できる。そして栄養教育後，血圧を測定すると，どの位「収縮期血圧」が下がったかを評価できる。すなわち「血圧」は評価指標でもある。

因と環境要因に大別して設定する。対象者のQOL，健康(疾病)状態，食行動と食行動に影響を及ぼす要因および環境を把握し総合的にアセスメントする。

また，栄養教育の対象(個人または集団，特定の小集団または不特定多数，健康・疾病状態，ライフステージの段階)や栄養教育の場(組織の体制や資本の規模)の特性や現状に合わせて項目を選択する。

2.2.2　個人要因のアセスメント（表2.3参照）

個人要因のアセスメントには，(1) QOL，健康(疾病)状態，食行動，他の生活習慣，(2) 健康(疾病)や食行動に関する認知がある。

(1) QOL，健康（疾病）状態，食行動，他の生活習慣のアセスメント

1)　QOL

QOLとしては，主観的健康観や幸福度などがあり，栄養教育後に獲得したい状態を把握しておく。

2)　健康（疾病）状態（医療の場合）

臨床診査，身体計測，臨床検査の結果を把握する(表2.1)。

a. 臨床診査

自覚症状・他覚症状：食欲不振・アレルギー・倦怠感・悪心・嘔吐・便秘・下痢・嚥下・咀嚼・咳・痰・身体所見(毛髪・口唇・舌・皮膚・爪・全身)，

表2.1　健康(疾病)状態のアセスメントの種類

種　類			項目や方法
臨床診査			自覚症状・他覚症状：食欲不振・アレルギー・倦怠感・悪心・嘔吐・便秘・下痢・嚥下・咀嚼・咳・痰・身体所見(毛髪・口唇・舌・皮膚・爪・全身)
身　体　計　測			身長・体重 皮下脂肪厚(上腕三頭筋皮脂厚，肩甲骨下部皮脂厚)・腹囲・上腕周囲長(上腕筋囲・上腕筋面積)
臨床検査	検体検査	尿・便などの一般検査	成分を調べて腎臓や肝臓の異常を検出したり，消化器の異常をチェックする
		血液学的検査	赤血球や血色素から貧血の程度を，白血球数から炎症の程度などを把握する
		生化学的検査	血液中の糖質，たんぱく質，ビタミン，ホルモンなどを調べ，臓器の異常を把握する
		免疫血清学的検査	免疫機能の状態を調べることで，膠原病(自己免疫疾患)の診断を行い，身体に侵入した細菌やウイルスを特定する
		微生物学的	採取した検体を培養し，病気を引き起こす細菌などの微生物を検出する
		輸血・臓器移植関連検査	輸血のための血液型検査や交叉適合検査，臓器移植のための臓器適合検査などを行う
		遺伝子検査	遺伝子を調べてDNAの異常(先天性疾患)を検出する
		病理学的検査	身体の臓器や，その組織の一部あるいは細胞を顕微鏡によって観察し，悪性細胞などを診断する
	生理機能検査(画像検査も含む)	循環器系検査	心電図，心音図，脈波などを調べ，心筋梗塞や心不全などの診断に利用する(血圧・脈拍)
		脳波検査	頭皮に電極を装着し，α波やβ波などの電気的信号を脳波計で記録して脳神経などをチェックする
		眼底写真検査	眼底カメラで網膜を撮影し，動脈硬化や糖尿病などで血管系での変化を調べる
		呼吸機能検査	肺活量など呼吸器の機能測定を行い，レントゲンではわからない肺や気管，気管支の状態を調べる
		超音波検査	身体に超音波を当て，その反射波によって臓器や胎児の状態を調べる
		核磁気共鳴画像検査(MRI)	身体に磁気を当て，共鳴エネルギーを画像にして異常の有無を調べる
		熱画像検査	身体の表面温度をカラー画像化し，熱分布を調べて患部などを把握する

出所）本田佳子，曽根博仁編：臨床栄養学　基礎編，羊土社(2022)を改変

*1　**主訴**　患者が訴える主な主観的自覚症状。

*2　**現病歴**　現在の病気がいつどのような症状で始まって，現在どのような症状であるかをまとめた記録。

*3　**既往歴**　これまでに罹患した疾病に関する記録。

*4　**家族歴**　対象者の家族の疾病の有無。特に遺伝的な素因を推測するために必要である。

*5　**非侵襲的**　皮膚の内部または体の開口部(口，鼻など)への器具等の挿入がともなわない手段。

問診・身体観察，質問票により，**主訴**[*1]，**現病歴**[*2]・現症，**既往歴**[*3]，**家族歴**[*4]，服薬・治療内容などの情報を得る。

b．身体計測

身体計測には，身長，体重，皮下脂肪厚，腹囲，上腕周囲長などがあり，その値から体脂肪率，上腕筋囲，上腕筋面積および体格指数(BMI など)を算出する。判定には「日本人の新身体計測基準値(Japanese Anthropometric Reference Data：JARD)」などを参考にする。

身体計測は，**非侵襲的**[*5]かつ簡便で安価であり，結果が迅速に出るといった利点をもつ基本的栄養アセスメントであるが，測定誤差を最小にする正確な測定が必要である。

c．臨床検査

生化学的検査や生理学的検査などがある。電子カルテにより，必要な臨床検査項目について，経時的な変化を数値やグラフで把握できる。

3)　食行動

健康(疾病)に影響する，食行動について把握する。

食行動調査(p.60，表 2.4 参照)により，食事摂取方法(経静脈・経腸・経口)，栄養摂取量，食習慣(食事時間・間食・夜食・外食・食事にかける時間・飲酒，喫煙)などを把握する。この調査により，健康(疾病)や食行動に関する認知レベル(知識・技術，姿勢・態度，価値観・考え方など)についても推測が可能である。

食事調査には，**表 2.2** に示す方法がある。各調査の長所・短所を理解し，目的に合う，対象者の負担が少ない方法を選択する。食欲，味付け，嗜好，アレルギー食品，サプリメントについても把握する。また，必要栄養量の設定に関係する身体活動量(通勤方法・仕事内容，運動・安静度)についても，同時に調査すると良い。

4)　他の生活習慣

運動習慣，起床・就寝時刻，喫煙習慣など。

(2) 健康（疾病）や食行動に関する認知のアセスメント

対象者の健康(疾病)や食行動に関する認知レベル(知識・技術，姿勢・態度，価値観・考え方など)をアセスメントする。

1)　知識・技術

① 健康・疾病(病態，臨床検査値，治療：食事療法・運動療法・服薬など)について

② 食行動に直接関連する栄養，食品，調理について

③ 食行動の背景となる社会・経済(食品の流通など)・文化などについて

④ その他運動や休養・ストレス解消法について

2)　姿勢・態度，価値観・考え方

① 健康・疾病(病態，臨床検査値，治療；食事療法・運動療法・服薬など)について

表 2.2　食事調査方法(生体指標も含む)

方　法	長所・短所
食事記録法 ＊対象者に，朝食・昼食・夕食・間食・夜食について，食事時間・献立名・食品名・量を記録してもらう。 ＊調理前の食品の重量・容積，または，摂取前の料理を計量して記録する秤量記録法と，食品や料理のおおよそのポーションサイズ(個・杯・枚・切れ)を記録する目安量記録法がある。 ＊平日と休日により，食事内容が異なることがあるので，習慣的な摂取量を推定するには，連続した３～７日間の調査を行う。 ＊食事記録後，面接により，目安量・記録漏れなどの確認を行うと精度が高くなる。 ＊短期間の摂取状況であり，その期間の特殊性(行事)も考慮してアセスメントする。	(長所) ＊秤量し漏れなく記録されると実際の摂取量に近い。 ＊食事時間・食生活への関心・栄養に対する知識などの情報も得られる。 ＊記録することが食生活の見直しとなり，食事療法の実施につながる。 (短所) ＊患者の負担が大きい。 ＊負担のため記録が不十分になると，実際の摂取量にはならない。 ＊記録することが食生活への関心となり，通常と異なった食生活となることがある。食生活への介入の影響がある。 ＊日頃摂取することの少ない極端な栄養素組成の食品を摂取した場合，摂取栄養量の平均値はその影響を受ける。
食歴法 食習慣の経時的変化を，面接により聞き取る。たとえば，出産前と後，体重減少前と後，疾病発症前と後などの食生活を調査する。	(長所) ＊体重増加・減少，疾患発症への食事の影響などを推定できる。 ＊食事の影響を自覚でき，栄養食事療法の動機付けとなる。 (短所) ＊調査に時間がかかる。 ＊調査に技術が必要となる。
24 時間思い出し法 ＊前日の１日(24 時間)の食事内容(時間・献立・食品・量)を思い出し記録してもらい，その後管理栄養士・栄養士が確認する。または，管理栄養士・栄養士が聞き取り記録する。 ＊フードモデル，実物の食品・料理，食器，計量器，写真などを用い確認すると，精度が高くなる。	(長所) ＊患者の負担が少ない。 ＊短時間で調査ができる。 ＊食事時間・食生活への関心・栄養に対する知識などの情報も聞き取ることができる。 (短所) ＊面接者の技術が必要である。 ＊１日間の調査であり，平均的な摂取量とは限らない。
食物摂取頻度調査法 食品をリスト化し，摂取頻度(定性的食物摂取頻度)と量(半定量食物摂取頻度)を自己記入，または，面接により調査する。食品の種類は，調査する栄養素に影響(寄与率)の高い食品とし，量はポーションサイズでリストする。	(長所) ＊質問されているので，回答しやすく患者の負担は少ない。 ＊通常の平均的摂取量となる。 ＊自己記入であれば多人数の調査ができ，集団の調査が可能である。 (短所) ＊正確な摂取量にはならない。 ＊リスト以外の食品や食生活の情報は得られない。
写真撮影法 摂取する料理をデジタルカメラ・携帯電話などにより撮影する。実際の大きさを示すため物差しや計量カップなどを料理の横に置き撮影する。	(長所) ＊簡便で患者の負担が少ない。 (短所) ＊量や味付けが推測であり，正確な摂取量にはならない。
陰膳法 余分に調理し，摂取した食事と同じ食事量を食品成分分析する。	(長所) ＊実際の摂取量となる。 (短所) ＊人手と経費がかかる。
生体指標：1 日(24 時間)尿を蓄尿する。 ＊ナトリウム排泄量を測定し，摂取ナトリウムを推定する。 ＊尿中尿素窒素排泄量を測定し，摂取たんぱく質を推定する。	(長所) ＊実際の摂取量に近い。 (短所) ＊排泄機能に異常がある患者では対応しない。

② 食行動や運動やストレス解消法について

③ 行動変容の準備性，自己効力感の程度，ヘルスリテラシーのレベル

2.2.3　環境要因のアセスメント（表2.3参照）

食行動の改善には，個人要因(知識・技術・態度・行動)の問題解決のみでなく，

表 2.3　症例 A　栄養アセスメント：情報収集・問題点の抽出・課題の明確化(評価判定)

対象者：50 歳男性　　家族構成：妻，子ども 2 人　　仕事：会社員(管理職)

(1)　情報収集

個人要因	QOL		体調がすぐれず，健診結果が悪かったので，生活の満足度が下がっている	
	臨床診査		主訴：疲れやすい，息切れがする 既往歴：なし 家族歴：高血圧症(母) 服薬歴：なし 減量歴：2 回(30 歳 60 kg，40 歳 63 kg)	
	身体計測		身長 170 cm，体重 75 kg (20 歳代 65 kg)，BMI 26 kg/m^2，腹囲 91 cm	
	臨床検査		血圧 140/90 mmHg HDL-Cho 35 mg/dL，LDL-Cho 130 mg/dL，中性脂肪 250 mg/dL 空腹時血糖値 90 mg/dL AST 34 IU/L, ALT 55 IU/L, γ-GTP 70 IU/L 尿潜血(−)，尿糖定性(−)，尿たんぱく定性(−)	
	食物摂取(食事)調査		朝食：　6:30　ごはんとみそ汁 昼食：11:30　コンビニ弁当(主菜は肉類)か麺類が多い 夕食：不規則　平日は外食が多い(4 ～ 5 回 /週) ビール中瓶 1 本，日本酒 2 合/日。つまみは揚げ物中心 野菜は少ない。最後にラーメンをよく食べる (1 週間の食事記録)	摂取エネルギー 3,200 kcal たんぱく質 140 g，脂質 100 g 炭水化物 440 g，食塩 15 ～ 20 g 摂取過剰食品：問題・アルコール飲料，油脂類，食塩 摂取不足食品：野菜，海藻，きのこ類，果物，乳製品
	他の生活習慣	行動	・ストレスが多く，飲酒で解消している ・平日の一日平均歩数：およそ 4,000 歩，電車通勤，仕事はデスクワーク，運動なし ・喫煙：なし	
	健康(疾病)や食物摂取などに関する認知	知識	病識不足(過去 2 回の減量時に“肥満と食事・運動”の本を読んだが，覚えていない) 栄養表示の知識不足(見たこともない)	
		スキル	学生の頃から運動はあまり好きではなく，不得意である	
		考え方	行動変容段階は，無関心期である。健康に対する意識が低い	
		その他	理解力は普通	
環境要因	家庭，組織，地域		調理担当者は妻であるが，自宅での食事は，平日の朝食と休日のみ 会社には社員食堂はなく，近くにコンビニやラーメン屋がある 家の近くに運動施設がない	

(2)　問題点の抽出

QOL	生活の満足度が低い
臨床上の問題点は何か(臨床診査，臨床検査や身体計測の値)	#1　メタボリックシンドローム(肥満症・高血圧症・脂質異常症) #2　脂肪肝
内臓脂肪肥満に影響していると推測される食行動や生活習慣の問題点は何か(食事調査，食行動要因)	外食が多い，食事時間が不規則，夕食過食，飲酒多量 油脂類・食塩類の過剰摂取 乳製品・果物・野菜・海藻・きのこ類摂取不足 身体活動量が少ない(運動習慣なし)……消費エネルギー不足
健康(疾病)や食物摂取に関する認知(知識・スキル，態度)	健康・栄養・食に関する知識・スキルや病識の不足，揚げ物を好む嗜好，ストレス解消法が飲酒 仕事はデスクワーク，運動嫌い 行動変容の重要性に対する認識・意欲の低さ 仕事上でのストレスが多い
環境要因	会社には社員食堂はなく，近くにコンビニやラーメン屋がある

(3)　課題の明確化

QOL	生活の満足度の向上
健康上の課題は何か	#1　内臓脂肪減少(最優先課題)，血圧低下，脂質正常化 #2　脂肪肝改善
内臓脂肪肥満に影響していると推測される食物摂取や生活習慣の課題(矢印の方向への改善)は何か(食事調査，行動要因)	外食↓，夕食過食↓，節酒，油脂類・食塩↓＝摂取エネルギー量↓ 乳製品↑ 果物・野菜・海藻・きのこ類↑＝食物繊維↑ 身体活動量↑＝消費エネルギー↑
食行動や生活習慣に関連する課題は何か(知識・スキル，態度や環境要因)	健康・栄養・食に関する知識・スキル↑ 病識↑ 揚げ物を好む嗜好の改善 行動変容の重要性に対する認識・意欲↑ コンビニやラーメン屋の利用法の知識↑ ストレスマネジメント↑

対象者を取り巻く環境の整備も重要であり，栄養教育では，家庭・組織・地域や社会・経済・文化などの環境状況の把握が必要である。

家庭：家族構成，調理・介護担当者，キーパーソン，家族の協力・理解，調理設備，経済性

組織：昼食(社員食堂・給食の有無・外食)，職場の協力・理解

地域：環境(都市・地方，食物の入手の難易)，食物の入手方法(自家栽培・スーパー・コンビニ・飲食店，惣菜の利用)，食生活の情報入手方法(家族・学校・職場・病院・保健所・マスメディア，IT)，地域の支援・協力

2.2.4　情報収集の方法

栄養アセスメントの情報収集の方法には，個別教育のための個人に関する情報を収集する方法と，栄養教育プログラム作成のための集団の特性に関する二次データ(各種統計等)を利用する方法がある。個人に関する情報収集の方法には，管理栄養士・栄養士が対象者から直接収集する方法と，他職種が集めた情報を収集する方法がある。他職種の情報は，電子カルテ・カンファレンスやミーティング(医師・管理栄養士・保健師・看護師・薬剤師・臨床検査技師・言語聴覚士・介護福祉士・学級担任・養護教諭など)により収集する。収集した情報については，厳重に取り扱うとともに，守秘義務を遵守することが重要である。

①　**実測法**　計器および機器などを使用して実際に測定する方法で数値として得られる。

管理栄養士・栄養士が実践するものには身体計測などがあり，対象者自身が実践するものには食事記録，体重や運動内容のモニタリングなどがある。

②　**質問紙法**　質問紙や調査票を用いて調査する方法である。対象者が直接記入する**自記式記入法**，調査者が聞き取り調査する面接聞き取り法(面接法でもある)，**留置き法**[*1]，**郵送法**[*2]，**電話調査法**[*3]，インターネットを用いたウェブ調査などがある。

質問紙法では，対象者自身が質問票(**表 2.4**)に記入したり話したりする過程で自らの生活習慣上の問題点に気づき，行動変容の動機付けにつながることもある。

郵送法，電話調査法，ウェブ調査は場所や時間の節約になる一方，誤差や正確性に欠けるなどの一面もあるので注意する。

③　**面接法—個人・集団(フォーカスグループ)面接**　特定の個人と面接する**個人面接法**と集団で面接する**集団面接法**がある。個人面接法では，対象者から直接聞き出す方法や食事摂取調査などがある。個人面接では詳細な情報が得られるが，調査者は自分の主観が入らないように訓練する必要がある。集団面接法のひとつの**フォーカスグループインタビュー法**は，少人数(1グループ当たり6～8名程度)の対象者に対して，司会者が座談会形式でインタビューを行い，

*1　**留置き法**　調査票を配布して対象者に記入してもらい，後日回収する。

*2　**郵送法**　調査票を配布して対象者に記入してもらい，後日郵送してもらう。

*3　**電話調査法**　電話で調査員が聞き取りをして記入する。

表 2.4　標準的な質問票

	質問項目	回　　答
1-3	現在，ａからｃの薬の使用の有無*	
1	ａ．血圧を下げる薬	①はい　②いいえ
2	ｂ．血糖を下げる薬又はインスリン注射	①はい　②いいえ
3	ｃ．コレステロールや中性脂肪を下げる薬	①はい　②いいえ
4	医師から，脳卒中(脳出血，脳梗塞等)にかかっているといわれたり，治療を受けたことがありますか。	①はい　②いいえ
5	医師から，心臓病(狭心症，心筋梗塞等)にかかっているといわれたり，治療を受けたことがありますか。	①はい　②いいえ
6	医師から，慢性腎臓病や腎不全にかかっているといわれたり，治療(人工透析など)を受けていますか。	①はい　②いいえ
7	医師から，貧血といわれたことがある。	①はい　②いいえ
8	現在，たばこを習慣的に吸っていますか。 (※「現在，習慣的に喫煙している者」とは，条件１と条件２を両方満たす者である。 　条件１：最近１か月間吸っている 　条件２：生涯で６か月間以上吸っている，又は合計 100 本以上吸っている	①はい(条件１と条件２を両方満たす) ②以前は吸っていたが，最近１か月間は吸っていない(条件２のみ満たす) ③いいえ(①②以外)
9	20 歳の時の体重から 10 kg 以上増加している。	①はい　②いいえ
10	１回 30 分以上の軽く汗をかく運動を週２日以上，１年以上実施。	①はい　②いいえ
11	日常生活において歩行又は同等の身体活動を１日１時間以上実施。	①はい　②いいえ
12	ほぼ同じ年齢の同性と比較して歩く速度が速い。	①はい　②いいえ
13	食事をかんで食べる時の状態はどれにあてはまりますか。	①何でもかんで食べることができる ②歯や歯ぐき，かみあわせなど気になる部分があり，かみにくいことがある ③ほとんどかめない
14	人と比較して食べる速度が速い。	①速い　②ふつう　③遅い
15	就寝前の２時間以内に夕食をとることが週に３回以上ある。	①はい　②いいえ
16	朝昼夕の３食以外に間食や甘い飲み物を摂取していますか。	①毎日　②時々 ③ほとんど摂取しない
17	朝食を抜くことが週に３回以上ある。	①はい　②いいえ
18	お酒(日本酒，焼酎，ビール，洋酒など)を飲む頻度はどのくらいですか。 (※「やめた」とは，過去に月１回以上の習慣的な飲酒歴があった者のうち，最近１年以上酒類を摂取していない者)	①毎日 ②週５～６日 ③週３～４日 ④週１～２日 ⑤月に１～３日 ⑥月に１日未満 ⑦やめた ⑧飲まない(飲めない)
19	飲酒日の１日当たりの飲酒量 日本酒１合(アルコール度数 15 度・180 ml)の目安： ビール(同５度・500 ml)， 焼酎(同 25 度・約 110 ml)， ワイン(同 14 度・約 180 ml)， ウイスキー(同 43 度・60 ml)， 缶チューハイ(同５度・約 500 ml，同７度・約 350 ml)	①１合未満 ②１～２合未満 ③２～３合未満 ④３～５合未満 ⑤５合以上
20	睡眠で休養が十分とれている。	①はい　②いいえ
21	運動や食生活等の生活習慣を改善してみようと思いますか。	①改善するつもりはない ②改善するつもりである(概ね６か月以内) ③近いうちに(概ね１か月以内)改善するつもりであり，少しずつ始めている ④既に改善に取り組んでいる(６か月未満) ⑤既に改善に取り組んでいる(６か月以上)
22	生活習慣の改善について，これまでに特定保健指導を受けたことがありますか。	①はい　②いいえ

＊医師の診断・治療のもとで服薬中のものを指す。
出所）厚生労働省：標準的な健診・保健指導プログラム(令和６年度版)

その発言や表情から意識や行動などを調査する方法である。グループ対話形式で自由に発言してもらうと，集団力学(**グループ・ダイナミクス**[*1])により集団のなかから浮かび上がる情報を収集できるが，対象者の言動から情報を読み取り拾い上げる技術が必要である。

④　**観察法**　身体状況や行動などを観察する方法で，食行動調査，**ADL**[*2]調査などがある。ベッドサイドでの視診，触診などにより，顔貌，浮腫，皮膚，爪の状態が，ADL 調査により，日常生活動作(食事・整容・更衣・トイレ・入浴・起居・移動など)が観察される。食行動調査では，摂食時の姿勢や咀嚼・嚥下状態，食べ方，食欲，食事摂取量などを調査する。

⑤　**行動記録**　対象者が自分の食事や運動，睡眠など日々の行動を記録する**行動記録**(**セルフモニタリング**に用いる)は，面接や質問票では得られない行動についての情報となる。行動記録の方法として，**ウェアラブルデバイス**[*3]の活用が注目されている。

行動記録をもとに，行動するに至った刺激(きっかけ)と行動の関係や，行動の結果と行動の関係を明らかにする**行動分析**[*4]を行い，問題となる行動のきっかけを特定したり，行動変容の阻害要因や促進要因を把握する。行動変容技法の選択に用いる(p.35，1.4 参照)。

⑥　**二次データ(既存資料)の利用**　対象集団の背景や実態を把握する場合，既存資料を利用すると効率的な場合がある。健康(疾病)や食行動に直接関連する栄養・食品・調理のほか，食行動の背景となる社会・経済・文化などについて，社会全体をとらえたマクロ的視点をもつ資料から情報収集を行う。公の機関(信頼度の高い学会・世界的機構や政府関係等の機関)が発信する情報は，多くがウェブ上に掲載されている。

2.2.5　優先課題の特定

栄養アセスメントの評価判定を行うためには，収集した情報から健康(疾病)や食行動の問題点を抽出して明確化し，優先**課題**[*5]を決定する必要がある。問題点はアセスメントの各指標の基準値と比較し抽出する。しかし浮腫や脱水などにより低下や上昇する指標もあるので，数値のみでなく，病態を理解し総合的に判断する。

アセスメントの結果，複数の問題・課題が上がる。健康(疾病)状態の最も重要な問題を緊急性および危険度から特定する(健康・栄養問題の優先課題の特定)。集団においては，多数の対象者に共通する関心が高い問題点を優先することも考慮する。

その後，健康・栄養問題に影響する食行動を選定し優先課題を決める(食行動の課題を抽出)。優先順位の決定には，重要性と実行可能性の 2 軸で考える(**図 2.3**)。

*1　**グループ・ダイナミクス**　集団を重力や電磁力のような力の働く場と考え，集団構成員の相互作用から派生する力学的特性のこと。人間は，集団においては集団内特有の動力に従って行動する。社会学や心理学の分野で研究され，カートライト(Cartwright, D. P. 1915-2008)らが展開(p.43，1.5.2 参照)。

*2　**ADL(activities of daily living：日常生活動作)**　毎日の生活を送るための基本動作のこと。

*3　**ウェアラブルデバイス**　手首や腕，頭などに装着するコンピューターデバイス。腕時計のように手首に装着するスマートウォッチやスマートグラスなどがある。心拍や脈拍，睡眠時間，歩数や運動状況を記録することができる。

*4　**行動分析**　行動分析の基礎は，刺激—反応—結果の連鎖を明らかにすることである。レスポンデント条件づけ，オペラント条件づけの原理を知っておく(p.12 参照)。行動分析とは，対象に応じた有効なはたらきかけを行うために，対象者の問題となる食行動を観察して，その前後の刺激との関係を明らかにすることであり，食行動をアセスメントするための重要な要素である。

*5　**課題**　問題を解決・改善するために行うべきことで，問題があって，取り組む課題が出てくる。
例：問題—血圧が高い
　　課題—血圧を下げること

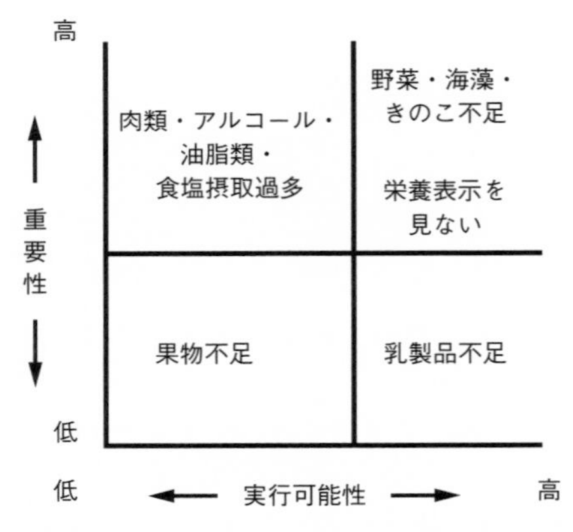

図 2.3　症例 A（表 2.3）の食行動の課題の優先順位の決定（例）

重要性の判断は，死因や健康状態に対する影響力の大きさで決める。集団を対象とする場合の実行可能性は，対象者の実施のしやすさに加え，プログラムの実施にかかる費用など，栄養教育の実施者の実施しやすさも含まれる。個人を対象とする場合の実行可能性は，行動変容の有益性や自己効力感によって左右される。

さらに，行動変容に必要な健康（疾病）や食行動に関する認知（知識や態度等）と環境要因の課題を整理する。

情報収集から問題点の抽出と課題の明確化，優先課題の特定，評価判定の手順を示す（**表 2.3** 参照）。

2.3　栄養教育の目標設定

2.3.1　目標設定の意義と方法

栄養教育の目標設定には，栄養教育プログラム目標設定と個人の目標設定がある。栄養アセスメントにより，取り組むべき健康・栄養上の課題と学習すべき知識・技術や変容すべき態度・行動が明確となるので，栄養教育の目標設定が可能となり，教育戦略を立て，プログラムを作成する段階に進むことができる。プリシード・プロシードモデルでいうと，プリシードの方向（右から左）に課題抽出と目標設定を行う手順となる。

栄養教育プログラムの目標として，最終的に達成したい**プログラム目標**（**長期目標**）と，これを達成するために向かうべき方向性を示す一般目標（**中期目標**）を設定する。さらに，中・長期目標を達成するために，① **結果目標**，② **行動目標**，③ **学習目標**，④ **環境目標**，⑤ **実施目標**を設定する。

2.3.2　結果目標

栄養教育の結果（成果）を測るための目標である。身体計測値・臨床検査値や QOL の指標など測定可能な数値目標を設定する。「血圧を 130/85 mmHg 未満にする」「BMI 25 kg/m^2 未満にする」などである。

症例 A の目標設定の例を示す。栄養アセスメントの結果を踏まえて（**表 2.3** 参照），目標を設定する（**表 2.5**）。目標はスモールステップの視点を重視し，目標の内容や個数は，対象のニーズに合わせて設定する。目標の設定後，次の段階の計画立案につなげていく。

なお，上記の目標は，「1. 結果目標」→「2. 行動目標」→「3. 学習目標」および「4. 環境目標」→「5. 実施目標」の順に設定する。

2.3.3　行動目標

最終的な結果目標につながるもので優先順位が高く，かつ努力すればできそうなことについて，具体的な行動内容（アルコールはビール中瓶 1 本か日本酒 1

表 2.5　症例Ａ　個人目標設定の例(期間：6 か月間)

(最終目標) 結果目標	行動目標	環境目標	学習目標	実施目標
・BMI 25 kg/m^2 未満 腹囲 85 cm 未満 ・血圧 130/85 mmHg 未満 ・HDL-Cho 40 mg/dL 以上 中性脂肪 150 mg/dL 未満 ・ALT 40 IU/L 未満 γ-GTP 60 IU/L 未満 ＊ QOL の向上 (体調が良く，気分が晴れやかで，生活の満足度が上がる。)	・朝食には納豆などの大豆製品と，野菜の副菜を食べる。 ・栄養表示を見て弁当を購入し，肉類に偏らないようにする。 ・野菜・海藻・きのこ類を食べるようにする(1 日 350 g 程度) ・アルコールの量を減らす。(ビール中瓶 1 本か日本酒 1 合) ・つまみは揚げ物を減らし，野菜料理を食べる。 ・夜食のラーメンをやめる。 ・通勤では階段を利用する。 ・平日の一日平均歩数を約 6,000 歩に増やす。 ・土日は速歩を 30 分実行する。 ・セルフモニタリングとして，アルコール・運動量・体重について記録する。	・栄養教育の教材を持ち帰ってもらい，奥さんに食事作りに協力してもらう(漬物を用意しない，昼食は弁当を作ってもらう等)。 ・飲み会には誘わないよう依頼する。	・健康(病態)と食事・運動の関連を知る。 ・1 日の必要エネルギー量を知る。 ・1 日に摂取する食品構成を知る。 ・食事の問題点(アルコール，揚げ物が多く，野菜が不足している等)に気づく。 ・必要量を考えて，献立・調理・食物の購入ができる。 ・栄養表示を理解する。 ・外食のエネルギー量や栄養素について学習する。 ・簡単な運動の方法を知る。	・栄養カウンセリングを月 1 回設定する。 ・健康教室の案内を行う。 (肥満とメタボリックシンドロームについて・減量のための食事について・運動について・ストレスマネジメントについて)

合にする，つまみは揚げ物を減らし，野菜料理を中心にするなど)を目標にする。

2.3.4　学習目標

行動目標の達成に必要な健康(疾病)・食行動に関連する知識・技術・態度を修得することが目標となる。以下の内容がある。

知識：健康(疾病)と栄養・食事・運動との関係を知る。1 日の必要エネルギー・栄養量を知る。1 日に摂取する食品構成を知る。現在の食事の問題点(アルコール，揚げ物が多く，野菜が不足しているなど)に気付く。

技術：必要エネルギー・栄養量を考えて，献立・調理・食物の購入・外食ができる。現在の食事の問題点を改善する方法を身に付ける。

態度：食品を購入する，献立を作り，調理を行う，現在の食事の問題点を改善しようという意欲をもち，実践できる。

2.3.5　環境目標

健康(疾病)・食行動に影響を及ぼす環境要因(家庭・職場・地域)に関する問題点を解決するための目標である。家庭や職場など対象者の周辺に働きかけることによって，対象者は行動変容を起こしやすくなる。

家庭：妻に漬物を用意しないように協力してもらう。

職場：減量を行っていることを公言し，飲み会には誘わないよう依頼する。

地域：食物の入手について配達システムを整備する。地域ボランティアの給食サービスを拡充する。

2.3.6　実施目標

プログラムの実施状況・実施率に関する目標である。プログラムへの参加者数や参加率および実施件数や，対象の満足感等がある。

2.3.7　目標設定時の留意点

栄養教育の目標には，「～を増やす」「～減らす」「～上げる」「下げる」といった変化の方向性を示す言葉が入るほか，対象によっては，「～を維持する」が入る場合がある。

適切な目標設定のための基本的留意点は，以下のとおりである。

① 方向性：栄養教育の目的と同じ方向に向かう目標を設定する。
② 優先順位：優先順位の高い項目を重視する。
③ 時間軸：到達の期間と期限を決めておく。
④ 具体性：評価しやすい数値目標を設定する。
⑤ 実現性：低い目標から高い目標へと段階的に設定する。
⑥ 対象者主体：目標設定に関しても教育者主導ではなく，対象者が主体となり決定する。
⑦ 文章化：対象者と教育者および関係者間における情報を共有するために目標は必ず文章化し，明確にしておく。栄養教育計画の円滑な運営と栄養教育のレベルの標準化にも必要である。また，文章化により目標が対象者の記憶に留まることになり，行動変容とその維持の実行性を高めることができる。

2.4　栄養教育計画立案

＊栄養の問題やリスクのある対象者を抽出すること

栄養教育は，**栄養スクリーニング**＊や栄養アセスメントにより，改善が必要な人(個人もしくは集団)を対象に，地域保健，産業保健，医療機関，学校教育，福祉，介護などにおいて，健康維持，疾病予防，疾病治療などのさまざまな目的のもとで実施される。その際に基礎となる部分が栄養教育計画であり，作成の際には流れを確認し(**図 2.4**)把握する。また，具体的な栄養教育計画案の作成の際に検討すべき項目は，6W2H の 8 項目であり，実施の前には必ず明確にしておく(**表 2.6**)。

栄養教育マネジメントは抱えている食生活上の問題を解決するため，対象者に望ましい行動変容が起こるよう，計画(P)→実施(D)→評価(C)→改善(A)という PDCA サイクルに沿ったマネジメントサイクルを繰り返す。近年，この栄養教育マネジメントに国際標準化された栄養管理プロセス(**図 2.4**)という考え方が導入された。これは，個々の対象者の栄養ケアの標準化だけではなく，栄養ケアを提供するための過程を標準化することを目的としている。栄養管理プロセスを活用することで，管理栄養士・栄養士は ① 栄養管理を行うプロセスが標準化され，論理的展開が可能となる，② 用語をコード化(**表 2.7**)しているため，世界の栄養士との共有が可能となる，③栄養問題に対する理解が容易となる，などのメリットがある。

従来との相違は，栄養アセスメントの部分を栄養アセスメントと栄養診断に分け，計画作成となる栄養ケア計画と実施の部分はまとめている点である。しかし，基本的な考え方は変わらない(図 2.4)。

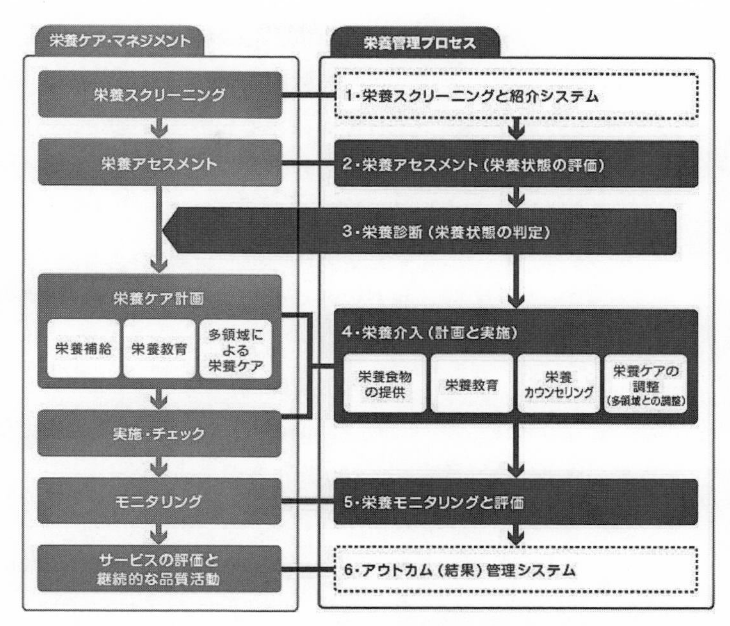

図 2.4　栄養ケア・マネジメントと栄養管理プロセスの流れ

出所）日本栄養士会：栄養管理の国際基準を学ぶ　https://www.dietitian.or.jp/career/ncp/ (2024.1.29)

2.4.1　学習者と学習形態および場の決定

(1) 学習者の決定

栄養教育は，直接対象者本人に対して栄養教育を行う場合のほか，家族や家庭内での調理担当者に行う場合もある。学習者の募集については，集まりやすい条件(実施期間・場所)を設定する必要がある。募集においては，栄養教育の主体となる保健所長や地区の長，学校長，病院長などの責任者に許可と理解を得て，広報・自治体掲示板・回覧板・実施施設や関連施設のホームページや掲示板，その他に放送・新聞・ラジオ・雑誌などを利用して学習者を募集する。また，募集の際には，わかりやすく伝えることが重要であり，伝えるべき情報は担当者やスタッフの間で意見を出し合って整理しておくとよい。周知に必要な情報としては，テーマ，目的，対象となる事項(年齢，親子参加など)，対象の人数(組)，実施日時，実施期間，場所，費用，申し込み方法，連絡先(問合せ先や申し込み先も含む)，実施主体(開催主体)，教育者(講師)などが考えられる。

表 2.6　栄養教育プログラムの作成に必要な検討項目

要　素		内　容
Who	誰が行うのか	教育者：管理栄養士，医師，看護師，保健師，栄養教諭など
Whom	誰に行うのか	対象者(どのような個人や集団か)
What	何を教育するのか	教育内容
When	いつ(いつまでに)行うのか	教育期間，回数，日時，所要時間
Where	どこで行うのか	場所，会場，教育環境・設備
Why	なぜ行うのか	目的，最終目標
How	どのように教育するのか	指導方法，学習形態，教材・媒体
How much	予算はどの程度か	費用，対象者の負担

出所）筆者作成

表 2.7　栄養評価の項目

項　目	指　標
食物 / 栄養関連の履歴(FH)	食物・栄養素摂取，食物・栄養素管理，薬剤・栄養補助食品の使用，知識・信念，補助品の入手のしやすさ，身体活動，栄養に関連した生活の質
身体計測(AD)	身長，体重，体格指数，成長パターン指標・パーセンタイル順位，体重の履歴
生化学データ，医学検査と手順(BD)	生化学検査値，検査(例：安静時代謝率)
栄養に焦点をあてた身体所見(PD)	身体的外見，筋肉や脂肪の消耗，嚥下機能，食欲，感情
既往歴(CH)	個人的履歴，医学的・健康・家族履歴，治療，補完・代替薬剤の使用，社会的履歴

出所）木戸康博ほか編：応用栄養学(栄養科学シリーズ NEXT)，講談社サイエンティフィク(2020)

2.4.2　期間・時期・頻度・時間の設定

（1）教育期間・時期・頻度

目標を設定し(p.62，2.3参照)，期間や頻度など全体計画のタイムスケジュールを充分に検討する。教育の内容や最終目標により実施期間は異なるが，イベントなどであれば単発の指導となり，複数回の継続指導であれば，短期(1～3か月間程度)，中期(6か月間程度)，長期(1年程度)の計画になる場合が多い。また，多くの人が集まりやすい時期(季節)かどうかや，学習者が仕事をしている場合は，生活スタイルに合わせた休日の対応や指導も考慮する。

（2）教育時間

教育時間については，個人指導では20～30分程度，集団指導(教室)では60～90分程度がよい。

学校給食における給食指導では5～15分程度，食に関する指導では，チームティーチング(TT)方式の場合は40～45分程度を目安にするとよい。診療報酬(管理栄養士による指導)では，p.139，表3.19診療報酬における栄養指導料を参照のこと。また，診療報酬の改定は2年ごとに実施されるので，常に新しい情報を取るようにする。

（3）場の決定

教育を実施する場所は，対象となる個人や集団の基本情報や特徴を考慮して決めなければならない(表2.8)。

また，地域集団や一般の人たちを対象とする栄養教育を実施する際の場所の選択には，次のような点にも配慮が必要である。

① 電車や車などの交通の便や最寄り駅からの行き方がわかりやすいか
② 人が集まりやすく，人の流れがよいか
③ 会場までの道順には，スロープ・エレベーターなどの配慮がされているか
④ 勤労者にとって，出向きやすい場所か

表2.8　栄養教育の場所

地域集団	保健所，保健センター	会議室，ホール，地域の集会所，栄養指導室など
	暮らしのなか	駅のコンコース，商業ビルの催し物会場，地域の催し物広場，スーパーマーケットなど
特定給食施設	学　校	教室，ランチルーム，体育館など
	事業所，福祉施設	食堂，医務室，会議室，ホールなど
医療機関	病　院	栄養食事指導室，会議室，デイルーム，待合所など

出所）筆者作成

2.4.3　実施者の決定とトレーニング

栄養教育の実施においては，地域保健，学校教育，医療機関などの栄養教育に関連する組織機関内で，さまざまな職種のスタッフがそれぞれ協力しながら教育にあたるため，他職種との連携は重要である。そのため，栄養教育のスムーズな実施に向けて，管理栄養士・栄養士はよりよいコーディネーターになる必要がある。

また，栄養教育に携わる管理栄養士・栄養士には円滑な連携が必要となるため，豊かなコミュニケーション能力が求められる。ほかにも，医学の進歩に伴う新しい情報や法改正に関連する国内事情などの理解をこころがけ，技術を高めていく向上心を備えておかなくてはならない。栄養教育に携わる管理栄養士・栄養士は，以下のような項目の修得を目指してトレーニングを積むと良い。

① 豊かな人間性で，他者とのコミュニケーションがうまく図れること
② 栄養教育関連組織や従事者の連携を深め，コーディネーターとしての能力に優れていること
③ 栄養教育を効果的に実施するための教育技術が高いこと
④ 栄養に関する専門的知識や技術が豊かであること
⑤ **栄養教育の計画・実施・評価にかかわるマネジメントができること**[*1]

また，地域保健，学校教育，医療機関においては，管理栄養士・栄養士に加えて以下のようなスタッフが携わっている。カリキュラムのなかの教育内容に見合った専門性をもつスタッフを的確に選択し，連携を取りながら教育にあたる。

（1）地域保健の場[*2]

地域保健活動は，都道府県・政令指定都市・中核市・その他地域保健法の政令で定める都市または特別区（東京23区）の保健所と市町村の保健所センターが担当している。栄養教育は，保健所・保健センターの他職種と連携し，人的・物的・社会的資源を活用し，地域全体の栄養改善の向上を目指す。

保健所の管理栄養士の栄養教育（指導）の対象と内容（法律・通知では，栄養指導という名称が使用されている）は，多岐にわたる。

1） 住民

保健所・保健センターの管理栄養士は，すべてのライフステージ・ライフスタイルの住民を対象に栄養教育を行うが，特に，妊娠期・授乳期や乳幼児期（離乳食）の相談が多い。難病・合併症患者や身体・知的障害者，要介護者など専門的な知識および技術を必要とする栄養教育では，受診施設と連携する。

2） 特定給食施設

健康増進法に基づき，特定給食施設は管理栄養士または栄養士を置き，衛生管理を行い，さらに利用者の身体状況，栄養状態，生活習慣などを定期的に把握し，エネルギー量や栄養素量を満たす献立を作成して食事を提供するとともに，献立表およびエネルギーや栄養素量の情報提供を行うように努力することが定められている。保健所の管理栄養士は特定給食施設に対して「適切なエネルギー及び栄養素量の食事提供や品質管理」や「喫食者への栄養情報の提供」について指導および助言を行う。

＊1 笠原賀子，川野因編：栄養教育論（第3版），47，講談社サイエンティフィク（2012）

＊2 **地域保健の場** 〈関係する法律・通知〉地域保健法，健康増進法（健康日本21（第2次）），母子保健法，食育基本法，学校保健安全法，老人保健法，食品衛生法，地域における行政栄養士の業務について（2003（平成15）年10月厚生労働省健康局長通知），地域における行政栄養士による健康づくり及び栄養・食生活の改善について（2013（平成25）年3月厚生労働省健康局長通知），地域における行政栄養士による健康づくり及び栄養・食生活の改善の基本指針について（2013年3月生活習慣病対策室長通知）

3) 食品業者・関係機関・関係団体

保健所の管理栄養士は，食品の栄養面，安全面等に関する適切な情報を把握し，また，栄養成分の表示や健康に配慮した献立を提供する食品業者，関係機関，関係団体および住民の間での連携を構築する。

4) 人材育成

地域において健康づくりおよび食生活改善を推進する指導的人材を育成するため，食生活改善推進員(ヘルスメイト)，健康づくり支援者(ヘルスサポーター)等のボランティアリーダー等の人材育成に努める。

(2) 産業保健の場*

＊〈関係する法律・通知〉労働基準法(労働時間や休暇，休業補償など労働者の勤務条件を定めている)，労働安全衛生法(安全管理，産業医の選任，健康診断など労働環境について定めている)。事業所における労働者の健康保持増進のための指針(2007(平成19)年11月厚生労働省)
健康管理は，労働安全衛生対策の一つである(健康管理，作業環境管理，作業管理)。中小企業においては，全国労働基準監督署ごとに地域産業保健センターが設置され，これらが実施されている。

労働者は，1日の3分の1を職場で過ごし，職場環境の健康への影響は大きい。事業所(大学)に設置されている食堂(特定給食施設)に所属する管理栄養士・栄養士は，事業所の健康管理担当者と連携して健康教育の体制を整備し，そのなかで栄養教育を実施していく。栄養教育は，職場内IT，掲示板，回覧・配布物などを利用し，健康・栄養・望ましい食物摂取行動についての情報を提供する。

1) 特定健康診査・特定保健指導

2008(平成20)年4月から「高齢者の医療の確保に関する法律(高齢者医療法)」が施行され，特定健康診査の結果に応じ，情報提供・動機付け指導・積極的支援などの特定保健指導を行う。産業における管理栄養士・栄養士の重要な業務である。

2) THP (total health promotion)

厚生労働省は，労働安全衛生法改正(1988(昭和63)年)に伴い，働く人の「心と体の健康づくり」をスローガンに健康保持増進措置を進めている。「事業所における労働者の健康保持増進のための指針」には，実施方法として，計画の策定，推進体制：スタッフ(産業医，運動指導・運動実践・心理相談・産業栄養指導・産業保健指導担当者)の養成，内容(健康測定，運動指導，メンタルヘルスケア，栄養指導，保健指導)が示されている。栄養教育は，所見のある対象者に対して行い，家族全員の食生活改善につなげることが望ましい。

コラム5　食生活改善推進員（ヘルスメイト）

ヘルスメイトの愛称で知られる食生活改善推進員は，市町村が開催する「食生活改善推進員養成教室」に参加し，食生活改善や健康づくりに関する講習を受けて修了証を得て，自らの意志でボランティア活動を行っている。その活動は，料理の大切さを伝えることから健康づくりの支援と多岐にわたるものである。

地域保健では，保健所・保健センターでの料理教室で「高齢者料理教室」などを開催して，高齢者の食生活支援を行っている。他にも近年では，中・高校に社会人講師として招かれ，「自分の食事くらいは自分でつくれるようになりたい」という生徒たちに，調理実習を通して地域の郷土料理や1人でも作れる簡単料理などについて教える活動もしている。

(3) 医療の場：病院・介護老人保健施設・診療所・助産所*

医療における栄養教育の目的は，二次予防・三次予防が中心であり，栄養教育は疾病治療の一環として，「栄養食事指導」とよばれる。決められた疾患について，医師の指示のもと管理栄養士が栄養食事指導を行うと，診療報酬による栄養食事指導料が算定できる(p.139，表 3.19 参照)。栄養食事指導の対象は，患者・家族(キーパーソン)である。

1) 入院・外来・在宅患者訪問栄養食事指導

患者のおかれている状況に応じて，入院・外来・在宅患者訪問栄養食事指導とよぶ。入院中の病院食は，病態(栄養状態)の改善はもちろん，栄養食事指導における教材となる。入院中の栄養食事指導では，病院食の喫食率があがり，そのことにより治療効果があがり，入院期間が短縮する，また，退院後の自己管理能力が養えるなどの効果が期待できる。外来での栄養食事指導では，患者自身が栄養食事治療を実践することが必要であり，「実践ができない，実践していたが中断してしまう」場合も多く，継続した指導・支援が重要である。在宅患者訪問栄養食事指導では，これまで調理を介した実技指導が算定要件であったが，指導後の実践が困難な患者が多かったことを受けて，食事の用意や摂取等に関する具体的な指導に改定されている。

2) 個人指導・集団指導(表 2.9 参照)

個人指導では，指導中の患者の反応に応じた対応がとりやすい，集団指導では，患者同士の意見交換，話し合いの場がもて，患者間での相互作用が生まれる場になるなどそれぞれ特徴がある。患者の知識・性格・心理・指導内容などに応じたより良い方法を選択する。

3) チームによる患者教育

栄養食事指導は患者教育の一端であり，患者教育は，医師や管理栄養士・看護師・薬剤師・作業療法士・理学療法士・臨床検査技師などコメディカルにより医療チームを構成し実施する。カンファレンスや電子カルテにより，チームメンバーが，患者の情報を共有化して，教育態度を統一し，それぞれ

＊〈関係する法律・通知〉医療法(1948(昭和 23)年 7 月法律第 205 号)
- 医療法施行規則(1948(昭和 23)年 11 月厚生省令第 50 号)
- 入院時食事療養及び入院時生活療養の食事の提供たる療養の基準等(1994(平成 6)年 8 月)
- 入院時食事療養費に係る食事療養及び入院時生活療養費に係る生活療養の費用の額の算定に関する基準等(2008(平成 20)年 9 月)
- 入院時食事療養費に係る食事療養及び入院時生活療養費に係る生活療養の実施上の留意事項について(2013(平成 25)年 3 月)
- 入院時食事療養及び入院時生活療養の食事の提供たる療養の基準等に係る届出に関する手続きの取扱いについて(2010(平成 22)年 3 月)
- 診療報酬の算定方法(抄)(2008(平成 20)年 3 月)
- 特掲診療料の施設基準等(抄)(2010(平成 22)年 3 月)
- 診療報酬の算定方法の制定等に伴う実施上の留意事項一部改正について(通知)(抄)(2008(平成 20)年 3 月)
- 病院，診療所等の業務委託について(抄)(2007(平成 19)年 3 月)
- 医療法の一部を改正する法律の一部の施行の一部改正について(2010(平成 22)年 9 月)
- 院外調理における衛生管理ガイドラインについて(1996(平成 8)年 4 月)
- 大量調理施設衛生管理マニュアル(1997(平成 9)年 3 月)
- 診療報酬は 2 年ごと，介護報酬は 3 年ごとに改正される。

表 2.9 個人教育と集団教育のメリット(長所)とデメリット(短所)

学習形態	メリット	デメリット
個人教育	・指導者と対象者の間に，よりよい信頼関係が得られやすい ・対象者個人の理解度，関心度，社会的背景，身体状況，病態などに合わせた，きめ細やかで具体的な教育が展開できる	・時間や労力を要し，効率的ではない ・経費が高くなる ・教育者の態度，言動，人格などの影響が大きい ・対象者に，緊張感や孤独感が生じやすい
集団教育	・一度に多数の対象者に教育が実施できる ・時間や労力，経費の面で効率的である ・対象者が同じ目的をもつ集団の場合は，対象者同士の考え方などを知ることができ，連帯感が生まれ，グループ・ダイナミクス(1.5.2 参照)による効果が期待できる	・対象者の理解度，関心度，社会的背景，身体状況，病態などに差があるため，個々人のレベルに対応する指導が難しい ・一方的な指導になることがある

出所）筆者作成

が専門的分野の教育を担当する。

4) 診療所

厚生労働省は，2012年度，「糖尿病の診療連携」について，専門病院と診療所との連携体制の構築を支援し，糖尿病の進展や合併症を予防する「糖尿病疾病管理強化対策事業」を発足した。「医療機関・医師同士の信頼関係に基づいた連携体制の構築」「かかりつけ診療所における療養指導の充実」の2本柱を掲げ，診療所での**糖尿病療養指導士**[*1]や管理栄養士等の活用促進を重視している。

(4) 学校教育の場[*2]

学校における栄養教育により，望ましい食行動を身に付けることは，生涯の健康の維持・増進につながる。

1) 栄養教諭（p.102，3.2.1(1) 3) 参照）

子どもが将来にわたって健康に生活していけるよう，栄養や食事のとり方などについて正しい知識に基づいて自ら判断し，食をコントロールしていく「食の自己管理能力」や「望ましい食習慣」を子どもたちに身につけさせることが必要であり，食に関する指導(学校における食育)の推進に中核的な役割を担う「栄養教諭」制度が創設された(「学校教育法等の一部を改正する法律」2004(平成16)年5月公布・2005(平成17)年4月施行)。

2) 学校給食栄養管理者

① 学校給食

小・中学校および高等学校の夜間課程で，特別活動の学級活動として実施されており，学校給食栄養管理者は，栄養教諭の免許状または栄養士の免許を有する者である(1種免許は管理栄養士養成課程修了)。

② チームティーチング

チームティーチング(team teaching：TT)とは，複数の教師が役割を分担し協力して指導計画を立て授業を行う指導方法で，単なる複数の教員の配置ではなく，各教員の特性を生かせるような教育体制である。1997(平成9)年，**学校栄養職員**[*3]を「特別非常勤講師」に任命し，学級担任，養護教諭，学校栄養職員がチームを組んで，栄養教育を行うことが認められた。多くの学校栄養職員は担任の依頼によってチームを組み，学級での栄養教育を実施してきた。栄養教諭制度が創設されてからは，栄養教諭としてチームティーチングに参画している。

(5) 福祉の場[*4]

社会福祉とは，国家扶養の適応を受けている者，身体障害者，児童，その他援護育成を要する者が，自立しその能力を発揮できるよう必要な生活指導，厚生補導，その他援護育成を行うことである。

*1 **糖尿病療養指導士** コラム6参照。

*2 **学校教育の場** 〈関係する法律・通知〉学校保健安全法，学校給食法，食育基本法，小学校指導要領。
「偏った栄養摂取，朝食欠食など食生活の乱れや肥満・痩身傾向など，子どもたちの健康を取り巻く問題が深刻化している。また，食を通じて地域等を理解すること，食文化の継承を図ること，自然の恵みや勤労の大切さなどを理解することが重要」として，2005(平成17)年に食育基本法，2006(平成18)年に食育推進基本計画が制定された。

*3 **学校栄養職員** 学校栄養職員は学校又は共同調理場に配置されている管理栄養士または栄養士で，学校給食の栄養に関する専門的事項をつかさどる(学校給食法)。

*4 **福祉の場** 〈関係する法律・通知〉福祉六法(生活保護法・児童福祉法・母子及び寡婦福祉法・老人福祉法・身体障害者福祉法・知的障害者福祉法)・保育所保育指針・児童福祉施設における食事の提供ガイド

コラム6　日本糖尿病療養指導士（CDE：certified diabetes educator of japan）

糖尿病とその療養指導全般に関する正しい知識を有し，医師の指示の下で患者の熟練した療養指導を行うことのできる医療従事者に対し日本糖尿病療養指導士認定機構から与えられる資格。①看護師・管理栄養士・薬剤師・臨床検査技師・理学療法士のいずれかの資格があること，②条件を満たす医療施設で，一定の糖尿病患者の療養指導の経験があること，③糖尿病療養指導の実験例が10例以上あること，④一定の講習会を受講していることなどの条件を満たし，日本糖尿病療養指導士認定試験を受験する。各専門職が連携を保ち，それぞれの分野について糖尿病療養指導を分担し，専門性を生かしたチームアプローチを行う。

1）社会福祉施設の種類

保護施設，老人福祉施設，障害者支援施設，身体障害者更生援護施設，知的障害者援護施設，婦人保護施設，児童福祉施設，母子福祉施設，その他の社会福祉施設などがある。

2）栄養教育における注意点

これらの対象者は，食物を摂取できる身体などの状況が個人により異なる。施設における給食の提供においても栄養教育においても，個人の状況を配慮する。対象者にとって食物摂取が重労働や大きな負担になる場合も多く，誤嚥による肺炎や摂取拒否などを発症することもあり，細心の注意が必要である。本人のみでなく，保護者・家族・キーパーソンなど関わる人を対象とし，学校，地域，医療とも連携する。

近年，働く女性の増加により，保育所が急増しているが，管理栄養士・栄養士を採用せず，食品名や数量の記載が明確でない献立の施設もあるといわれている。管理栄養士・栄養士の法的な必置が望まれる。

（6）介護の場*

＊**介護の場**〈関係する法律・通知〉老人福祉法，医療法，介護保険法

高齢化が進み，寝たきりや認知症など要支援・要介護高齢者が急増している。要支援・要介護となる原因は，脳血管疾患・認知症・衰弱・関節疾患・転倒・骨折などである。

1）介護施設の種類

介護老人福祉施設：特別養護老人ホーム，介護老人保健施設（看護・機能訓練・必要な医療・日常生活の世話を行う），介護療養型医療施設（療養型病床群，老人性認知症疾患療養病棟）などがある。

2）栄養教育における注意点

高齢者は，老化の状況や原疾患が個人により異なる。脳血管疾患では，後遺症により，嚥下困難や咀嚼機能低下など食物摂取への影響が大きい。嚥下食や胃瘻食による栄養管理が必要となる。食べることは，低栄養の予防・改善のみならず，楽しみ，生きがいであり，QOLの維持・向上の原点である。栄養管理・教育では，食品の種類・味付け・形態・濃度などを工夫し，可能

な限り，経口で美味しく食べられることを目指す。施設における栄養教育は，看護師や介護士と連携をとり学習者の状況を詳細に把握して行う。

2.4.4　教材の選択と作成
（栄養表示，食品群，フードガイド，食生活指針，実物など）

栄養教育のなかでは，教育のための教材や媒体の選択を正しく行うことが，その後の対象者の理解度に大きな影響を及ぼすことがあるため，正しい選択が重要である。

（1）教材利用の目的・意義

「教材」とは，教育内容を補助する手段として用いる教科書や参考書，配布資料などの教育のための資材を指している。「**媒体**」とは，一方から他方へ情報を伝達する際に仲介をするような映像媒体や音声媒体（聴覚教材・聴覚媒体）などを指している。

使用教材の選択の際に注意すべき点としては，教育の目的を明確にし，対象者の人数や年齢・性別，課題への理解度や積極性をよく把握したうえで，教材や媒体，機材（プロジェクター・ポインターなど），設備（スクリーン・マイクなど），を計画し，活用していく必要がある。

栄養教育に教材を活用することで，以下のような教育効果が得られる。

① 教育内容への関心や意欲を高める，② 教育内容への集中力を高める，③ 教育内容をわかりやすくして，理解を助ける，④ ポイントの印象を深くして，覚えやすくできる，⑤ それぞれの問題を深めるヒントになる。

（2）教材の種類と特徴

栄養教育で用いる教材や媒体については，乳幼児期では触る・見るなどの五感を刺激するもの，小学校低学年では映像を取り入れたもの，小学校高学年より年齢層が上がってくると理解度に見合った文字媒体などの内容で対応する。教材の種類と特徴については，**表 2.10** に示す。

（3）教材作成方法

教材を作成する際には，対象者の特徴を明確に把握したうえで，教育目的を決めてどのような教育課程でどのように活用するのか，検討する。具体的には，**表 2.11** のような教材作成の注意点に沿って，教材の選択・表現・生産性などについて方向性を検討しておくと，対象者の特徴や教育方法に応じた教材に近づいていく。既存のものを活用して有効に組み合わせながら作成するのもよい。

（4）学習形態の決定

栄養教育を効果的に展開するためには，教育形態・教材・媒体などの栄養教育の方法について，対象者にとって最も適切なものを選択して活用することが大切である。

表 2.10　教材の種類と特徴

媒体の種類	教材の種類	特　徴
印刷教材	リーフレット	1 枚で折りたためる程度のもので，まとまった内容なので対象者は繰り返し使うことができる
	パンフレット	簡単に綴じた小冊子のもので，図表・写真などを利用して内容を簡潔にまとめることができる
	テキスト資料	テキストや食品成分表などの書籍のほか，厚生労働省などから出されている食生活指針などの各種指針，食事バランスガイドなど
	記録表	学習者が学習内容や効果を記録・記入でき，セルフモニタリングや評価などにも活用できる
掲示教材 展示教材	実物（食品・料理）	実際の料理や食品は，調理実習・試食などに用いられる 味，温度，テクスチュアなどは五感を通して理解しやすい 学校給食や病院食は，直接的な教育媒体にもなりうる
	食品模型	食品重量や食事量がイメージしやすい
	ポスター パネル	大きな会場でもよく見えるような情報提示ができる わかりやすく見やすい内容を心がける
	写真	実物（料理や食品パッケージ）の代わりに展示することで，身近なものを通して実感がわき，深く印象に残る
	図表	可視的な科学的根拠として説得力がある
映像教材 映像媒体	動画：映画，テレビ，DVD，ビデオなど	音声を組み合わせたり物語性をもたせることで，感情移入しやすく実感を伴い，深く考えるきっかけになる 繰り返し観賞することができる
	静止画：スライド，OHP など	近年はデジタルカメラから取り入れた画像やパワーポイントソフトなどを活用して手早く作成でき，提示できるようになった
演示媒体	紙芝居，指人形，**ペープサート**[*1]，**エプロンシアター**[*2]など	乳幼児期～学童期にかけての学習者には効果的 ひとつの物語にひとつの情報提供にとどめるなどの工夫が必要で，多くの情報提供は難しいが，和やかな環境のなかで学習できる
	実演，調理実習	言語だけではなく過程を実際に見て確認できるので，課題に対する深い理解につながる
音声媒体 （聴覚教材 聴覚媒体）	放送，ラジオ	多人数の学習者に情報提供ができる 学校給食では校内放送を活用できる
	CD，MD など	学習者の都合に合わせて繰り返し聞くことができる
情報処理媒体	文書作成・表計算・栄養計算ソフト	さまざまなソフトを活用して文書・図表作成，統計処理，音声・動画を組み合わせて利用できる
	インターネット，ウェブサイトなど	ホームページや E-mail などを活用して，多くの情報が得られ，双方向の情報交換も可能 SNS の利用
情報展示媒体	黒板，ホワイトボード	文字を色分けして表示したり，マグネットでポスターや食品模型などを掲示したりできる

出所）筆者作成

表 2.11　教材作成の注意点

教材の選択について ① 対象を明確にする（どのようなライフステージに当たるかを把握する） ② 使用目的を明確にする
教材の表現について ① タイトルや内容がわかりやすく興味をひくものにする ② 情報量に注意する ③ 文字の表わし方を考慮する（言葉の使い方，文字の大きさや量，文字の濃淡や色，ふり仮名などを学習者に合わせる） ④ 仕上がりの美しさを心がける
教材の生産性について ① 教材費用が全体予算内でおさまるようにする ② 時間的制限も考慮して全体の効率も考える ③ 繰り返し活用できるように保存する

出所）筆者作成

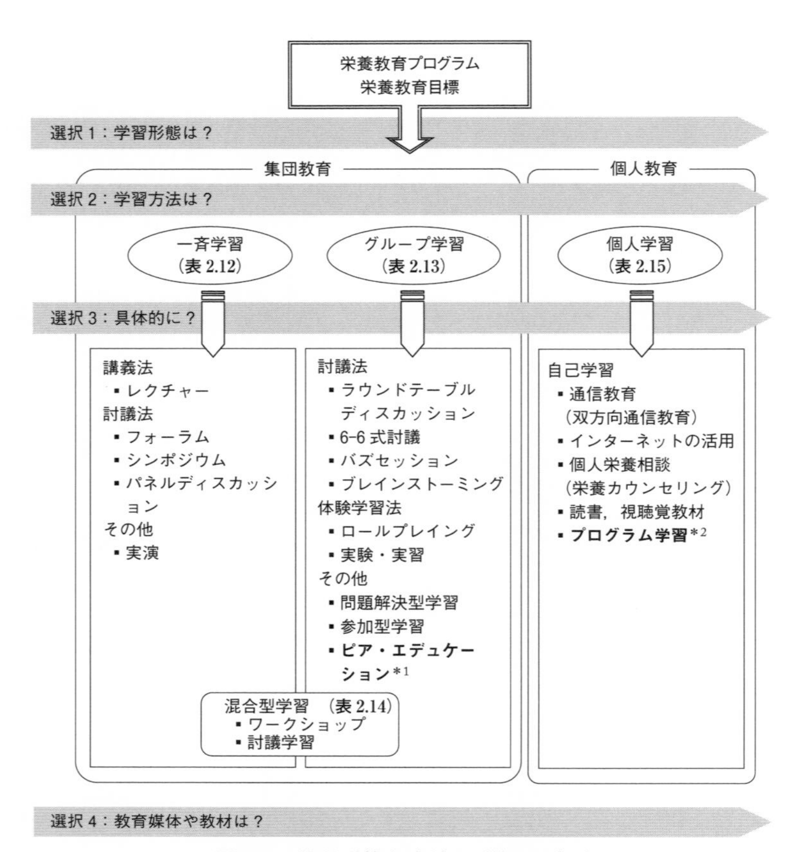

図 2.5 学習形態と方法の選択の手順

出所）丸山千寿子ほか編：栄養教育論，南江堂(2016)を改変

*1 **ピア・エデュケーション** 仲間教育ともいわれ，ある課題に対して，正しい知識や技術などを共有し合って対処法を学び，問題解決に必要な情報提供を行う。学習者にとって身近で信頼できる仲間を教育者(ピア・エデュケーター)とする。

*2 **プログラム学習** computer-assisted instruction (CAI)が主で，系統的な流れで教材を提示するなどのプログラム化された教科書や，コンピュータソフトの活用による学習方法である。コンピュータ支援教育ともいう。

栄養教育の形態には，個人教育と集団教育がある。まずは，学習者の生活環境，食習慣，職業，年齢，性別，疾病罹患の状況などの特徴を把握した上で，**表 2.9** のような個人教育と集団教育のそれぞれの特徴が生かせるような学習形態を考える。

集団教育にはさまざまな教育方法があるため，対象者が参加しやすい具体的な方法を検討しなければならない。

図 2.5 のように，まずは対象者の人数(規模)を把握し，さらに個人教育か集団教育かを踏まえて具体的な方法を選択したり(**表 2.12**，**2.13**，**2.14**)，必要に応じて組み合わせていく(**表 2.14**)とよい。特に，集団教育では小集団のグループを対象としたグループ学習と大集団を対象とした一斉学習がある。

表 2.12　一斉学習とその特徴

<table>
<tr><th colspan="3">学習方法</th><th>集団
規模</th><th>進行役</th><th>講師数</th><th>方法と特徴</th></tr>
<tr><td>講義法</td><td colspan="2">レクチャー
（講義）
講師
学習者</td><td>大〜小
集団</td><td>（講師）</td><td>1名</td><td>講義形式の指導は，集団に対して最もよく行われる学習方法のひとつである。1人の講師がテーマについて講演を行う。対象者に必要な専門的な情報を，多数の学習者に提供できるが，講師からの一方的なはたらきかけになりがちである。</td></tr>
<tr><td rowspan="4">討議法</td><td rowspan="2">フォーラム</td><td>レクチャー
フォーラム
司会者
講師
学習者</td><td>大〜中
集団</td><td>（講師）</td><td>1名</td><td>フォーラムとは，テーマ解説の後に学習者と討議を行うものである。レクチャーフォーラムは，講師によるレクチャー（講義）の後，学習者との質疑応答を行い，司会者がまとめる。</td></tr>
<tr><td>ディベート
フォーラム</td><td>中集団</td><td>司会者
（座長）</td><td>2〜4
名</td><td>ひとつのテーマについて異なる意見をもつ講師2〜4名が講演を行い，その後に対象者と質疑応答や討論を行い，司会者がまとめる。</td></tr>
<tr><td colspan="2">シンポジウム
講師
講師　司会者
学習者</td><td>大集団</td><td>司会者
（座長）</td><td>3〜5
名</td><td>テーマについて専門領域の異なる講師（シンポジスト）3〜5名が，それぞれの立場から意見を発表する。その後，司会者を通して学習者が質問や意見を出し，最後に司会者がまとめる。通常は各講師間の討議はなく，対象者は多面的な理解を深めることができるという特徴がある。</td></tr>
<tr><td colspan="2">パネルディスカッション
司会者
パネリスト　パネリスト
学習者</td><td>中集団</td><td>司会者
（座長）</td><td>5〜8
名</td><td>司会者の進行により，対象者のなかから立場や知識，経験，意見などが異なる人をパネリストとして選出する。司会者によるテーマ説明の後，パネリスト間の意見交換，対象者との質疑応答を行い，最後に司会者がまとめる。パネリストを務めた対象者は問題点を明確化でき，聴衆となった対象者は自分と似たパネラーによりモデリングが行える特徴がある。</td></tr>
</table>

出所）丸山千寿子ほか編：栄養教育論，南江堂（2016）などを参考に筆者作成

ここでは，集団教育における集団の規模の目安として，大集団では50名以上，中集団では20〜30名程度，小集団では10〜20名程度，グループ学習では1グループ当たり5〜6名としているが，実際に栄養教育を実施する会場の規模や対象者のニーズに合わせて学習方法を検討するとよい。

現在，LINE，Facebook，Instagramに代表されるSNS（Social Networking Service）が普及し，利用者は情報の発信，収集，共有，拡散などができる。また，2020年初頭から世界をパンデミックに陥れた新型コロナウイルス感染症（COVID-19）により，これまでにない急激なスピードで情報通信技術（ICT）が広がった。日常生活での変化として，インターネット注文での買い物やZoom，Teamsなどのオンラインによる授業，会議（**表 2.16**）が拡大していった。今後はこれらの活用を念頭に置くことが必要となる。

表 2.13　グループ学習とその特徴

学習方法		グループ規模	進行役	方法と特徴
討議法	**ラウンドテーブルディスカッション（円卓式討議）** 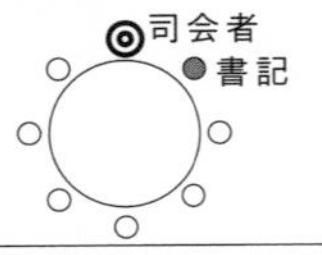 司会者 書記	小集団	司会者（座長）	司会者と書記を設け，司会者を中心に対象者全員の顔を見ながら自由に討議する。司会者は，全員が等しく発言できるように配慮して進行し，最後にまとめる。対象者全員の自由な発言により，教育者は各学習者個人の状況を把握でき，学習についての評価ができる。
	6－6 式討議 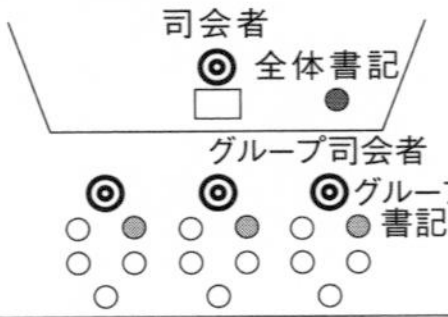 司会者 全体書記 グループ司会者 グループ書記	中・大集団（1 グループ 6 名）	全体司会者・グループ司会者	対象者を 6 人のグループに分け，テーマに従って 1 人 1 分発言し，計 6 分間の討議をする。その後，グループの代表がまとめた意見を発表し，最後に全体の司会者がまとめる。短時間で全体の意見が把握できる。
討議法	**バズセッション**	中・大集団（1 グループ 6～7 名）	司会者	「バズ」とは蜂がブンブンと羽を鳴らす音のことで，討議の様子に例えている。対象者を少人数のグループに分け，グループごとにテーマについての討論を行い，各グループの代表が意見を発表し，最後に全体の司会者がまとめる。対象者全員が小集団のなかで討議に参加でき，対象者はお互いの疑問や理解の確認ができる。6－6 式討議とは，人数や討議時間の制限がない点が異なる。
	ブレインストーミング	小集団	司会者	司会者を置き，ひとつのテーマについて 10 人程度の小集団で，自由な発想で多方面からの意見を出し合い，他人の発言は批判しない。結論を得ることが目標ではなく，問題の明確化，独創的なアイデア・解決法の発見に適している。
体験学習法	**ロールプレイング**	小集団	教育者	あるテーマについて場面設定をして，対象者のなかの数名が具体的に役割を演じる。その後，演技者や対象者の間で討議を行い，演技者は対象とする役割を具体的に想像しやすく，観察する対象者は演技の観察を通してモデリングがしやすい。
	実験・実習	小・中集団	教育者	最初に教育者が課題の説明をして実演した後，対象者も実験・実演する。調理実習など，対象者が実際に体験を通して学習できる。
その他	**問題解決型学習**	小・中集団	教育者	設定されたテーマについて，対象者は問題解決のための討議や自己学習などを行い，最後に討議を行う。対象者の自主的な問題解決への取組み，社会性や協調性が期待できる。
	参加型学習	小・中集団	教育者	対象者は計画・実施・評価の段階から関わり，教育者は対象者とともに問題解決に進展できるように企画を進める。

出所）表 2.12 と同じ

表 2.14　一斉学習とグループ学習の混合型学習とその特徴

学習方法	集団／グループ	進行役	方法と特徴
ワークショップ（研究集会）	集団でもグループでもよい	司会者	全体会議においてテーマの説明を行い，小集団の分科会に分かれて自由討論や体験学習を行い，結果をまとめる。全体会議で分科会の結果についての討論を重ね，意見をまとめる。

表 2.15　個別学習とその特徴

学習方法	方法と特徴
通信教育 (双方向通信教育)	電話，E-mail，ファクシミリ，郵送などの双方向の通信手段を用いて質疑応答などを行う学習方法である。時間や場所を特定しないため，遠隔地の対象者や時間に制約がある対象者に用いられる。
インターネット(ウェブサイト等)の活用	近年，急速に普及したインターネットは，栄養教育では教育媒体としても活用されている。インターネットは情報収集のための手段だけでなく，不特定多数へのさまざまな情報を発信することができる。そのため，対象者は多くの情報に惑わされない的確な判断が求められる。通信教育同様に，場所と時間を特定しない。
個別栄養相談 (栄養カウンセリング)	対象者本人や対象者の食生活に直接関わる家族等を対象に，面接方式で行う。対象者から具体的な状況を直接聴くことができるため，効果的できめ細やかな教育が可能であるが，教育者にかかる時間や労力の負担が大きい。

表 2.16　Web 会議システムとその特徴

学習方法	対象	方法と特徴
Web 会議システム	個別から大集団まで	Zoom，Teams，Skype などではオンライン上でミーティングができる。これらは PC だけでなく，スマートフォン，タブレット等でも利用でき，双方向での通信が可能である。そのため，会議，授業，個別・集団指導でも利用されている。

出所）表 2.14，15，16 はいずれも筆者作成

2.5　栄養教育プログラムの実施

栄養教育プログラムの実施において，計画されたプログラムよって，対象者の食生活改善につながる行動変容を導き出すためには，教育者(支援者)による的確な支援が必要になる。教育者として，対象者と常に良好なコミュニケーションを図り，信頼関係を築いていくことはとても大切なことである。コミュニケーション技術には，言葉や文字による「言語的コミュニケーション」と身ぶりや声，表情などの「非言語的コミュニケーション」がある。いずれもすぐに身に付くものではないため，日ごろの人間関係の中で，会話力を高め，人を深く観察し，理解しようと努力する姿勢を大切にすることが重要である。集団で行う講義形式の栄養教育では，知識や技術を正確に伝えられるようにプレゼンテーション技術が求められる。プレゼンテーションによって，対象者の意欲を引き出し，主体的に行動変容に結び付けられるようにしたい。**表 2.17** に栄養教育におけるプレゼンテーションのポイントを示した。くり返し練習し，技術を習得できるよう努力が必要である。

表 2.17　プレゼンテーションのポイント

観察の視点	観察項目
内　容	内容は教育目標に対して適切なものとなっているか 内容は学習者にとって適切なものとなっているか 話の流れにまとまりがあるか
話し方	発表態度に誠意が感じられるか 重要な点は強調できているか 話すスピードは適切か 言葉づかい(年代，地域等に配慮)は適切か 専門用語，略語の使い方に問題はないか 声の大きさは適切か 対象者の様子を見て話せているか 話の区切りで，間を十分にとれているか 問いかけの場面で，間を十分にとれているか 時間配分は適切か
教　材	配布資料は対象者にとって見やすいか 提示する教材は対象者にとって見やすいか 教材の示し方は適切か

2.5.1　モニタリング

栄養教育におけるモニタリングとは，実施の段階において，プログラムが完了するまで，状況や対象者を継続的に監視(モニタリング)し，

表 2.18　SOAP 形式の記入方法(事例)：栄養食事指導(医療)

事項	記入内容	例
S (subject)	【主観的事項】 面接から得る直接情報について記入する	自覚症状 生活習慣 食生活状況など
O (objective)	【客観的事項】 事前に記入しておく間接的情報について記入する	他覚症状 身体計測値 臨床検査値 食事摂取量など
A (assessment or analysis)	【評価・分析】 S 主観的事項と O 客観的事項の内容から総合的な結果を記入する	高血圧事例 アルコール量について認識がないため量が増加している。など
P (plan)	【具体的計画】 目標設定(結果目標・行動目標) 支援計画，見通しなどを記入する	高血圧事例 ・半年で 3 kg 減量する ・飲酒を週 2 回に減らす ・月 1 回の栄養指導を半年間受ける

出所）松崎政三，寺本房子，福井富穂：チーム医療のための実践 POS 入門，医歯薬出版(2003)を参考に作成

進行状況や問題が生じていないかどうか確認することである。モニタリングを行うことで，プログラム内容を客観的に把握し，トラブルの対応や軌道修正，その後の評価に必要な情報を収集することができる。モニタリング指標として，実施状況については対象者の参加状況，プログラムの進行状況などがある。対象者の状況では，知識，意識，態度，行動，身体状況，周囲の理解・協力などがあげられる。

2.5.2　実施記録・報告

栄養教育に関わるスタッフ全員が，プログラムの実施状況を把握し，共通理解を得るために，実施記録を作成し，報告する必要がある。記録は必ず毎回作成し，次回の改善につながるように課題分析や評価の視点をもって作成する。また，記録の方法として，担当者全員が理解できる共通用語や記録形式を用いることが求められる。集団の栄養教育プログラムでは，事業名，実施日，参加者，実施内容，実施結果，問題点や課題などを明記する。また，各項目について，詳細を別紙資料添付するなどし，簡潔で分かりやすいものにする。個人を対象とした栄養食事指導(医療)では，代表的な記録形式として，SOAP 形式がある。これは POS (problem oriented system：問題志向(指向)システム)の考え方に基づき，対象者の必要な情報を的確に収集・分析し，問題点を明確にすることによって，栄養教育の実践と評価をおこなう記録方法である。これにより具体的な指導プロセスを明らかにすることができる。また，関係する医師や看護師など多職種のスタッフ間で情報を共有することができる。SOAP 形式の経時的記録には，S (subject)主観的事項，O (objective)客観的事項，A (assessment or analysis)評価・分析，P (plan)計画：評価の 4 項目に整理して記録する(**表 2.18**)。

2.6　栄養教育の評価

栄養教育における評価の目的は，プログラムの実施によって得られた結果をもとに次の栄養教育をさらにより良いものにしていくことにある。対象者の目標がどの程度達成できたか，改善点や修正点はどこにあるかなど，幅広い視点で整理し評価する。それにより有効な栄養教育プログラム開発や教育者自身の知識や技術，態度といった教育力の向上につなげることができる。

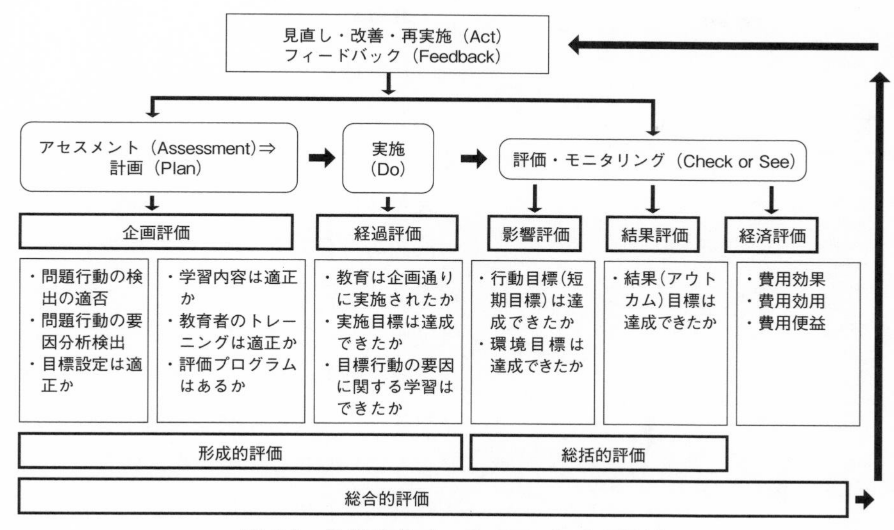

図 2.6　栄養教育プログラムにおける評価

出所）辻とみ子，堀田千津子編：新版ヘルス 21 栄養教育・栄養指導論，121，医歯薬出版（2017）

また，評価は，得られた成果や良い点だけでなく，マイナスの評価結果や明らかになった課題についても報告することが大切である。そして，評価によって得られた内容は報告書に記録し，問題共有することで，スタッフ間のよりスムーズな連携が可能となり，プログラムの改善につなげることができる。

2.6.1　評価の指標と評価基準

栄養アセスメント，計画（Plan），実施（Do），評価（Check），改善（Act）といった，栄養マネジメントすべての段階で適切な評価を実施する（**図 2.6**）。また，その評価結果（企画評価・経過評価・影響評価・結果評価・形成的評価・総括的評価・経済評価・総合評価）は，随時フィードバックをしなければならない。そのためには，それぞれの評価をもとにしたプログラム内容の見直しや改善点の検討，修正をスムーズに行うことができるように企画段階で評価デザインを設計し，評価方法や評価時期など，評価基準をあらかじめ定めておくことが必要である。

評価指標としては，食物摂取についての知識，技術，態度，行動および栄養摂取状況，身体状況や主観的な指標などがあげられる。知識，技術，態度などは比較的短期に変化する。また，これらの変化は，食行動，身体状況の変化につながるものと考えられる。さらに QOL など主観的評価も合わせて評価する。

栄養教育の実施後にあらわれた行動の変化や目標の達成が，そのプログラムの実施によってもたらされたかどうか，客観的な有効性を検証が必要である（**表 2.19**）。そのためにはプログラムの計画段階で，評価デザインを考えておかなければならない。代表的な評価デザインを**図**

表 2.19　4 つの評価デザインの特徴

	内的妥当性	実行可能性
①実験デザイン	高 ↓ 低	低 ↑ 高
②準実験デザイン		
③前後比較デザイン		
④ケーススタディデザイン		

2.7 に示す。

(1) 実験デザイン

最も妥当性の高い評価が得られる方法であり，対象者を**無作為抽出**[*1]し，介入群と対照群に無作為に割付け（**無作為割付**[*2]），両群間の評価指標の値(結果)の変化を比較することにより，プログラムの効果を検証する。平行法と交差法があり，平行法は介入群と対照群の 2 群に分けてプログラムを実施する。交差法は平行法と同じようにプログラムを実施した後，群の入れ替えを行い，期間をずらして同じプログラムを実施する。対象者に対する機会の平等性の面に配慮することがある程度可能であり最も信頼性が高い評価デザインである。

(2) 準実験デザイン

準実験デザインは対象者を無作為割付けでない方法で介入群と対照群に割付け，両群間で評価指標の値の変化を比較することによりプログラムの効果を検証する。対照群は介入群とできるだけ同じ特性（性別，年齢，健康度，生活など）を有する集団が望ましいが，両群間で対象者の選択的な**バイアス**[*3]が生じかねない。準実験デザインを用いた評価の結果は，選択バイアスの影響をふまえて判断される必要がある。

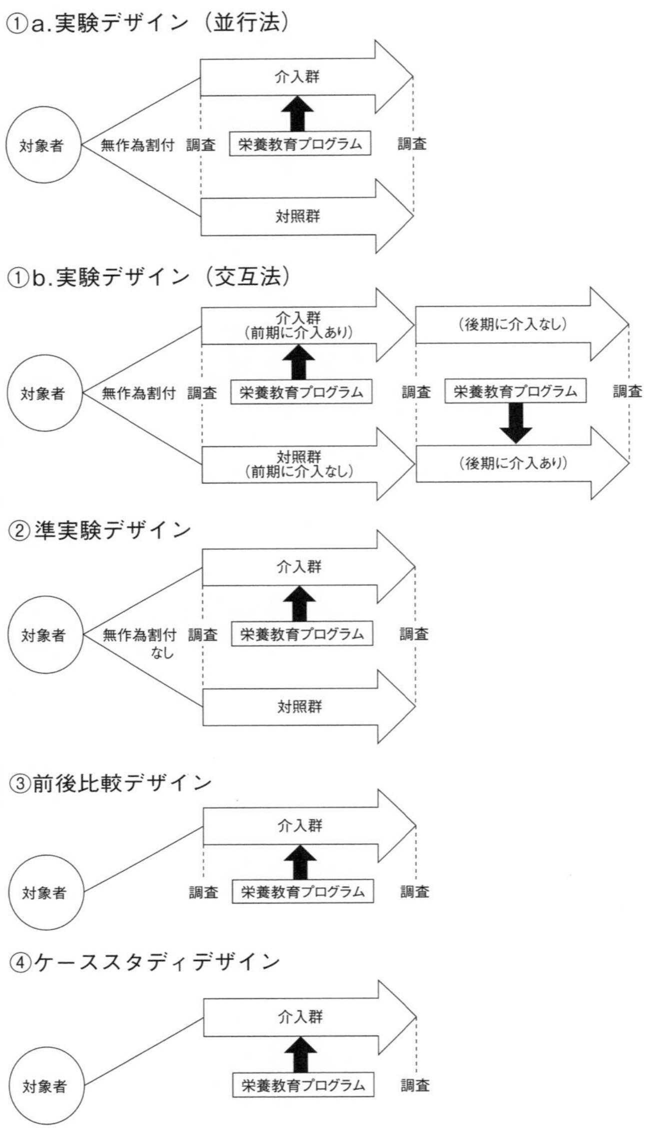

①a. 実験デザイン（並行法）

対象者　無作為割付　調査　介入群　栄養教育プログラム　対照群　調査

①b. 実験デザイン（交互法）

対象者　無作為割付　調査　介入群（前期に介入あり）　栄養教育プログラム　対照群（前期に介入なし）　調査　（後期に介入なし）　栄養教育プログラム　（後期に介入あり）　調査

② 準実験デザイン

対象者　無作為割付なし　調査　介入群　栄養教育プログラム　対照群　調査

③前後比較デザイン

対象者　調査　介入群　栄養教育プログラム　調査

④ケーススタディデザイン

対象者　介入群　栄養教育プログラム　調査

図 2.7　評価デザインの種類

(3) 前後比較デザイン

前後比較デザインは，対象者をすべて介入群とし，栄養プログラム実施前後の評価指標の値(結果)の変化を比較し，プログラムの効果を検証する。対照群を置かないため，その結果が偶然の影響や対象者の変化の影響(反応効果，成熟など)によってもたらされたものである可能性がある。

(4) ケーススタディー

ケーススタディーは，対象者を設けず，栄養教育プログラム(介入)を受けた後の評価指標の値(結果)から効果を評価しようとする

＊1　**無作為抽出**　母集団を構成する個体の全てが，同じ確率で標本(対象者)に選ばれるように工夫された抽出方法である。どのような要素にも影響されず対象者が選ばれることで，主観や好みが混じってはならない。

＊2　**無作為割付**　介入群において効果を検証する際，対象者を無作為に 2 群に振り分けること。介入以外の要因に影響されず振り分けることができる。介入後の比較を公平に行うことができる。

＊3　**バイアス**　結果や推論の真実から系統的に離れた状態にあることをいう。またはこのような状態をもたらす過程を示す。

表 2.20　評価の妥当性に影響を与える要因

抽出バイアス（サンプリングバイアス）	母集団から標本を抽出するときに生じるバイアスを抽出バイアスという。抽出バイアスを減らすためには，無作為抽出を行う必要がある。
選択バイアス	介入群と対照群を選ぶ際に生じるバイアスである。無作為割付を行い，できるだけ基本的属性の類似した対象者を選択するなど，**マッチング**[*1]することによりある程度回避することができる。
測定バイアス	測定環境や方法，器具，測定者が異なるなど測定方法の違いによって生じるバイアスである。同じ測定条件で測定すること，標準化された方法で測定することにより回避することが可能である。
交絡バイアス	評価項目に影響を与える背景因子によっておこるバイアスである。プログラム内容の一部を別の機会に経験したことがある対象者が混じっている場合などに生じる。
反応効果	対象者と教育者の関係によって生じる反応である。教育者の誘導や，繰返し測定を行うなど，結果に反映されるような行動を対象者がとることによって起こる。反応効果は，**盲検化**[*2]することによりその影響を回避することが可能である。
成熟・脱落	時間経過による対象者の成長や経験など成熟は，評価結果の内的妥当性に影響を与える要因となる。また，プログラムの脱落者が多くいる場合も評価結果の内的妥当性は低くなる。

*1　**マッチング**　準実験デザインで評価を行う場合，介入群と対照群が性別や年齢など基本属性や身体状況などが同じになるようにする方法。

*2　**盲検化**　対象者が，介入群と対照群のどちらに割り当てられたかわからないようにする方法。対象者のみにわからないようにする方法を一重盲検化という。対象者，教育者どちらにもわからない方法で行うことを二重盲検化，対象者，教育者，評価者にもわからない方法で行うことを三重盲検化という。

ものである。介入前の調査がないため，比較結果の妥当性は低く，結果を一般化することは難しい。

いずれの評価デザインにおいても評価の妥当性に影響を与える要因として，**バイアス**，偶然，反応効果，対象者の成熟や脱落などがある（**表 2.20**）。

2.6.2　企画評価

企画評価は計画段階における評価であり，栄養教育の計画が的確に行われたか，実施するプログラムの企画に関する評価である。評価の指標として，①対象者のアセスメント段階での分析は適切であったか，対象者のニーズや問題行動の抽出について妥当性を評価する。②設定した課題や目標が対象者にとって到達可能な設定目標であるか，実施回数や時間，学習内容は適しているかなどを検討する。③人材や環境など教育資源は適応しているか，教育者の技術を含めた教育計画について評価する。さらに企画評価の段階で，評価デザインを含め，実施後に行われる評価方法を検討しておくとよい。

2.6.3　経過評価（プロセス評価）

経過評価は実施段階における評価であり，プログラムが計画通りに実施されたかどうかを評価する。評価の指標として，実施状況に関する評価と対象者の学習状況に関する評価がある。実施状況に関する評価では，教材や人材，参加者の人数，場所や時間の経過など計画通りに進行されているか記録し，分析・評価する。プログラムの進行中であっても経過評価を適宜実施することで，的確な修正や改善を行うことができる。

2.6.4　影響評価

影響評価は，知識，関心，態度などの習得状況，食物選択や食行動の変化といった，短期目標の達成に対する評価をいう（学習目標，行動目標，環境目標など）。プログラムの実施によって比較的短期間に起こった対象者の変化を見る。知識の習得や関心態度などは，形成的評価として経過評価の過程でも行われるが，影響評価と重ねて取り扱うこともできる。

2.6.5　結果評価

結果評価は，最終的なプログラムの成果を見る評価であり，中・長期目標に関する評価を行う。評価指標はプログラムの実施によって，健康状態やQOLの向上など実施前に比べて改善できたかを評価する。

2.6.6　形成的評価

形成的評価は，対象者の学習状況について，知識の習得や関心・態度の変化など，教育課程において行われる評価をいう。計画から実施まで，プログラムの流れの中で行われ，対象者のセルフモニタリングデータやアンケートなどを活用するなど，量的・質的に評価をする方法がある。

2.6.7　総括的評価

総括的評価は，栄養プログラムの実施後に行われる評価であり，主に対象者におこった変化を評価する。影響評価と結果評価をあわせて教育効果として評価する。

2.6.8　経済評価

経済評価は，栄養教育の効果を経済的に評価するもので，投じられた費用（金銭的・人的資源）が効果的に活用されたかを評価する。評価の方法として，費用効果分析，費用効用分析，費用便益分析がある（**表 2.21**）。

① 費用効果分析（cost-effectiveness analysis）は，ある一定の効果（体重や血圧，血液検査データなど）を1単位として，そのために必要となった費用を算出し，分析する。例えば，体重1kgを減少（効果）させるために実施した2つの教育プログラムについて，それぞれかかった費用を算出し比較分析する。

表 2.21　栄養教育における経済評価の種類

	結果の指標	分析方法 / 例
費用効果分析 cost-effective analysis	各種の効果 例）体重・血圧 検査結果 罹患率など	・効果1単位当たりの費用 ・費用1単位当たりの効果 例）減量教室A（講義）と減量教室B（実習）について，体重1kg減少するのにかかった費用を比較 減量教室A　10人で5kg減量 費用5万円 体重1kg当たり1万円 減量教室B　6人で10kg減量 費用　8万円 体重1kg当たり8千円 減量教室BはAよりコストが少ない
費用効用分析 cost-utility analysis	各種の効用 例）質的生存年数 QALY：Quality Adjusted Life Years	・効用1単位当たりの費用 ・費用1単位当たりの効用 例）QALY：健康状態の効用を1，死亡を0とした効用値を用いて算出。 治療A　5年生存　効用値0.6 0.6 × 5年 = 3（QALY）
費用便益分析 cost-benefit analysis	金銭（便益）	便益－費用 ・便益1単位当たりの費用 ・費用1単位当たりの便益 例）健康教室を実施費用とそれによって削減できた医療費がある場合 健康教室費用2万円 / 年 / 人 医療費の削減が5万円 / 年間 / 人 5万円－2万円＝3万円

参考）Green, Lawrence W., Kreuter, Marshall W. 著，神馬征峰訳：実践ヘルスプロモーション PRECEDE-PROCEED モデルによる企画と評価，医学書院（2013）
参考）武田英二，雨海照祥ほか著：臨床栄養管理法—栄養アセスメントから経済評価まで—，建帛社（2011）
出所）土江節子編：栄養教育論（第5版），77，学文社（2018）を参考に作成

② 費用効用分析(cost-utility analysis)は，結果の指標である効果の代わりに効用を用いる方法である。効用の代表的な指標として，QOLで調整した質的生存率 **QALY***(Quality adjusted life years)が用いられている。

③ 費用便益分析(cost-benefit analysis)は，教育の効果によって得られた効果を金額に換算にした便益を用いて評価する。医療費の削減や生産性の向上などが対象となる。

＊QALY (Quality adjusted life years：質的調整生存年) 生活の質(QOL)を加味した生存年数で，生存年数に効用値を乗じて求められる。効用値は健康を1，死亡を0とし，さまざまな健康状態はその間の数値として扱われる。

2.6.9 総合評価

総合評価は，栄養マネジメントの各段階における評価結果をもとに，実施されたプログラム全体を評価することである。対象者の健康状態の改善やQOLの向上に関する評価に加え，投入された費用など，経済評価を併せて行い，総合的に評価し，よりよい栄養教育プログラムの開発や実施につなげていく。

【演習問題】

問1 保育園児を対象に，「お魚を食べよう」という目的で食育を行った。学習教材とその内容として，最も適切なのはどれか。1つ選べ。

(2021年国家試験)

(1) ホワイトボードに「さかなは，ちやにくのもとになる」と書いて，説明した。
(2) アジの三枚おろしの実演を見せて，給食でその料理を提供した。
(3) エプロンシアターを用いて，マグロとアジを例に食物連鎖について説明した。
(4) 保育園で魚を飼って，成長を観察した。

解答 (2)

問2 宅配弁当会社に勤務する管理栄養士が，ソーシャルマーケティングの考え方を活用して，利用者への栄養教育用パンフレットを作成することになった。事前に調査を行い，利用者全体の状況を把握した。次に行うこととして，最も適当なのはどれか。1つ選べ。 (2020年国家試験)

(1) 利用者の中のどの集団を栄養教育の対象とするかを決定する(ターゲティング)。
(2) 利用者の特性別に栄養教育のニーズを把握し，利用者を細分化する(セグメンテーション)。
(3) 対象となる利用者に，パンフレットがどのように価値付けされるかを検討する(ポジショニング)。
(4) パンフレットの作成に，マーケティング・ミックス(4P)を活用する。
(5) 利用者への栄養教育前に，パンフレットをスタッフ間で試用して改善する(プレテスト)。

解答 (2)

問3　交替制勤務があり，生活習慣変容が困難だと感じている者が多い職場において，メタボリックシンドローム改善教室を行うことになった。学習者のモチベーションが高まる学習形態である。最も適切なのはどれか。1つ選べ。　(2020年国家試験)

(1) 産業医が，食生活，身体活動，禁煙の講義をする。
(2) 管理栄養士が，夜勤明けの食事について，料理カードを使って講義する。
(3) 健診結果が改善した社員から，体験を聞き，話し合う。
(4) 小グループに分かれて，食生活の改善方法を学習する。

解答 (3)

問4　肥満児童に対する個別指導の内容と目標の種類の組合せである。最も適切なのはどれか。1つ選べ。　(2024年国家試験)

(1) 毎朝体重を記録する。 ―――― 結果目標
(2) 家族が甘い飲み物を買い置きしない。 ―――― 行動目標
(3) 肥満度を改善する。 ―――― 学習目標
(4) 継続的に月1回の頻度で指導を行う。 ―――― 実施目標
(5) 希望があれば，保護者にも個別カウンセリングを行う。 ― 環境目標

解答 (4)

問5　体重増加を目指す大学ラグビー部の学生12人を対象に，栄養教室を3か月で計6回実施した。教室の総費用は60,000円であった。参加者の体重増加量の合計は10 kgであった。体重1 kg当たりの教室の費用効果(円)として，最も適当なのはどれか。1つ選べ。　(2023年国家試験)

(1) 1,000
(2) 5,000
(3) 6,000
(4) 10,000
(5) 20,000

解答 (3)

問6　K市保健センターの管理栄養士である。生後4，5か月児を持つ保護者を対象に，離乳食作りの不安を軽減するための教室を開催した。教室の評価と，評価の種類の組合せである。最も適当なのはどれか。1つ選べ。
(2023年国家試験)

(1) 関係部署との連携により，予算内で実施することができた。
―――― 経過評価
(2) 離乳食作りに必要な器具を揃え始めた保護者が増加した。
―――― 結果評価
(3) 離乳食で困った時に相談できる場所を知っている保護者が増加した。
―――― 影響評価
(4) 育児不安を感じる保護者が減少した。 ―――― 形成的評価
(5) 教室参加者の80％が満足と回答した。 ―――― 企画評価

解答 (3)

問 7　総合病院において，訪問栄養食事指導の事業を開始して 1 年が経過した。事業に対する評価の種類と評価内容の組合せである。最も適当なのはどれか。1 つ選べ。　（2021 年国家試験）

（1）企画評価 ―――― 毎月の指導依頼件数を集計し，推移を分析した。

（2）経過評価 ―――― 訪問した患者と家族へのアンケートから，満足度を分析した。

（3）形成的評価 ――― 1 年分の栄養診断結果を集計し，事業のニーズを再分析した。

（4）影響評価 ―――― 訪問栄養食事指導による収入との比較で，管理栄養士の人件費を分析した。

（5）総合評価 ―――― 初回訪問時と最終訪問時の体重を比較した。

解答（2）

問 8　小学 4 年生児童に，給食の残菜を減らすことを目的とした食育を行った。食育前後の変化と，評価の種類の組合せである。最も適当なのはどれか。1 つ選べ。　（2022 年国家試験）

（1）給食を残すことがもったいないと思う児童の割合が増加した。 ―――― 影響評価

（2）給食室から出たごみの内容を理解した児童の割合が増加した。 ―――― 結果評価

（3）給食を残さず食べる児童の割合が増加した。 ―――― 経過評価

（4）給食をおかわりする児童の割合が増加した。 ――― 形成的評価

（5）学習内容について，手を挙げて発言する児童が増加した。 ―――― 企画評価

解答（1）

問 9　K 市保健センターにおいて，フレイル予防・改善を目的とする 6 か月間の栄養教育プログラムに取り組むことになった。体重，握力および歩行速度を測定し，リスク者を特定してプログラムへの参加を呼びかけた。プログラムの効果を判定するための評価デザインである。実施可能性と内的妥当性の観点から，最も適切なのはどれか。1 つ選べ。

（2020 年国家試験）

（1）プログラム参加者の中からモデルケースを取り上げ，教育前後のデータを比較する。

（2）プログラム参加者の，教育前後のデータを比較する。

（3）プログラム参加者と参加を希望しなかった者の，教育前後の変化量を比較する。

（4）プログラム参加希望者を無作為に参加群と非参加群に割り付け，教育前後の変化量を比較する。

解答（3）

参考文献・参考資料

笠原賀子，川野因編：栄養教育論（第 3 版），47，講談社サイエンティフィク（2012）

木戸康博，小倉嘉夫，眞鍋祐之，青井渉変編：応用栄養学（第 6 版），講談社サイエンティフィク（2020）

厚生労働省：標準的な健診・保健指導プログラム（令和 6 年度版）

全国栄養士養成施設協会，日本栄養士会監修，池田小夜子，斎藤トシ子，川野因編：栄養教育論（第 5 版），第一出版（2016）

武田英二，雨海照祥，佐々木雅也，幣憲一郎，田中清，マリノスエリア：臨床栄養管理法―栄養アセスメントから経済評価まで―，建帛社（2011）

武見ゆかり，赤松利恵編：栄養教育論・理論と実践，医歯薬出版（2018）

田中敬子，前田佳予子編：栄養教育論（第 2 版），朝倉書店（2018）

辻とみ子，堀田千津子編：新版ヘルス 21 栄養教育・栄養指導論，121，医歯薬出版（2017）

ドラッカー，P. F. 著，上田惇生編訳：マネジメント基本と原則，ダイヤモンド社（2001）

日本栄養士会：栄養管理の国際基準を学ぶ
https://www.dietitian.or.jp/career/ncp/（2022.2.18）

日本食生活協会：食生活改善推進員
https://www.shokuseikatsu.or.jp/kyougikai/index.php（2018.9.6）

逸見幾代，佐藤香苗編：三訂マスター栄養教育論，建帛社（2020）

本田佳子，曽根博仁編：臨床栄養学　基礎編（第 3 版），羊土社（2022）

松崎政三，寺本房子，福井富穂：チーム医療のための実践 POS 入門，医歯薬出版（2003）

丸山千寿子，足達淑子，武見ゆかり編：栄養教育論（改訂第 4 版），南江堂（2016）

武藤孝司，福渡靖編：健康教育・ヘルスプロモーションの評価，篠原出版（1998）

Green, Lawrence W., Kreuter Marshall W.: *Health Program Panning: An Educational and Ecological Approach* 4th edition/ 神馬征峰訳：実践ヘルスプロモーション PRECEDE-PROCEED モデルによる企画と評価，医学書院（2013）

Petrie, Aviva, Sabin, Caroline: *MEDICAL SATATISTICS AT A GLANCE, THIRD EDITION*/ 杉森裕樹訳：医科統計学が身につくテキスト，メディカルサイエンスインターナショナル（2014）

3 理論や技法を応用した栄養教育の展開
――多様な場(セッテング)におけるライフステージ別の栄養教育の展開

3.1 保育所・認定こども園・幼稚園における栄養教育の展開

3.1.1 保育所・認定こども園

(1) 特徴と留意点

この章で対象とする「保育所」および「**幼保連携型認定こども園**[*1]」(以下「認定こども園」)は，ともに乳幼児を対象とした施設であるが，その所管や目的には違いがある。

保育所は，厚生労働省の所管であり，その目的は，「保育を必要とする乳児・幼児を日々保護者の下から通わせて保育を行う」ことにあるとしている。一方，認定こども園は，内閣府・文部科学省・厚生労働省の所管であり，その目的は，「義務教育及びその後の教育の基礎を培うものとしての満３歳以上の子どもに対する教育並びに保育を必要とする子どもに対する保育を一体的に行う(略)」ことにあるとしている。つまり，保育所は「保育を目的とし，認定こども園は保育と教育を目的とするもの」として位置づけされている。

このように規定された保育所および認定こども園の食育に関しては，それぞれ以下の資料が基準となっている。保育園では，「保育所保育指針」に基づき運営されることが，もう一方の認定こども園では，「幼保連携型認定こども園教育・保育要領」に基づき運営されることが求められているが，両者の食育推進の内容に大きな違いはなく，食育は保育の一環として行うこと，また食育に関わるすべての関係者は，以下の点に留意することが示されている。

1. 健康な生活の基本として食を営む力を育成すること
2. 日々の生活のなかから食を楽しむ心を育成すること
3. 乳幼児期にふさわしい食の援助計画を立てること
4. 食材の理解，調理員等への感謝の心を醸成すること
5. 保護者や地域，および行政機関と連携すること
6. 乳幼児個々人の心身の状態に適切に対応すること

全体として「食を営む力」を育むことが求められている。「食を営む力」は，「生涯にわたって健康でいきいきとした生活を送る基礎」であるとした「**楽しく食べる子供に～保育所における食育に関する指針**[*2]」(以下，指針と略す)に規定されている。

食育を促進する背景には，現代社会の食に関するさまざまな問題がある。

*1 **幼保連携型認定こども園**
認定こども園には４つの型があり，幼保連携型認定こども園はその１つである。
幼保連携型認定こども園以外にも，幼稚園型認定こども園，保育所型認定こども園，地方裁量型認定こども園があり，保護者のさまざまなニーズに合わせて選択が可能となっている。

*2 **楽しく食べる子どもに～保育所における食育に関する指針**
現代社会における食の問題を踏まえ，厚生労働省が発表した指針である。乳幼児期から，生涯にわたって健康でいきいきとした生活を送る基礎となる「食を営む力」を培うための，具体的な食育のねらいと内容が詳細に記載されている。

指針の冒頭には「乳幼児期以降の学童期，思春期をみると，朝食欠食等の食習慣の乱れや，思春期やせに見られるような心と体の健康問題が生じている現状」があるとしている。また，子どもの生活習慣病の若年化なども生じている。加えて，社会の急激な変化に伴い，価値観が多様化し，人間関係が複雑化している。こうした状況を踏まえ，「保育所における食事の提供ガイドライン」(以下，ガイドラインと略す)では，「乳幼児期から正しい食事のとり方や望ましい食習慣の定着及び食を通じた人間性の形成，家族関係づくりによる心身の健全育成を図っていく」ことを，喫緊の課題としている。保育士，保護者，地域，さらには専門的な職域の関係者と協働して進める。食育は，これからの社会を担う世代の育成のためにもっとも基本的で重要な要素である。管理栄養士・栄養士への期待は大きい。

(2) 進め方・実際

初めに，栄養教育の目標を明確にするため，対象者あるいは対象集団の健康・栄養状態をアセスメントし，改善すべき課題を抽出する。加えて，改善すべき課題の原因となっている行動や環境要因も明らかにする。次に，改善すべき課題の優先順位を決定し，課題を改善するための計画(P)を作成し，実施(D)し評価(C)を行い，さらに改善(A)していく(**PDCA サイクル**)。

1) アセスメント

栄養アセスメント項目は，大きく２つに分けられる(**表 3.1**)。

１つめは「個人的要因」である。身体計測では，在胎週数や出生時の身長，体重などを測定する。身長，体重より作成できる**身長・体重曲線**[*1]は，何らかの疾病，肥満，やせなどが起きていないかなどの確認に役立つ。臨床診査では，食欲，外見的な健康状態などについて聞き取りや身体観察により確認し，臨床検査では，疾病をもつ乳幼児であれば，疾患に応じた臨床検査値を確認する。食事調査では，月齢や年齢に応じて，乳汁，離乳食，幼児食の摂取量を確認する。家庭での食事量も連絡帳などから収集する。乳幼児の食事内容

＊1　**身長・体重曲線**　「体重成長曲線」と「身長成長曲線」を１つの図に合わせて記載した図である。横軸は年齢，縦軸は身長および体重である。測定毎に該当する年齢の箇所へ身長・体重を書き入れていくことで，乳幼児の成長の様子が経時的に分かるようになっている。

＊2　乳幼児の体格評価に用いられる指標である。計算式は「カウプ指数＝体重(kg)÷身長(m)^2」である。カウプ指数の値は，月齢とともに変動していくため，BMI パーセンタイル曲線でも体格を確認していく(p.99 参照)。

表 3.1　乳幼児のアセスメント項目

個人要因	身体計測	在胎週数，頭囲，胸囲 出生時から現在までの身長・体重(身長・体重曲線) 体格指数(**カウプ指数**)＊2，など
	臨床診査	既往歴(食物アレルギー有無など)，食欲， 皮膚・頭髪・爪，眼，口唇，味覚，浮腫，体温，排泄など
	臨床検査	血液生化学的検査，生歯の状況，咀嚼・嚥下機能，既往歴
	食事調整	乳汁栄養法の種類と哺乳量，離乳の開始時期や進行状況， 家庭での食事摂取量
環境要因	家族	保護者の食生活における知識，技術，価値観，興味，関心度
	地域	利用可能な市町村のサービス内容， 保育者の勤務先における支援体制

や量については，厚生労働省 **授乳・離乳の支援ガイド**[*]を参照し確認していく。食事調査の結果は，身体計測による発育状況，臨床診査，臨床検査の結果と必ず照合して，乳幼児の健康栄養状態の確認を行う。

2つめは，「環境要因」である。子どもの食は，周りの理解と支援のもとに成り立っている。そのため，保護者の食に関する価値観や知識，技術などもアセスメントの対象とする。さらには，保護者のみに依存するのではなく，地域の行政や保育者の勤務先の保育支援体制がどの程度利用可能なのかについても確認を行う。

次に，課題抽出を行う。治療が必要となる課題がある場合は，適切な医療機関への受診を進める。また，課題の抽出の際には，指針に(**表3.2**)，目指すべき子どもの姿が5つ挙げられているので，この姿を念頭に，取り上げるべき課題かを確認する。

＊厚生労働省が作成したガイドで，妊産婦や子どもにかかわる保健医療従事者が基本的事項を当事者と共有し，授乳・離乳における支援を効果的に進めることを目的としたものである。保健医療従事者とは，医療機関，助産所，保健センター等の医師，助産師，保健師，管理栄養士等を指す。引用：授乳・離乳の支援ガイド
https://www.mhlw.go.jp/content/11908000/000496257.pdf
(2024.3.10)

表3.2　保育所における食育の目標

1　お腹がすくリズムのもてる子ども
2　食べたいもの，好きなものが増える子ども
3　一緒に食べたい人がいる子ども
4　食事づくり，準備にかかわる子ども
5　食べものを話題にする子ども

上にかかげた子ども像は，保育所保育指針で述べられている保育の目標を，食育の観点から，具体的な子どもの姿として表したものである。

出所）厚生労働省：楽しく食べる子どもに～保育所における食育に関する指針(概要)(2004)

まずはお腹がすく身体と生活リズムを身につけたうえで，好物を家族や先生，友人と楽しむ。そして，料理に参加することによって知識や感謝の心を育む。

さらに，ガイドラインでは，上記食育の目標を，より具体化したものとして5つの「ねらい」および「内容」を提示している(**表3.3**)。

表3.3　食育目標を達成するための5つの「ねらい」および「内容」

〈3歳以上児〉
- 「食と健康」：食を通じて，健康な心と体を育て，自らが健康で安全な生活をつくり出す力を養う
- 「食と人間関係」：食を通じて，他の人々と親しみ支え合うために，自立心を育て，人とかかわる力を養う
- 「食と文化」：食を通じて，人々が築き，継承してきた様々な文化を理解し，つくり出す力を養う
- 「いのちの育ちと食」：食を通じて，自らも含めたすべてのいのちを大切にする力を養う
- 「料理と食」：食を通じて，素材に目を向け，素材にかかわり，素材を調理することに関心を持つ力を養う

出所）厚生労働省：保育所における食事の提供ガイドライン，26(2012)

ここに挙げられているキーワードは，食と健康，人間関係，文化，いのちへの感謝，料理と多岐にわたっている。食育が，子どもの多様な側面の発達に寄与するものであることを念頭に，具体的な目標の設定を進めていく。

2） 目標設定

最終的に達成したい長期目標と，この目標を達成するための中間目標を，**表3.1**および**表3.2**を念頭に，設定していく。なお，3歳未満児については「その発達の特性目標からみて，**表3.2**に示す5つの各項目を明確に区分することが困難な面が多いので，5項目に配慮しながら一括とする」ことが「指針」に記載されている。例えば，6か月未満児では，「お腹がすき，満足できるまでゆったりと母乳やミルクを美味しく飲める環境を作る」，6か月～1歳3か月未満児では「お腹がすき，乳を吸い，離乳食を喜んで食べ，心地よい生活を味わう」など，年齢によって適切な目標を設定する。1歳3か月から3歳未満については，省略するが，「指針」に詳細に記載されているので，そちらを参照されたい。

3） 計画（Plan）

具体的な計画として考慮しなければないことは数多い。そのなかでも，保育所や認定こども園に求められているのは，保育の一環として食育を行うことと，食育に関係する専門的な知識や技能をもった職員が協働で食育に参画することである。たとえば，調理員は**必置義務**[*]があるが，管理栄養士・栄養士の必置義務はない。しかし，理想とする食育を実現するため，専門的な知識を有する管理栄養士・栄養士が必須である。さらには，障害，特別な疾患を持つ乳幼児も想定して，看護師，医師などの専門家の協働も必要である。保育士や調理員だけではなく，管理栄養士・栄養士，用務員，看護師，医師などにより食育チームを構築し，参画者の役割と作業内容を明確にした手順書を作成することが求められる。

食育の内容は，食材の栽培，収穫や地産地消などを食育の一環として計画する。

*＊***必置義務**　法令によって職員などを必ず設置するよう求めたものである。調理員は，児童福祉法にて保育所には置かなければならないと定められている。引用：児童福祉法　https://elaws.e-gov.jp/document?lawid=323M4000100063（2024.2.10）

4） 実施（Do）

上記の計画（Plan）に則って，人員，食材・機材，衛生環境を整え，調理実習は，調理器具や火器などへ細心の注意を払う。

実施について，あとのモニタリングのために，随時記録することも重要である。ビデオ等で記録することが望ましい。

また調理のみならず，配膳や食事のマナー，片付けなどにも配慮し，計画，記録する。

5） モニタリング・評価（Check）

「ガイドライン」によれば，保育所の食事提供や，保育所における食育について，関係者が評価するためのチェックリストが提示されている。評価のポイントを要約したものを下記**表3.4**に示す。

ガイドラインは，これらを5段階で評価することとしている。それぞれの

表 3.4　評価のポイント

1　食育のアセスメントや目標に合致した「食育の計画」を作成しているか
2　食育構成人員の役割と作業内容，および責任の所在が明確になっていたか
3　乳幼児期の発育・発達に応じた食事の提供になっているか
4　子どもの生活リズムや身体的・精神的状況に合わせた食事が提供されているか
5　子どもの食事環境や食事の提供の方法が適切であったか
6　保育所の日常生活は，食を体験し，食に肯定的な意識を醸成させるものであるか
7　食育を文化的な活動として学ぶための，配慮がなされていたか
8　食を通した保護者への支援がされているか
9　地域の保護者に対して，食育に関する支援ができているか
10　保育所あるいは認定こども園と関係各機関との連携がとれているか
改めて保育所の食事の提供や保育所における食育について振り返り，より豊かな「食」の質の充実を目指すことを目的とした評価のためのチェックリスト

出所）厚生労働省：保育所における食事の提供ガイドライン 15)，61-64(2012)　筆者が，ガイドラインを参照のうえ改変

関係者が気づいたことを自由記述し集約することも有意義である。

また，計画の具体的な内容，たとえば，料理の妥当性，食材の選定，衛生の管理，調理器具の選定と使用，調理の方法，など，手順書にしたがって再検討することも重要である。

6)　改善（Action）

実践によって得られた気づきは，計画をより緻密で効果的なものへと発展させ，貴重である。評価の結果を，次の計画に取り込んでいく。

計画，実施，モニタリング，改善，いわゆる「PDCA サイクル」を繰り返すことにより，よりよい食育が実施できる。

(3) 具体例：認定こども園

対象：3 歳児クラス（約 30 名）

1)　アセスメントと課題の抽出

対象集団では，健康栄養状態には問題はないが，ピーマンに対するマイナスイメージをもつ児が多く，①②③の 3 つの課題が挙げられた。そのため，表に示す目的に決定した。

基本情報	3 歳クラス（30 名程度）	
個人要因	身体計測	出生時の身長と体重，出生時から現在までの身体計測値 園での定期的な測定にて成長を確認。特に問題はなし。
	臨床診査	食欲などを確認。特に問題はなし。
	食事調査	園や家庭での食事摂取量などを確認。特に問題はなし。
環境要因	家族	家族構成確認，保護者の食生活における価値観などを確認。
	地域	家庭で野菜を栽培している家はなし。
課題	①野菜（特に緑ピーマン）を使用した副菜を残す子どもが多い。 ②ピーマンに対して「苦い，色が嫌い，まずい」などのマイナスイメージの発言をする子どもの割合が多い。 ③ピーマンを食べたことがなく，食わず嫌いの児も存在している。	
最優先課題	①野菜（特に緑ピーマン）を使用した副菜を残す子どもが多い。	
目標の決定	子どもが，ピーマンに対する興味と，食材への感謝を深める体験を行うことで，ピーマンに対するマイナスイメージを改善させ，最終的に野菜（特に緑ピーマン）を使用した副菜を残す子どもの割合を減らす。	

出所）杉山みちこ，赤松利恵，桑野稔子編：カレント栄養教育論，建帛社（2021）

2) 目標設定

本集団では，表に示す目標を設定した。

目標の種類	内　容	現状(%)	目標値(%)
結果目標	野菜(特に緑ピーマン)を使用した副菜を残す子どもの割合を減らす。	80	50 以下
行動目標	栽培中のピーマンの水やり，観察をするこどもの割合を 80 %以上とする。	0	80 以上
環境目標	野菜(特に緑ピーマン)を使用した副菜を調理する過程を，子どもに見せる機会を増加させる。	2 回/月	4 回/月
学習目標	野菜(特に緑ピーマン)は元気な体をつくる食材であることを知る子どもの割合を増やす。	20	80 以上
実施目標	各プログラムを楽しく取り組んでいる子どもの割合を 90%以上とする。 年間で 4 回のプログラムを実施する。	0 0 回/年	90 以上 4 回/年

3) 計画書作成

本集団におけるプログラムの名称は「ハンバーガー作戦」とし，6W2H を明確に作成した。

プログラム名	ハンバーガー作戦 ～育てて，切って，炒めて，つまんで，挟んで，たのしく，おいしくたべてみよう～(全 4 回)
Why 栄養教育目的	子どもが，ピーマンに対する興味と食材への感謝を深める体験を行うことで，ピーマンに対するマイナスイメージを改善させ，最終的に野菜(特に緑ピーマン)を使用した副菜を残す子どもの割合を減らす。
Whom 対象者	園の子ども，3 歳クラス(30 人程度)。
What 実施内容	子どもが，ピーマンに対する興味と食材への感謝を深めるために，「ピーマンと体の関係を知る」，「ピーマンがどの様に調理されるのかを知る」，「自らピーマンを苗から栽培する」としたプログラムを実施する。
Where 実施場所	全て園内で行う。
When 時期・期間・時間帯	「ピーマンと体の関係を知る」，「ピーマンがどの様に調理されるのかを知る」の回は，園内で随時行う。 「自らピーマンを苗から栽培する」の回は，ピーマンの生育時期にあわせ行う。苗植えは 5 月上旬から，収穫時期は 6 月～ 10 月ごろまでとし，気候に合わせて随時実施する。 「収穫，調理，試食会をする」の回は，保護者も参加するため土・日の午前 10:00 から 13:00 とする。
How 共通理解を得る方法	プログラム内容については，園内会議にて実施者全員(保育士・管理栄養士・栄養士・調理員)が把握できるように状況共有を行う。保護者には，お便りと保護者会にてプログラム内容を伝える。
How much 予算	苗や栽培に必要な物品の費用は，1 万 5 千円とする。 ピーマン以外のハンバーガーの食材は給食費の中から算出する。
Who 実施者	保育士・管理栄養士・栄養士・調理員とする。

教育プログラム計画

プログラム「ハンバーガー作戦」は，全 4 回とし内容と担当者を確認した。

回数	内　容	担当者(連携者)
1	「ピーマンと体の関係を知る」 紙芝居を使用し，ピーマンは元気な体をつくる食材であることを説明する。	管理栄養士・栄養士・保育士
2	「ピーマンがどの様に調理されるのかを知る」 野菜(特に緑ピーマン)を使用した副菜を調理する過程を子どもに見せる。	調理員・管理栄養士・栄養士
3	「自らピーマンを苗から栽培する」 体験活動：苗植えを実施する。その後の栽培期間は，水やり，観察を行う。	保育士・(地元の苗販売業者)
4	「収穫，調理，試食会をする」 参加者全員で，収穫し，炒めたピーマンやその他の具材をバンスに挟みハンバーガーにして食べる。	管理栄養士・栄養士・保育士・調理員

4) プログラム実施

第４回「収穫，調理，試食会をする」

例として第４回目の活動内容や留意点を下表に示す。

時間	実施内容	留意点
導入	活動準備(今日の目的や約束ごとの確認，身支度など)を行う。	子どもの安全確保に注意する。
収穫・調理	収穫前のピーマンを観察した後，収穫する。 収穫後は，管理栄養士・栄養士がピーマンを輪切りにし，子どもはその様子を観察する。 みんなで輪切りにしたピーマンの断面，香，色を観察し，その後，炒める。	食材の形，香，色などを体感で理解につながるように声掛けをする。 衛生面に注意する。
試食会	参加者全員(子ども，保護者，保育士，管理栄養士，栄養士，調理員)で，ピーマンやその他の具材をバンスに挟み，ハンバーガーにして食べる。 ピーマン以外の具材(バンス，ハンバーグなど)は，園の調理室で事前に準備しておく。	美味しい気持ちを大切にし，苦手なピーマンへの気持ちが変わることにつながるよう声掛けをする。 楽しい思い出を作る。 食材，調理機材，食器の衛生管理に注意する。
片付け	参加者全員で，片付けを行う。	子どもが片付けに参加することで，食事への主体性が養われるように声掛けをする。
振り返り	次は，どのような野菜を育ててみたいのか話し合ってみる。 収穫したピーマンは，それぞれ各家庭へ持ち帰り，家庭で食べてもらう。	単発で終わらせず，意欲と主体性を育むことで，野菜を使用した副菜を残す子どもの割合の低下につなげる。 各家庭での取り組みを支援する。

5) 評　価

今回はプログラムを通し最終的に野菜(特に緑ピーマン)を使用した副菜を残す子どもの割合を目標達成値まで減らすことができた。

評価名	内　容
企画評価	プログラム実施のための人材は確保できた
経過評価	保護者から，「帰宅した子どもからピーマンの水やりをしたことの報告がよくあった，家庭でも食育のためにベランダ菜園をしてみようと思う」などの声が聞かれた

評価名	目標名	評価指標	開始時(%)	結果(%) 目標値	判定
影響評価	行動	栽培しているピーマンの水やり，観察をする子どもの割合を 80 %以上とする	0	80	目標達成
	環境	野菜(特に緑ピーマン)を使用した副菜を調理する過程を子どもに見せる機会を増加させる	2 回/月	4 回/月 4 回/月	目標達成
	学習	ピーマンは元気な体をつくる食材であることを知る子どもの割合を増やす	20	90 80 以上	目標達成
	実施	各プログラムを楽しんで取り組んでいる子どもの割合を 90%以上とする	0	100	目標達成
		年間で４回のプログラムを実施する	0 回/年	4 回/年	目標達成
結果評価	結果	野菜(特に緑ピーマン)を使用した副菜を残す子どもの割合を減らす	80	50 50 以下	目標達成

6) 改　善

プログラム実施中には，保育士，調理員，管理栄養士・栄養士などが，各自の担当分野において実施内容を評価し，問題があれば改善し実施していく。本例における管理栄養士・栄養士では，教育プログラム１回目に紙芝居を使用して子どもに説明をする食育指導がある。子どもの様子を見て，紙芝居の内容が伝わっていない場合には，紙芝居の内容を改善していく。

コラム 7　栄養士の必置義務

栄養士は，調理員とは異なり，保育所においては必置義務のない職種である。実際，栄養士の設置状況は，決して多くない。一般社団法人日本保育園保健協議会が 11,415 施設の保育所を対象に行った調査（保育所における食事の提供に関する全国調査／平成 23 年）では，栄養士が配置されている保育所は全体の 42 %，配置されていない保育所は 57 %，無回答は 2 %であった。半数以上の保育所において，栄養士が配置されておらず，栄養士の食に関する専門的な知識と技能が活かせていないことがわかる。

栄養士は，「保育所保育指針」では「健康及び安全にかかわる専門的な技能を有する職員」と規定され，栄養士には，食育の計画・実践・評価に始まり，子どもの栄養管理，保護者や職員への栄養・食生活に関する相談や助言など，多岐にわたる役割が期待されている。にもかかわらず，上記の配置の状況である。こうした現状のなかで，栄養士は，保育所に勤務した経験やそこから得られた知見を実践事例として積極的に報告することが，栄養士の必要性への理解となり，保育所への管理栄養士・栄養士の配置へとつながる。

3.1.2　幼稚園

(1) 特徴と留意点

1)　幼稚園と食育・給食の意義

幼稚園は文部科学省所管であり，**学校教育法**[*1]には，その目的は「幼児を保育し，適当な環境を与えて，その心身の発達を助長すること」とされ，機能・役割は「満 3 歳から小学校就学の始期に達するまでの幼児を対象に教育を行う学校」と規定されている。幼稚園は小学校以降の生活や学習の基盤を培う学校教育の始まりとしての役割を担っている。教育内容は「幼稚園教育要領」に示されており，「2 章 ねらい及び内容」に**10 項目の内容**[*2]が掲げられている。食育はその(5)の「先生や友達と食べることを楽しむ」に該当する。健康な心と体を育てるためには食育を通じた望ましい食習慣の形成が大切であり，食育は，「和やかな雰囲気の中で教師や他の幼児と食べる喜びや楽しさを味わったり，様々な食べ物への興味や関心をもったりするなどし，進んで食べようとする気持ちが育つようにすること」と記載されている。

具体的には，園児は栽培活動・クッキング保育・給食時間を通じて，自ら食べるものがどのように作られ，調理され料理として提供されるかを体験的に学ぶ。世界で最初に幼稚園を創設した**フレーベル**[*3]の園でも多くの作物や花が栽培されていたという記録がある。給食の時間では，園児が初めて食べる料理が提供されることがあるため，**食物新奇性恐怖症**[*4]が生じ，摂食が進まない場合もある。しかし，給食の時間にクラスの友達や教諭と食べる楽しさや喜びを知るうちに，家庭の食事より多くのものが食べられるようになることもある。

食育の実施に当たっては文部科学省『食に関する指導の手引（第二次改訂版）』(2019) に従う。この手引きには，学校における食育の必要性，食

＊1　保育所は厚生労働省管轄で，児童福祉法に基づく。

＊2 「幼稚園教育要領 2 章ねらい及び内容」の 10 項目の内容
(1) 先生や友達と触れ合い，安定感をもって行動する。
(2) いろいろな遊びの中で十分に体を動かす。
(3) 進んで戸外で遊ぶ。
(4) 様々な活動に親しみ，楽しんで取り組む。
(5) 先生や友達と食べることを楽しむ。
(6) 健康な生活のリズムを身に付ける。
(7) 身の回りを清潔にし，衣服の着脱，食事，排泄などの生活に必要な活動を自分でする。
(8) 幼稚園における生活の仕方を知り，自分たちで生活の場を整えながら見通しをもって行動する。
(9) 自分の健康に関心をもち，病気の予防などに必要な活動を進んで行う。
(10) 危険な場所，危険な遊び方，災害時などの行動の仕方が分かり，安全に気を付けて行動する。

＊3　**フレーベル（ドイツ，1782-1827 年）**　世界初の幼稚園（Kindergarten）を創設した。「人間の教育」の初めにおいて最も大切な教育は「感覚の陶冶」であるとし，感性や感情を豊かにし，善悪を判断できる知性を開発し，人間的価値を志向・探究する理性の発達が促される教育を目指した。遊戯室や花壇，菜園などがある現代の幼稚園のスタンダードはこの園から始まったとされている。

＊4　**食物新奇性恐怖症（Food Neophobia）**　初めて見る食品に対し，恐怖心をもち警戒することをいう。ライフステージの中では，幼児期にピークを示す。

に関する指導の目標・全体計画・基本的な考え方や指導方法，食育の評価について示されている。また，学校給食法10条には，「校長は，当該指導が効果的に行われるよう，学校給食と関連付けつつ当該義務教育諸学校における食に関する全体的な計画を作成することとその他必要な措置を講ずるものとする」と規定されている。しかし，幼稚園は小学校等と異なり，栄養教諭や管理栄養士・栄養士が配置されているところは少ない。食育を通じ健康な心と体の幼児を育てるために栄養教諭や管理栄養士・栄養士の配置が望まれる。

2）幼児の発育・発達の特徴

幼児とは，1歳から5歳（就学前）までの子どもを指し，1～2歳を幼児前期，3～5歳を幼児時後期とする。運動機能，精神機能の発達が目覚ましい時期である。鬼ごっこなど外での活動（粗大運動）を増やすことで空腹感を感じさせる。食器具の持ち方など（微細運動）により発達状況を確認することができる。幼児期後期では箸を使用する頻度を増やす。また，口腔機能，消化機能は未熟であり，献立は大人と同一であっても，食物の大きさや硬さはその幼児の状況を考慮する[*1]。

スキャモンの発育曲線[*2]に示されるよう，この時期は脳の発達が急速である。適切な栄養摂取とともに，規則正しい生活習慣を身につける。正しい睡眠習慣は，精神機能・身体疲労の回復やホルモン分泌に伴う身体発育を促す。質・量共に適切な睡眠が重要である。

さらに，知能の発達により言語を理解して行動ができるようになる。とくに，幼児後期は幼稚園生活により家族以外の人との交流を学ぶ時期である。

3）保護者への教育

幼児の食生活は保護者に依存しているが，保護者の年代の20代から40代は，食に関する知識や料理の技術がさまざまである。また，「**第4次食育推進基本計画**[*3]」の「食育の推進に関する施策についての基本的な方針」の重点項目に，生涯を通じた心身の健康を支え，国民が生涯にわたって健全な心身を培い，豊かな人間性を育むためには，すべてのライフステージに対応し食育を推進することが重要とされている。このような観点から，保護者への栄養教育が重要である。

（2）進め方・実際

1）アセスメント

園児の発育・発達状況についは個人差が大きい。下記により情報を収集し個人および集団（幼稚園）の課題や問題点を抽出する。

① 客観的情報：幼児や保護者を対象にした調査結果
　　　　　　　健康診断（身体計測など）・歯科検診の結果
　　　　　　　公共機関が実施した調査（健康栄養調査・**エコチル調査**など[*4]）

＊1　詳細は「教育・保育施設等における事故防止及び事故発生時の対応のためのガイドライン【事故防止のための取組み】～施設・事業者向け～」に記載。

＊2　**スキャモンの発育曲線**　身体の発育は臓器によって異なるため，組織や器官の重量変化を4型に分類し，20歳の時の発育を100％として各年齢における百分率で表している。

＊3　**第4次食育推進基本計画**　平成17年6月に食育基本法が制定され，さまざまな形で食育が推進されてきた。高齢化と健康寿命の延伸，SDGs，食料自給率の問題など食に関する課題は時代とともに変化し，解決に向かわなければならない問題が山積している。令和3年からおおむね5年間を計画期間とし，ICTの活用などを取り入れた新たな計画がスタートしている。

＊4　**エコチル調査**　環境省は10万組の子どもとその保護者を対象に大規模な疫学調査「子どもの健康と環境に関する全国調査（エコチル調査）」を2011年より実施している。「エコロジー」と「チルドレン」を組み合わせて「エコチル調査」としている。胎児が13歳になるまで，定期的に健康状態を確認し，環境要因が子どもたちの成長・発達にどのような影響を与えるのかを明らかにする調査。

② 主観的情報：過去の実施記録や職員会議の記録
　　　　　　　幼児・保護者・担任教諭の意見

2) 目標設定

個人を対象とした栄養教育では，幼児・保護者の達成感が得られるように，できる限り幼児・保護者自身が目標を設定するようにする(自己決定・行動契約)。幼稚園全体を対象とした栄養教育では，前年度までに実施した内容を踏襲し修正を加え，さらに発展するように設定する。

また，設定した目標の現状を把握し，目標を何パーセント達成するか割合を決めておく。評価では決めておいた割合を達成できたかなどについて行う。

3) 計画・実施（Plan・Do）

幼稚園全体を対象とした栄養教育では「食育推進組織」を設置し，Who(管理栄養・栄養士・担任幼稚園教諭)が，Whom(幼稚園児・保護者)に，What(間食の摂り方など)を，When(いつ)，Where(保育室・遊戯室・調理室)，Why(間食が糖質・脂質に偏っているので改善するなど)，How(講義・グループワーク・調理実習)，How much(調理実習費一人当たり300円など)を計画し，スタッフ全員に計画内容を周知する。給食時間の栄養教育(給食指導や給食参観)についてもこれに準じ計画する。

6W2Hに沿い計画することにより，園児が実施する事項および教諭・管理栄養士・栄養士・調理員の業務分担や連携が明確となる。給食時間の栄養教育においても各幼児の発育・発達や食嗜好に合わせて，食器具の種類や摂食量を計画・実施する。肥満・偏食や疾患をもつ場合は，幼稚園医・主治医と連携し計画する。

表3.5は，幼稚園における食に関する教育の全体計画例である。内容については，「楽しく食べる子供に～保育所における食育に関する指針(厚生労働省)」の3歳以上児の食育のねらいおよび内容：「食と健康」「食と人間関係」「食と文化」「いのちの育ちと食」「料理と食」と一致させてある(**図3.1**，**表3.5**)。また，市町村主催の地域の食育フェスティバルなどにも協力し保護者への参加を促す。

4) モニタリング・評価（Chek）

幼稚園全体を対象とした栄養教育では，教諭・管理栄養士・栄養士・調理員が共に振り返り評価結果を共有する。

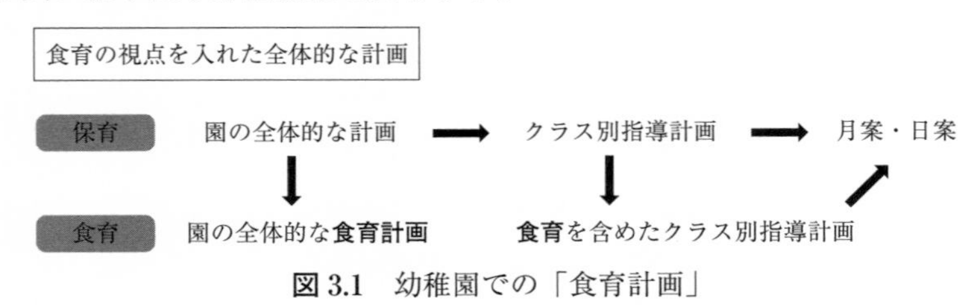

図3.1　幼稚園での「食育計画」

出所）筆者作成

表 3.5　食に関する指導の全体計画

	4月	5月	6月	7月	9月	10月	11月	12月	1月	2月	3月
行事	入園・進級式	こどもの日 内科検診	歯科検診	プールあそび 七夕 お泊り保育 夏祭り		いも掘り 運動会 たこフェリー	シルバーカレッジ	音楽であそぼう クリスマス会 餅つき		劇あそび 豆まき	卒園式
ねらい	園での食事に慣れる 衛生面に関心をもつ				いろいろな種類の食品に親しむ 健康的な食習慣を身につける				食事を楽しむ		
内容：食と健康	手洗いの仕方を身につける 歯磨きの大切さを知り，歯磨きの仕方を身につける 食べ物と体の関係に関心をもつ				健康な生活リズムと，食べ物と健康の関係を知る さまざまな食べ物を進んで食べる				食事をすることの意味がわかり，楽しんで食事をとる		
内容：食と人間関係	食事の仕方を身につける 保育者や友達と一緒に楽しい雰囲気の中で給食を食べる				友だちと一緒に楽しんで食事をし，自ら進んで食べる				友だちと会話を楽しみながら食事をする		
内容：食と文化	食前・食後のあいさつをする 食材に旬があることを知り，季節を感じる				地域で採れる食材を生かした料理を味わう				伝統行事から伝統食の意味を知り，伝統に触れる		
内容：いのちの育ちと食	栽培物の生長に関心をもち，収穫を楽しむ				自分たちで育てた栽培物を食べ，収穫の喜びを味わう				食べ物をみんなで分け，食べる喜びを味わう		
内容：料理と食	身近な食材にふれ，食への興味や関心をもつ 料理の楽しさを知り，調理保育に参加する				食事をするのに必要な準備や後片づけを知り，自分でする 食への興味や関心をもつ				食べたいものをみんなで考える 食事が楽しくなるような雰囲気を考える		
配慮事項	食前・食後のあいさつを促す ゆったりとした雰囲気で食事ができるようにする 暑さに負けない体づくりの方法を伝える 収穫物を通して，食べ物の大切さを知らせる				食べ物と健康の関係を知らせる 食事の仕方について知らせる クッキング保育を通して，食に対する興味や関心をもたせる				いろいろな媒体を使用した食育指導で食への興味や関心を，より深める 望ましい食習慣を身につけさせる 寒さに負けない体づくりの方法を伝える		
クッキング保育		親子でクッキー作り	カレーパーティー		枝豆パン教室	スイートポテトパーティー	おにぎりパーティー		おでんパーティー		
給　食			おにぎり給食	七夕メニュー		蛸飯 ハローウィン		クリスマスメニュー	おせち料理 おでん	手巻き寿司	ちらし寿司
栽培	じゃがいも 玉葱 →	トマト　ミニトマト ピーマン　かぼちゃ なす　えんどう豆 きゅうり　ゴーヤ すいか　米 →	さつまいも →		大根 →				じゃがいも →		
保護者とともに	献立作成 食生活・アレルギー調査 身体検診	献立作成 食育講演会 身体検診	献立作成 身体検診	献立作成 身体検診	献立作成 身体検診	献立作成 身体検診	献立作成 身体検診	献立作成 身体検診	献立作成 身体検診	献立作成 料理講習会 身体検診	献立作成 食生活調査 身体検診

出所）筆者作成

企画評価	幼児・保護者に実施・提供した栄養教育内容は適切であったか。
経過評価	プログラムは予定通り進んだか。幼児・保護者のプログラムの満足度はどの程度であったか。
影響評価	プログラム終了後，幼児の食生活はどのように変わったか。
結果評価	幼児・保護者の疑問は解決されたか。幼児の順調な成長につながったか。

5）改善（Action）

評価結果は必ず記録に残し，次年度の計画の資料とする。PDCA を繰り返すことにより，より良い栄養教育へと発展する。

（3）具体例：集団教育

対象：幼稚園に通う幼児・保護者のうち希望者（約 65 組）

1）アセスメントと課題

客観的情報	保護者へのアンケートに，「クッキング保育を実施したい」「子どもと料理を作りたいが何をしたら良いかわからない」という記述があった。
主観的情報	家庭におけるクッキング保育は意義深い食育である。
課題抽出	家庭においてクッキング保育をしたいが，アイディアやスキルが伴わないという実態がある。
課題（優先課題はb）	a. 保護者がクッキング保育の知識とスキルを身につけるためのクッキング教室を実施する。 b. 保護者がクッキング保育の意義を理解し，家庭において実施するきっかけをつくる。

2） 目標設定

目標の種類		内　容	目標値（%）
長期目標		家庭において日常的にクッキング保育が実施される。	
中期目標		保護者が家庭において実施できるクッキング保育の知識・スキルを身につける。	
短期目標	結果目標	家庭において週に3日以上日常的にクッキング保育が実施される。	目標70以上（46組）
	行動目標	家庭においてクッキング保育が1回以上実施される。	目標値80以上（52組）
	学習目標	クッキング保育の重要性が理解される。	目標値90以上（59組）
	環境目標	家庭においてクッキングの話がされる。	目標値90以上（59組）
	実施目標	保護者がクッキング保育の知識・スキルを身につけるためのクッキング教室を4回実施する。毎回参加者を幼児・保護者65組集める。	目標値80以上（52組）

3） 計画書作成

プログラム名	親子でクッキング！
Why（栄養教育の目的）	家庭において日常的にクッキング保育が実施される。
Whom（対象）	幼稚園に通う幼児・保護者のうち希望者約65組。
What（実施内容）	家庭において実施できるクッキング保育の知識・スキルを身につけるためのクッキング教室を実施する。
When（時期・期間・時間帯）	夏休みにクッキング保育が実施できるようになるため，4～7月間に月1回計4回，第3木曜日午後2時よりクッキング教室を実施する。
Where（実施場所）	幼稚園の遊戯室・調理室。
How（共通理解を得る方法）	プログラム内容については，園内会議にて実施者全員（教諭・管理栄養士・栄養士・調理員）が把握し共有する。保護者には，お便りおよび保護者会にプログラムを案内する。
How much（予算）	幼児・保護者2人1組で1回300円（65名×4回×300円＝78,000円）。
Who（実施者）	管理栄養・栄養士・調理員・教諭・保護者会の役員

教育プログラム計画

全4回の内容を下記のように計画した。

回数	実施月	実施内容
1回	4月	ピザ
2回	5月	カレーライス
3回	6月	魚ムニエル
4回	7月	豆腐ハンバーグ

4） 実　施

第1回ピザの実施内容・留意点を下表に示す。

実施場所：遊戯室　（ピザを焼くのは調理室のオーブンを使用する。）*

時間	実施内容	準備物・確認事項
導入 5分	あいさつ スケジュールの説明 講師紹介	受付確認 身支度 マイク・プロジェクター
学習 10分	クッキング保育の大切さと ピザ生地の作り方について講演	マイク・プロジェクター
実習 40分	計量・ピザ生地の作製 （生地発酵の待ち時間を利用） 園児の最近の様子について 教室の飾りつけ等	生地用の材料を準備 給食室との連携を確認 マイク・プロジェクター 飾りつけ材料

＊**留意事項**　人員の確保，食材の調達，安全面に配慮しながら実施する。

実習 10分	ピザの作製 ピザを調理室へ運び焼く	トッピング用の材料を準備
20分	ピザの試食 歓談しながらピザを試食する	お湯などの準備
まとめ 片づけ 10分	まとめ アンケート記入 感想の共有 片づけ 終わりのあいさつ	アンケート用紙

5）評　価

評価名	内　容
企画評価	プログラム実施のための人材を確保でき，予定通り進行した。
経過評価	1回のクッキング教室の参加者は58～65組で，4回ののべ参加者は245組であった。

評価名	目標名	評価指標	目標値(%)	結果(%)	判定
影響評価	学習	クッキング保育の重要性が理解される。	90(59組)	95(62組)	目標達成
	行動	家庭においてクッキング保育が1回以上実施される。	80(52組)	85(55組)	目標達成
	環境	家庭においてクッキング保育の話がされる。	90(59組)	97(63組)	目標達成
結果評価		家庭において週に3日以上日常的にクッキング保育がされる。	70(46組)	69(45組) 重要性を理解していても実施が困難な保護者もいた。	目標未達成
経済評価		総費用73,500円(のべ学習組245組×300円) 学習者(組)：65組 受講後に日常的にクッキング保育を実施する組：45組 費用効果比1,633*1円			

6）改　善

実施後のアンケートに，実施される曜日の都合が悪く参加できなかった者(組)があったので，今後，月ごとに曜日を変えて実施することを検討する。

（4）具体例：個人教育

対象：4歳女児・身長105 cm・体重20.5 kg

1）アセスメントと課題

カウプ指数*2 $= 20.5 \div 1.05^2$（体重kg÷身長m^2）$= 18.6$（ふとりぎみ）

標準体重*3 kg $= 0.00249 \times 105^2 - 0.1858 \times 105 + 9.0360 = 16.97 =$ 約17

かかりつけの主治医より減量することを指導されており，保護者が栄養教育を希望している。家庭での食事内容は，3日間の食事記録による摂取エネルギーは，1,500～1,650 kcal（幼稚園給食も含む）で，野菜が少なく，間食（あめ・ラムネ・せんべいなど糖質中心）が多い。買物時にこれらを購入しなければ泣いて帰らないと保護者は対応に苦慮している。

幼稚園給食の摂取状況は，ご飯・揚げ物は好み，ご飯はおかわりをするが，野菜は残すことが多い。

*1　達成した効果1単位あたりに対して要した経費を計算する。類似した栄養教育プログラムと比較したり，過年度の栄養教育プログラムと比較する。

*2　カウプ指数（判定基準）

指数	判定
3か月～1歳未満	16～18未満
1歳～1歳6か月未満	15.5～17.5未満
1歳6か月～3歳未満	15～17未満
3歳～5歳まで	14.5～16.5未満

基準値よりも少ない場合は「やせぎみ」，多い場合は「ふとりぎみ」になる。→p.88参照

*3　【平成12年乳幼児身体発育調査の結果に基づく身長別標準体重の算出式】
幼児期（1歳以上6歳未満）
男児標準体重(kg)
$= 0.00206X^2 - 0.1166X + 6.5273$
女児標準体重(kg)
$= 0.00249X^2 - 0.1858X + 9.0360$
対象となる身長：70 cm以上120 cm未満
標準体重(kg)，X：身長(cm)

身体活動状況は，幼稚園から帰宅後は座ってテレビを見ることが多く，外遊びはほとんどしていない。

2）計　画

参考とする推定必要エネルギー量は，

52.2(kcal/kg)×17(kg)×1.45＋10(kcal)(基礎代謝基準値×標準体重×身体活動レベル＋エネルギー蓄積量)＝1,297(kcal)＝約 1,300 kcal

日本人の食事摂取基準 3 ～ 5 歳女児 1,250 kcal

計画する 1 日の摂取エネルギーは，幼児・保護者と相談の結果，食事(1,500 ～ 1,650 kcal)のエネルギーを 200 kcal 減らし(1 日摂取エネルギー 1,300 ～ 1,450 kcal)，身体活動量を生活活動と運動により約 100 kcal 消費することとする。

3）目標設定

長期目標：体重の維持(増加させない)。

中期目標：野菜の調理方法を工夫し摂取量を増やし，間食を減らす。外遊びを増やす。

給食での指導(おかわりしない。野菜摂取の改善)。

4）実　施

1,300 kcal のバランスの良い食事を示し，4 歳女児の標準的な食事内容を理解する。

幼児の気持ちを大切に，無理強いをせず理解を得ながら実施する。その後，卒園まで月 1 回を目標に栄養教育を実施する。

5）評　価

評価名	内　容
経過評価	体重は約 1 年で 0.5 kg の増加にとどまっている。

評価名	目標名	評価指標
影響評価	学習	保護者は幼児の肥満と疾患，および標準的な食事内容を理解できた。
	行動	家庭の食事量は大きく減っていないが，間食量が減った。幼稚園給食ではおかわりはしなくなり，野菜の摂取量も増えた。
	環境	外遊びが増え友達もでき快活になった。
結果評価		卒園時(5 歳)の身長：111cm　体重：21.0 kg カウプ指数＝ 21.0 ÷ 1.112(体重 kg÷身長 m^2)＝ 17.0(ふとりぎみ) カウプ指数の判定はふとりぎみであるが，18.6 から 17.0 に下がった。

6）改　善

今回の栄養教育が減量につながったのは，食事・間食の量は幼児が決定し，自己効力感が得られたこと，外遊びなどによる活動量を増やしたことが考えられる。

3.2　小・中・高等学校，大学における栄養教育の展開

3.2.1　小・中・高等学校

(1) 学校を拠点とした食育と栄養教育

学校における食育は，子どもが食に関する正しい知識を身につけ，自らの食生活を考え，望ましい食習慣を実践することができることを目指し，学校給食を活用しながら，給食の時間はもとより各教科や総合的な学習の時間等における食に関する指導を中心として行われる。

1)　学校給食法（1954（昭和 29）年制定，2008（平成 20）年改正，2009（平成 21）年 4 月施行，2021（令和 3）年一部改正）

学校給食法は「学校給食が児童及び生徒の心身の健全な発達に資するものであり，かつ，児童及び生徒の食に関する正しい理解と適切な判断力を養う上で重要な役割を果たすものであることにかんがみ，学校給食及び学校給食を活用した食に関する指導の実施に関し必要な事項を定め，もって学校給食の普及充実及び学校における食育の推進を図ること（第 1 条）」を目的とし，その目標は，**表 3.6** のとおりである。

義務教育の児童生徒，夜間課程を置く高等学校の生徒，特別支援学校の幼稚部の幼児についての学校給食摂取基準が策定されている（**表 3.7**）。この摂取基準は全国的な平均値を示したものであるから，適用にあたっては，個々の健康および生活活動等の実態ならびに地域の実情等に十分配慮し，弾力的に運用する。

学校給食における児童生徒の食事摂取基準策定に関する調査研究協力者会議（令和 2 年 12 月）は，「学校給食のある日」と「学校給食のない日」の比較を行っている。学校給食が児童生徒の栄養改善に寄与していることを裏づける結果となっている。しかし学校給食のある日においても食塩と脂質の摂取過剰，食物繊維の摂取不足が見られた。食塩や脂質の摂取を抑制し，食物繊維・カルシウムや鉄の摂取に心がけることが求められる。家庭への情報発信を行うことにより，児童生徒の食生活全体の改善を促すことが必要である。学校給食においてもさらなる献立の工夫が望まれる。

2)　食育基本法

食育基本法（2005 年）では「21 世紀における我が国の発展のためには，子どもたちが健全な心と身体を培い，未来や国際社会に向かって羽ばたくことができるようにするとともに，すべての国民が心身の健康を確保し，生涯にわたって

表 3.6　学校給食の目標（学校給食法第 2 条）

① 適切な栄養の摂取による健康の保持増進を図ること。
② 日常生活における食事について，正しい理解を深め，健全な食生活を営むことができる判断力を培い，及び望ましい食習慣を養うこと。
③ 学校生活を豊かにし，明るい社交性及び協同の精神を養うこと。
④ 食生活が自然の恩恵の上に成り立つものであることについての理解を深め，生命及び自然を尊重する精神並びに環境の保全に寄与する態度を養うこと。
⑤ 食生活が食にかかわる人々の様々な活動に支えられていることについての理解を深め，勤労を重んずる態度を養うこと。
⑥ 我が国や各地域の優れた伝統的な食文化についての理解を深めること。
⑦ 食料の生産，流通及び消費について，正しい理解に導くこと。

表 3.7　児童又は生徒 1 人 1 回当たりの学校給食摂取基準

区　　分	基　準　値			
	児童(6 歳～ 7 歳)の場合	児童(8 歳～ 9 歳)の場合	児童(10 歳～ 11 歳)の場合	生徒(12 歳～ 14 歳)の場合
エネルギー(kcal)	530	650	780	830
たんぱく質(%)	学校給食による摂取エネルギー全体の 13 %～ 20 %			
脂　質(%)	学校給食による摂取エネルギー全体の 20 %～ 30 %			
ナトリウム(食塩相当量)(g)	1.5 未満	2 未満	2 未満	2.5 未満
カルシウム(mg)	290	350	360	450
マグネシウム(mg)	40	50	70	120
鉄(mg)	2	3	3.5	4.5
ビタミン A (μgRAE)	160	200	240	300
ビタミン B_1(mg)	0.3	0.4	0.5	0.5
ビタミン B_2(mg)	0.4	0.4	0.5	0.6
ビタミン C (mg)	20	25	30	35
食物繊維(g)	4 以上	4.5 以上	5 以上	7 以上

注 1）表に掲げるもののほか，次に掲げるものについても示した摂取について配慮すること。
　亜　鉛……児童(6 歳～ 7 歳) 2 mg，児童(8 歳～ 9 歳) 2 mg，児童(10 歳～ 11 歳) 2 mg，生徒(12 歳～ 14 歳) 3 mg
　2）この摂取基準は，全国的な平均値を示したものであるから，適用に当たっては，個々の健康及び生活活動等の実態並びに地域の実情等に十分配慮し，弾力的に運用すること。
　3）献立の作成に当たっては，多様な食品を適切に組み合わせるよう配慮すること。
出所）文部科学省：学校給食実施基準(令和 3 年改正) https://www.mext.go.jp/content/20210212-mxt_kenshoku-100003357_2.pdf (2021) (2022.1.15)

生き生きと暮らすことができるようにすることが大切」としている。子どもたちが豊かな人間性をはぐくみ，生きる力を身に付けていくためには，何よりも「食」が重要であり，「食育」は生きる上での基本であり，知育，徳育および体育の基礎となるべきものと位置づけている。そしてさまざまな経験を通じて「食」に関する知識と「食」を選択する力を習得し，健全な食生活を実践することができる人間を育てる食育を推進することを求めている。この食育を推進するために，第 1 次(2006 年)，第 2 次(2011 年)，第 3 次(2016 年)，第 4 次食育推進基本計画(2021 年)が作成されている。家族が食卓を囲んでコミュニケーションを図る共食は，食育の原点であり，子どもへの食育を推進していく大切な時間と場であると考えられている。第 4 次食育推進基本計画(2021 年)(巻末資料)では，持続可能な開発目標(SDGs)実現に向けた食育の推進を重点事項としている。

3）栄養教諭

学校教育法が 2004(平成 15)年に改正され，2005 年 4 月から栄養教諭制度が施行された。栄養教諭は栄養に関する専門性と教育に関する資質を合わせもつ職員であり，学校における食育推進の要として，① 家庭における食生活や生活習慣病の実態把握，② 地域の食育の取組の情報収集，③ 家庭への啓発活動等の連携の推進，④ 地域の関連機関・団体との連携・調整の推進，⑤ 校内での「食に関する指導の人材等のリスト」を作成・活用することを行い，家庭や地域との連携を図る役割を果たしていくことが期待されている。

栄養教諭は学校給食を「生きた教材」として活用し，各学科や特別活動において児童生徒の発達段階に応じた「食に関する指導」(学校における食育)を実施する。さらに，児童生徒や保護者の個別相談に応じるとともに，担任や養護教諭，校医や医療機関との連携を図り，食に関するコーディネーターとなることが求められている。

4) 学校における食育の推進

小中学校の学習指導要領が2008(平成20)年に改訂され，小学校は2011(平成23)年度から，中学校は2012(平成24)年度から全面実施された。その**総則**[*1]に「学校における食育の推進」が盛り込まれ，食育について「体育科の時間はもとより，家庭科，特別活動などにおいてもそれぞれの特質に応じて適切に行うように努める[*2]」ことが明記され，関連する教科での食育に関する記述が充実された。

＊1 「小学校学習指導要領」第1章総則第1の3および「中学校学習指導要領」第1章総則第1の3

＊2 「中学校学習指導要領」では，総則における体育科を保健体育科，家庭科を技術・家庭科と読み替える。

学校給食法が2008年に改正され，第1条(目的)で「学校における食育の推進」を位置づけるとともに，栄養教諭が学校給食を活用した食に関する指導を充実させることについても明記された。2019(平成31)年3月に，『食に関する指導の手引―第2次改訂版』が取りまとめられた。その内容は，学校における食育の推進の必要性，食に関する指導の目標(**表3.8**)，食育の視点(**表3.9**)，栄養教諭が中心となって作成する食に関する指導の全体計画，食に関する指導の基本的な考え方や指導方法，食育の評価である。

(2) 進め方・実際

学年段階別に整理した資質・能力(例)(**表3.12**)をもとに，食に関する指導の全体計画①②例(**表3.10，3.11**)を作成する。

具体的には，管理職(校長・教頭等)のリーダーシップのもと，栄養教諭(学校栄養職員)は，給食(食育)主任，学級・教科担任，養護教諭や家庭・地域・生産者団体，学校医，学校歯科医，学校薬剤師，スクールソーシャルワーカー等と連携を図り展開していく。栄養教育の場が部活動やクラブチーム等である場合は，部活

表3.8 食に関する指導の目標

(知識・技能) 食事の重要性や栄養バランス，食文化等についての理解を図り，健康で健全な食生活に関する知識や技能を身に付けるようにする。 (思考力・判断力・表現力等) 食生活や食の選択について，正しい知識・情報に基づき，自ら管理したり判断したりできる能力を養う。 (学びに向かう力・人間性等) 主体的に，自他の健康な食生活を実現しようとし，食や食文化，食料の生産等に関わる人々に対して感謝する心を育み，食事のマナーや食事を通じた人間関係形成能力を養う。

出所）文部科学省：食に関する指導の手引(第2次改訂版)(2019)

表3.9 全体計画に掲げることが望まれる内容

◇ 食事の重要性，食事の喜び，楽しさを理解する。【食事の重要性】
◇ 心身の成長や健康の保持増進の上で望ましい栄養や食事のとり方を理解し，自ら管理していく能力を身に付ける。【心身の健康】
◇ 正しい知識・情報に基づいて，食品の品質及び安全性等について自ら判断できる能力を身に付ける。【食品を選択する能力】
◇ 食べ物を大事にし，食料の生産等に関わる人々へ感謝する心をもつ。【感謝の心】
◇ 食事のマナーや食事を通じた人間関係形成能力を身に付ける。【社会性】
◇ 各地域の産物，食文化や食に関わる歴史等を理解し，尊重する心をもつ。【食文化】

出所）表3.8に同じ

表 3.10　食に関する指導の全体計画①（小学校）例

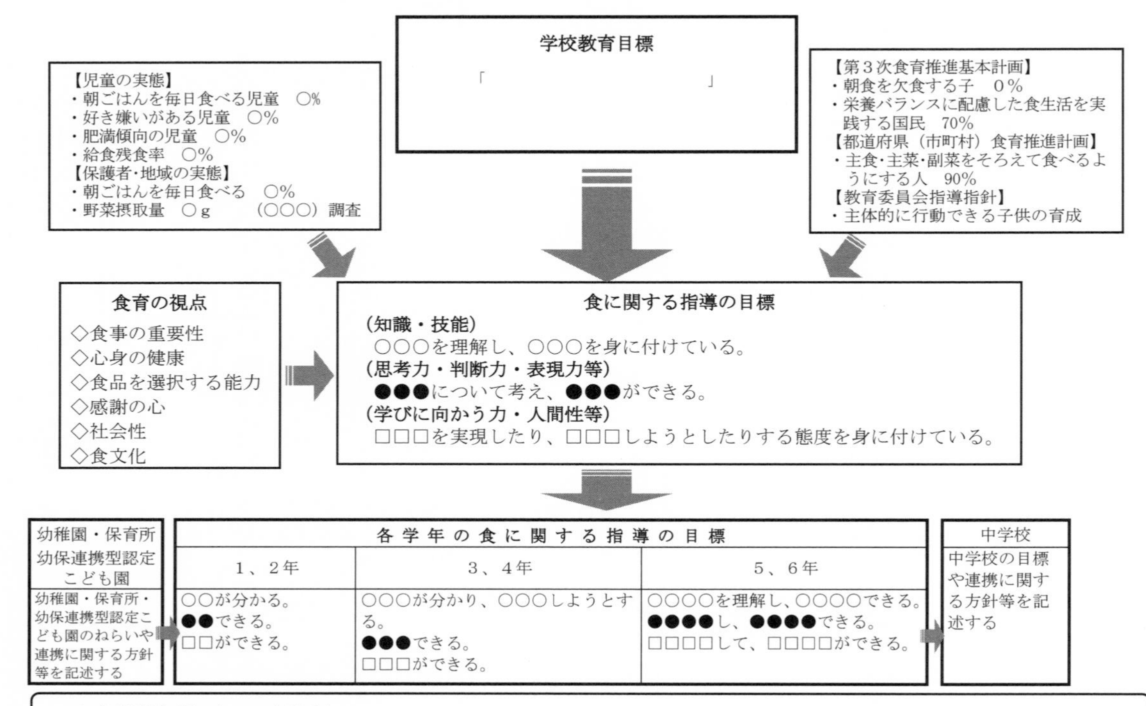

食育推進組織（○○委員会）

委員長：校長（副委員長：副校長・教頭）

委員：栄養教諭、主幹教諭、教務主任、保健主事、養護教諭、学年主任、給食（食育）主任、体育主任、学級担任

※必要に応じて、保護者代表、学校医・学校歯科医・学校薬剤師の参加

食に関する指導

- 教科等における食に関する指導：関連する教科等において食に関する指導の視点を位置付けて指導
  社会、理科、生活、家庭、体育、道徳、総合的な学習の時間、特別活動　等
- 給食の時間における食に関する指導：
  - 食に関する指導：献立を通して学習、教科等で学習したことを確認
  - 給食指導：準備から片付けまでの一連の指導の中で習得
- 個別的な相談指導：肥満・やせ傾向、食物アレルギー・疾患、偏食、スポーツ、○○

地場産物の活用

物資選定委員会：年○回、構成委員（○○、○○）、活動内容（年間生産調整及び流通の確認、農場訪問（体験）計画）

地場産物等の校内放送や指導カードを使用した給食時の指導の充実、教科等の学習や体験活動と関連を図る、○○

家庭・地域との連携

積極的な情報発信、関係者評価の実施、地域ネットワーク（人材バンク）等の活用

学校だより、食育（給食）だより、保健だより、学校給食試食会、家庭教育学級、学校保健委員会、講演会、料理教室

自治体広報誌、ホームページ、公民館活動、食生活推進委員・生産者団体・地域食育推進委員会、学校運営協議会、地域学校協働本部、○○

食育推進の評価

活動指標：食に関する指導、学校給食の管理、連携・調整

成果指標：児童の実態、保護者・地域の実態

出所）表 3.8 に同じ

表 3.11　食に関する指導の年間指導計画②（小学校第 6 学年）例

教科等		4月	5月	6月	7月	8～9月	10月	11月	12月	1月	2月	3月
学校行事等		入学式	運動会	クリーン作戦	集団宿泊合宿		就学時健康診断	避難訓練				卒業式
推進体制	進行管理		委員会		委員会		委員会		委員会		委員会	
推進体制	計画策定	計画策定							評価実施	評価結果の分析	計画案作成	
教科・道徳等　総合的な学習の時間	社会	県の様子【4年】、世界の中の日本、日本の地形と気候【5年】	私たちの生活を支える飲料水【4年】、高地に住む人々の暮らし【5年】	地域にみられる販売の仕事【3年】、ごみのしょりと再利用【4年】寒い土地のくらし【5年】日本の食糧生産の特色【5年】、狩猟・採集や農耕の生活、古墳、大和政権【6年】	我が国の農家における食料生産【5年】	地域に見られる生産の仕事（農家）【3年】、我が国の水産業における食料生産【5年】				市の様子の移り変わり【3年】、長く続いた戦争と人々のくらし【6年】	日本とつながりの深い国々【6年】	
	理科		動物のからだのつくりと運動【4年】、植物の発芽と成長【5年】、動物のからだのはたらき【6年】	どれくらい育ったかな【3年】、暑くなると【4年】、花から実へ【5年】、植物のからだのはたらき【6年】	生き物のくらしと環境【6年】	実がたくさんできたよ【3年】			水溶液の性質とはたらき【6年】	物のあたたまりかた【4年】		
	生活	がっこうだいすき【1年】	たねをまこう【1年】、やさいをそだてよう【2年】	→	→	秋のくらし　さつまいもをしゅうかくしよう【2年】						
	家庭		おいしい楽しい調理の力【5年】	朝食から健康な1日の生活を【6年】			食べて元気！ごはんとみそ汁【5年】	まかせてね今日の食事【6年】				
	体育			毎日の生活と健康【3年】				育ちゆく体とわたし【4年】		病気の予防【6年】		
	他教科等	たけのこぐん【2国】	茶つみ【3音】	ゆうすげむらの小さな旅館【3国】	おおきなかぶ【1国】海のいのち【6国】		サラダで元気【1国】言葉の由来に関心をもとう【6国】	くらしの中の和と洋【4国】、和の文化を受けつぐ【5国】	プロフェッショナルたち【6国】	おばあちゃんに聞いたよ【2国】	みらいへのつばさ（備蓄計画）【6算】	うれしいひなまつり【1音】
	道徳	自校の道徳科の指導計画に照らし、関連する内容項目を明記すること。										
	総合的な学習の時間		地元の伝統野菜をPRしよう【6年】→	→	→	→	→	→	→	→	→	
特別活動	学級活動 ＊食育教材活用	給食がはじまるよ＊【1年】	元気のもと朝ごはん＊【2年】、生活リズムを調べてみよう＊【3年】、食べ物の栄養＊【5年】	よくかんで食べよう【4年】、朝食の大切さを知ろう【6年】	夏休みの健康な生活について考えよう【6年】	弁当の日のメニューを考えよう【5・6年】	食べ物はどこから＊【5年】	食事をおいしくするまほうの言葉＊【1年】、おやつの食べ方を考えてみよう＊【2年】、マナーのもつ意味＊【3年】、元気な体に必要な食事＊【4年】		食べ物のひみつ【1年】、食べ物の「旬」＊【2年】、小児生活習慣病予防健診事後指導【4年】	しっかり食べよう　3度の食事【3年】	
	児童会活動	残菜調べ、片付け点検確認・呼びかけ → 目標に対する取組等（5月：身支度チェック、12月：リクエスト献立募集・集計） 掲示（5月：手洗い、11月：おやつに含まれる砂糖、2月：大豆の変身）		給食委員会発表「よく噛むことの大切さ」				生産者との交流給食会		学校給食週間の取組		
	学校行事	お花見給食、健康診断		全校集会		遠足		交流給食会		給食感謝の会		
給食の時間	給食指導	仲良く食べよう 給食のきまりを覚えよう 楽しい給食時間にしよう		楽しく食べよう 食事の環境について考えよう		食べ物を大切にしよう 感謝して食べよう				給食の反省をしよう 1年間の給食を振り返ろう		
	食に関する指導	給食を知ろう 食べ物の働きを知ろう 季節の食べ物について知ろう				食べ物の名前を知ろう 食べ物の三つの働きを知ろう 食生活について考えよう				食べ物に関心をもとう 食生活を見直そう 食べ物と健康について知ろう		
学校給食の関連事項	月目標	給食の準備をきちんとしよう	きれいなエプロンを身につけよう	よくかんで食べよう	楽しく食事をしよう	正しく配膳をしよう	後片付けをきちんとしよう	食事のあいさつをきちんとしよう	きれいに手を洗おう	給食について考えよう	食事マナーを考えて食事をしよう	1年間の給食をふりかえろう
	食文化の伝承	お花見献立	端午の節句		七夕献立	お月見献立	和食献立	地場産物活用献立	冬至の献立	正月料理	節分献立	和食献立
	行事食	入学進級祝献立お花見献立		カミカミ献立		祖父母招待献立、すいとん汁			クリスマス献立	給食週間行事献立	リクエスト献立	卒業祝献立（選択献立）
	その他		野菜ソテー	卵料理			みそ汁（わが家のみそ汁）	伝統的な保存食（乾物）を使用した料理			韓国料理、アメリカ料理	
	旬の食材	なばな、春キャベツ、たけのこ、新たまねぎ、きよみ	アスパラガス、グリーンピース、そらまめ、新たまねぎ、いちご	アスパラガス、じゃがいも、にら、いちご、びわ、アンデスメロン、さくらんぼ、	おくら、なす、かぼちゃ、ピーマン、レタス、ミニトマト、すいか、プラム	さんま、さといも、ミニトマト、とうもろこし、かぼちゃ、えだまめ、きのこ、なす、ぶどう、なし	さんま、さけ、きのこ、さつまいも、くり、かき、りんご、ぶどう	新米、さんま、さけ、さば、さつまいも、はくさい、ブロッコリー、ほうれんそう、ごぼう、りんご	のり、ごぼう、だいこん、ブロッコリー、ほうれんそう、みかん	かぶ、ねぎ、ブロッコリー、ほうれんそう、キウイフルーツ、ぽんかん	しゅんぎく、ブロッコリー、ほうれんそう、みかん、いよかん、キウイフルーツ	ブロッコリー、ほうれんそう、いよかん、きよみ
	地場産物	じゃがいも	こまつな、チンゲンサイ、じゃがいも	こまつな、チンゲンサイ、なす、ミニトマト		こまつな、チンゲンサイ、たまねぎ、じゃがいも	こまつな、チンゲンサイ、たまねぎ、じゃがいも、りんご	たまねぎ、じゃがいも、りんご		たまねぎ、じゃがいも		
		地場産物等の校内放送や指導カードを使用した給食時の指導充実。教科等の学習や体験活動と関連を図る。										
		推進委員会（農場訪問（体験）の計画等）				推進委員会			推進委員会		推進委員会（年間生産調整等）	
個別的な相談指導			すこやか教室		すこやか教室（面談）			すこやか教室 管理指導表提出		個別面談		個人カルテ作成
家庭・地域との連携		積極的な情報発信（自治体広報誌、ホームページ）、関係者評価の実施、公民館活動、地域ネットワーク（人材バンク）等の活用										
		学校だより、食育（給食）だより、保健だよりの発行										
		・朝食の大切さ・運動と栄養・食中毒予防・夏休みの食生活・食事の量				・地元の野菜の特色	・地場産物のよさ・日本型食生活のよさ			・運動と栄養・バランスのとれた食生活・心の栄養		
			学校公開日	学校給食試食会	公民館親子料理教室	家庭教育学級		学校保健委員会、講演会				

出所）表 3.8 に同じ

表 3.12　学年段階別に整理した資質・能力(例)

学年		①食事の重要性	②心身の健康	③食品を選択する能力	④感謝の心	⑤社会性	⑥食文化
小学校	低学年	○食べ物に興味・関心をもち，楽しく食事ができる。	○好き嫌いせずに食べることの大切さを考えることができる。 ○正しい手洗いや，良い姿勢でよく噛んで食べることができる。	○衛生面に気を付けて食事の準備や後片付けができる。 ○いろいろな食べ物や料理の名前が分かる。	○動物や植物を食べて生きていることが分かる。 ○食事のあいさつの大切さが分かる。	○正しいはしの使い方や食器の並べ方が分かる。 ○協力して食事の準備や後片付けができる。	○自分の住んでいる身近な土地でとれた食べ物や，季節や行事にちなんだ料理があることが分かる。
	中学年	○日常の食事に興味・関心をもち，楽しく食事をすることが心身の健康に大切なことが分かる。	○健康に過ごすことを意識して，様々な食べ物を好き嫌いせずに3食規則正しく食べようとすることができる。	○食品の安全・衛生の大切さが分かる。 ○衛生的に食事の準備や後片付けができる。	○食事が多くの人々の苦労や努力に支えられていることや自然の恩恵の上に成り立っていることが理解できる。 ○資源の有効利用について考える。	○協力したりマナーを考えたりすることが相手を思いやり楽しい食事につながることを理解し，実践することができる。	○日常の食事が地域の農林水産物と関連していることが理解できる。 ○地域の伝統や気候風土と深く結び付き，先人によって培われてきた多様な食文化があることが分かる。
	高学年	○日常の食事に興味・関心をもち，朝食を含め3食規則正しく食事をとることの大切さが分かる。	○栄養のバランスのとれた食事の大切さが理解できる。 ○食品をバランスよく組み合わせて簡単な献立をたてることができる。	○食品の安全に関心をもち，衛生面に気を付けて，簡単な調理をすることができる。 ○体に必要な栄養素の種類と働きが分かる。	○食事にかかわる多くの人々や自然の恵みに感謝し，残さず食べようとすることができる。 ○残さず食べたり，無駄なく調理したりしようとすることができる。	○マナーを考え，会話を楽しみながら気持ちよく会食をすることができる。	○食料の生産，流通，消費について理解できる。 ○日本の伝統的な食文化や食に関わる歴史等に興味・関心をもつことができる。
中学校		○日常の食事に興味・関心をもち，食環境と自分の食生活との関わりを理解できる。	○自らの健康を保持増進しようとし，自ら献立をたて調理することができる。 ○自分の食生活を見つめ直し，望ましい食事の仕方や生活習慣を理解できる。	○食品に含まれている栄養素や働きが分かり，品質を見分け，適切な選択ができる。	○生産者や自然の恵みに感謝し，食品を無駄なく使って調理することができる。 ○環境や資源に配慮した食生活を実践しようとすることができる。	○食事を通してより良い人間関係を構築できるよう工夫することができる。	○諸外国や日本の風土，食文化を理解し，自分の食生活は他の地域や諸外国とも深く結びついていることが分かる。

出所）表 3.8 に同じ

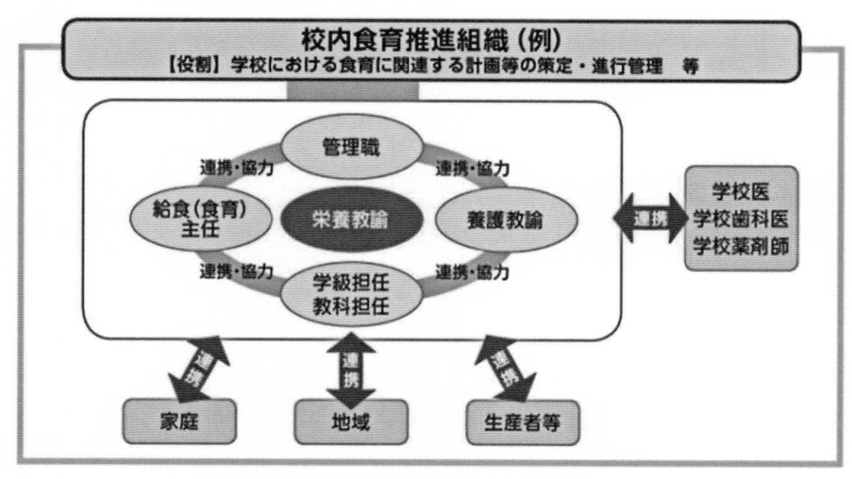

図 3.2　校内食育推進組織図

出所）文部科学省：栄養教諭を中核としたこれからの学校の食育(2017)

の顧問，養護教諭，チームの指導者，家庭・地域等の連携が求められる(**図 3.2**)。

食に関する指導として，教科等における食に関する指導，給食の時間における食に関する指導，個別的な相談指導の3つに大別することができる(**図 3.3**)。

個別的な栄養教育を行う場合は，対象とな

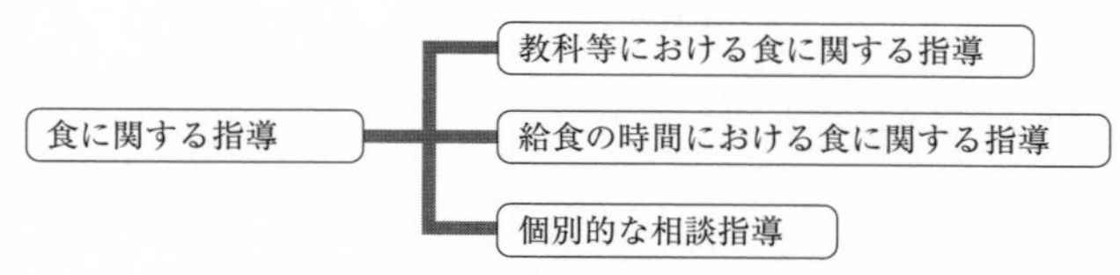

図 3.3　食に関する指導の内容

る個人の健康・栄養状態や食行動などを総合的に評価し，家庭や地域の背景，児童生徒の食に関する知識・理解度等を考慮し，状況に応じた指導に当たることが大切である（**表 3.13**）。

表 3.13　個別的な栄養教育を行う場合の注意点

① 特定の児童生徒に対する個別的な相談指導の際，特別扱いということで児童生徒の心の過大な重荷となったり，他の児童生徒からのいじめのきっかけにならないよう，きめ細やかな配慮をすること。
② 個々の児童生徒の心（人格）を傷つけることがないように無理のない指導をすること。
③ 保護者の十分な理解や協力を得る必要がある。プライバシーの保護にも十分留意すること。
④ 解決を焦らずに，長い時間をかけて指導する。改善すべき問題点がたくさんあっても，当面の目標を１つにしぼり具体的な指導方法を考えて進めていくこと。
⑤ 改善目標は児童生徒との合意により決定していく。改善への意欲を高めるためには，児童生徒が自ら決めた目標を設定することが望ましい。
⑥ 個に応じた指導計画を作成し，指導内容や児童生徒の変化を詳細に記録するとともに，必ず評価を行いながら，対象の児童生徒にとって適正な改善へ導くこと。
⑦ 個別の相談指導の対象になった児童生徒については，必ずその児童生徒および保護者の満足する成果を上げられるように努めること。

出所）表 3.8 に同じ

（3）具体例：小学 6 年生

対象：小学 6 年生（約 80 名）

1）アセスメントと課題の抽出

対象集団では，①②③ の 3 つの課題があげられた。そのためバランスのとれた朝食摂取に向けた行動変容を促す栄養教育を目的とした。

アセスメント内容	具体的な情報	アセスメント方法
健康栄養状態	・疲れやすい児童が多い。 ・やせの女子が多い。 ・貧血の女子がみられる。	・身体計測 ・食・生活習慣調査 ・質問紙による健康状態の把握
栄養・食生活・ライフスタイル	・朝食欠食も見られる。 ・朝食は，主食のみの児童が多い。 ・野菜嫌いの児童が多い。	・食物摂取頻度調査 ・食・生活習慣調査
環境	共働きの世帯が多い。	・家庭調査票
準備（前提）要因	児童・保護者共に健康に対する意識が低い。	・質問紙調査
強化要因	保護者・PTA 等のバックアップ体制。	・聞き取り調査
実現要因	健康行動をとりやすい環境づくりが必要。	・聞き取り調査・質問紙調査
課　　題	① 不定愁訴を訴える児童が多い。 ② バランスの取れた朝食を摂取する子どもの割合が低い。 ③ 児童・保護者ともに健康に対する意思が低い。 ④ 保護者の食への関心が低い。	
最優先課題	朝食欠食や主食だけの朝食を食べている児童が多い。	
目標の決定	バランスの取れた朝食を摂取する子どもの割合を増やす。	

2） 目標設定

本集団では，表に示す目標を設定した。

目標の種類	内　容	現状値（%）	目標値（%）
結果目標	適切な身長・体重増加をする児童の割合を増やす。	80	90
行動目標	バランスの良い（主食・主菜・副菜のそろった）朝食を食べる児童の割合を増やす。	30	60 以上
学習目標	（知識） バランスの良い（主食・主菜・副菜のそろった）食事を理解する児童の割合を増やす。 （スキル） 朝食を自分で用意できる児童の割合を増やす。	70 20	90 以上 40 以上
環境目標	児童の朝食改善に協力する保護者の割合を増やす。	70	90 以上
実施目標	栄耀教育に満足した児童の割合を増やす。		90 以上

3） 計　画

① 計画書作成

本集団におけるプログラムの名称は，「バランスのとれた朝ごはんで元気アップ！」とし，講義および料理カードにより，主食・主菜・副菜を選ぶバイキング形式により実習をする。

プログラム名	バランスのとれた朝ごはんで元気アップ！
栄養教育の目的（Why）	毎日，バランスのとれた朝食を摂り健康な体づくりと成長を促す。
対象者（Whom）	小学 6 年生　80 名
実施内容（What）	適切なバランスのとれた朝食の献立をたててみる，料理カードで主食・主菜・副菜を選ぶ。
実施場所（Where）	各教室
実施時期・期間・頻度・時間帯（When）	総合的な学習の時間に実施，学期ごと 2 回
募集方法，学習方法・学習形態（How）	6 年生全員，講義，調理実習
予算（How much）	教材費 3,000 円
実施者（Who）	栄養教諭，養護教諭，担任，教務主任

4） プログラムの実施

全 4 回の実施例を示す。

回数	学習形態	内容	担当者（連携者）	経過評価の方法
1	講義 グループ討議 演習	自分の健康について知ろう 自分の朝食を見直そう！ バランスの良い食事って何？	栄養教諭 担任 養護教諭	・理解度 ・積極的に参加している児童数
2	講義，演習	自分でバランスの良い朝食の献立を立ててみよう！	栄養教諭 家庭科教諭	
3	講義，実演 バイキング	バランスの良い朝食を選ぼう	栄養教諭 家庭科教諭	
4	講義 グループ討議	毎日，バランスの良い朝食を摂っているかな？	栄養教諭	・理解度 ・満足度 ・モニタリング実施状況

第1回目の実施内容・留意点・教材・教具を例として下表に示す。

過程	時間	内容	留意点	教材・教具
導入	5分	自分の朝食を振り返る	ブレーンストーミングで発言させる	・黒板 ・ワークシート
展開	5分	自分の朝食をワークシートに記入する	自身の今朝の朝食を文字とイラストで記入させる	・ワークシート
	5分	バランスの良い朝食について学ぶ	バランスの良い朝食について，主食・主菜・副菜の料理カードを用いて説明する	・黒板 ・文字パネル ・絵パネル ・写真
	5分	自分の朝食がバランスの取れた食事になっているのか確認する	主食，主菜，副菜が整っているのか児童のワークシートを見て確認する	・ワークシート
	5分	自分の食事に足りていないものを確認し，不足しているものをイラストに書く	児童の考えを尊重しながら，机間指導する	・ワークシート
	10分	グループでバランスの取れた食事を話し合い，モデル朝食を決める	児童たちの考えを尊重しながら，机間指導する	・ワークシート ・絵カード
	5分	グループで話し合ったモデル朝食を発表する	発表者に対し，適宜ほめる，プラスのコメントを言う	・黒板 ・絵カード
まとめ	5分	本時の学習のまとめ	毎日，バランスのとれた朝食を摂るよう意欲付けする。	

5） モニタリング

・主食，主菜，副菜のそろった朝食を毎日摂ることができているか。

・バランスの良い朝食を食べることができなかった時の状況はどうだったか。

・毎日，バランスのとれた食事をした時の体調・気分はどうだったか。

・保護者との連携を行い，チェックシートの記載を行う。

	月	火	水	木	金	土	日
朝食摂取							
バランス（食べたものに○印）	主食・主菜・副菜	主食・主菜・副菜	主食・主菜・副菜	主食・主菜・副菜	主食・主菜・副菜	主食・主菜・副菜	主食・主菜・副菜
体調・気分							

6） 評　価

評価名	目標名	評価指標	評価方法	開始時（%） 目標値（%）	結果（%）	評価
影響評価	行動	バランスの良い（主食・主菜・副菜のそろった）朝食を食べる児童の割合	モニタリングシート	30 60以上	30未満 30-59 (60以上)	C B Ⓐ
	学習	（知識） バランスの良い（主食・主菜・副菜のそろった）食事について理解する児童の割合	学期末質問紙調査	70 90以上	70未満 (70-89) 90以上	C Ⓑ A
		（スキル） 朝食を自分で用意できる児童の割合	学期末質問紙調査	20 40以上	20未満 (20-39) 40以上	C Ⓑ A
	環境	児童の朝食改善に協力する保護者の割合	学期末質問紙調査	70 90以上	70未満 70-89 (90以上)	C B Ⓐ
結果評価	結果	適切な身長・体重増加をする児童の割合	年度末の身体計測値	80 90	80未満 (80-89) 90以上	C Ⓑ A

今回は，プログラムを通し，バランスの良い(主食・主菜・副菜のそろった)朝食を食べる児童の割合をほぼ目標値まで増やすことができた。

(4) 高等学校における栄養教育

普通高校での昼食は，校内の生徒食堂の利用や弁当の持参である。生徒食堂についてはその運営はほとんどが給食会社に委託されており，栄養教育は職域の場合と同様，委託給食会社に所属する管理栄養士・栄養士に委ねられる(3.3.2)。

生徒食堂を利用しない場合，管理栄養士・栄養士による栄養教育の場はほとんどない。

高校生の年代は，思春期の終わる頃で，精神的な不安や動揺が起こりやすい。また，受験勉強・クラブ活動・アルバイトやメディア(テレビ・ゲーム・スマートフォン)の利用などによりライフスタイルや食行動が乱れる生徒も多い(1.1.2参照)。より栄養教育は重要である。しかし，その機会がほとんどない。現状では，中学校時代までに正しい生活習慣・食行動を習得しておくことや家庭での栄養教育が重要となる。

3.2.2 大　　学

(1) 特徴と留意点

1) 大学生の身体的・生理的特徴

大学生は18歳～20代前半にあたるため，成人期(おおよそ18歳～64歳)における青年期(おおよそ18歳から29歳)にあたる。身体的成長はほぼ終わり，性成熟は完成時期になる。体力的には最も充実した時期であり，有病率は成人期の中で最も低い。また，骨密度は成長期に上昇し，男女とも20歳ごろに最大骨量がピークに達する。

2) 大学生の生活上の留意点

大学生は，卒業後に社会人として活躍するための準備期間でもある。この時期の食習慣を含めた生活習慣は将来の健康や生活の質(QOL)に関わるため，生活習慣の改善を目指した栄養教育が求められる。

① **食生活**

大学入学後は親や家族から徐々に独立し，生活環境も変化するため，食生活が乱れてくることも多い。アルバイトなどを始める者も多く，外食や中食も増えるため(図3.4，3.5)，食塩の過剰摂取(図3.6)が問題となる。

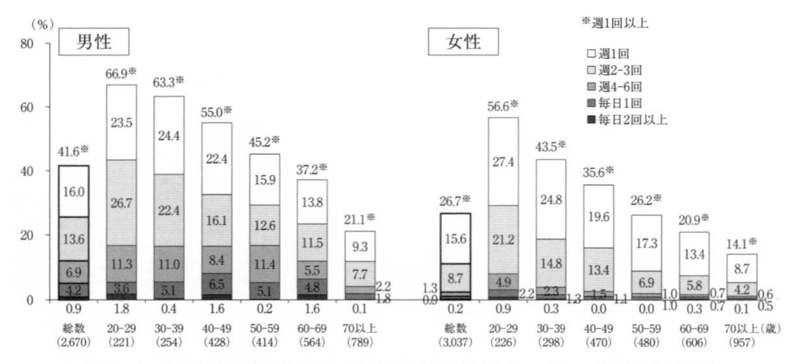

図3.4　外食を利用している頻度(20歳以上，性・年齢階級別)

出所）厚生労働省：平成元年度国民健康・栄養調査(2019)

また，授業終了後から深夜にかけてアルバイトをする者もおり，夜遅くの食事や就寝などは不規則な食事や朝食欠食につながる。20歳代の朝食欠食（**図3.7**）は，ここ数年増加しており，「令和5年3月食育に関する意識調査報告書（農林水産省）」では26.7％である。他方,「第4次食育推進基本計画（農林水産省）」では，朝食を欠食する若い世代の割合を15％以下にすることが目標とされているため，大学生に向けた朝食摂取を促すための栄養教育は重要である。

併せて，野菜摂取量は「健康日本21（第3次）」の目標量である350gを100g以上下回っており（**図3.8**），ビタミン，ミネラル，食物繊維の不足が健康に与える悪影響について啓発する必要がある。

② 男性の場合

20歳代の肥満者（BMI≧25 kg/m^2）の割合は23.1％であり，年齢とともに増加している（**図3.9**）。40歳代は最も高く，2～3人に1人が肥満者である。前述した食習慣を含む生活習慣の乱れ，身体活動量の低下は40歳代以降の肥満を招く要因となる。肥満は生活習慣病につながりやすい。そのため，適切な体重管理に向けた栄養教育を行う。

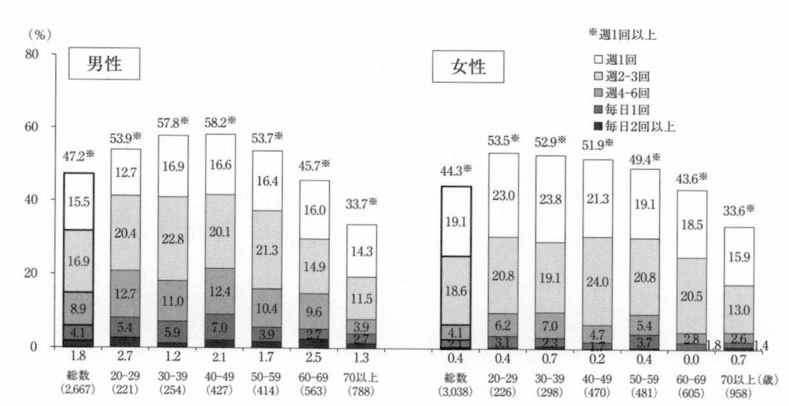

図3.5　持ち帰り弁当･総菜を利用している頻度（20歳以上，性・年齢階級別）

出所）図3.4と同じ

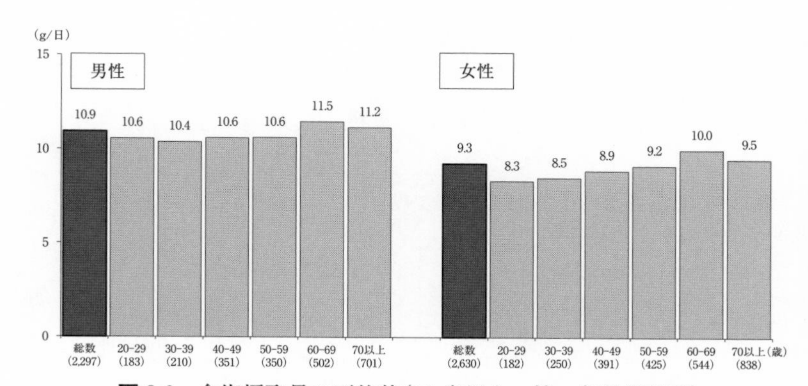

図3.6　食塩摂取量の平均値（20歳以上，性・年齢階級別）

出所）図3.4と同じ

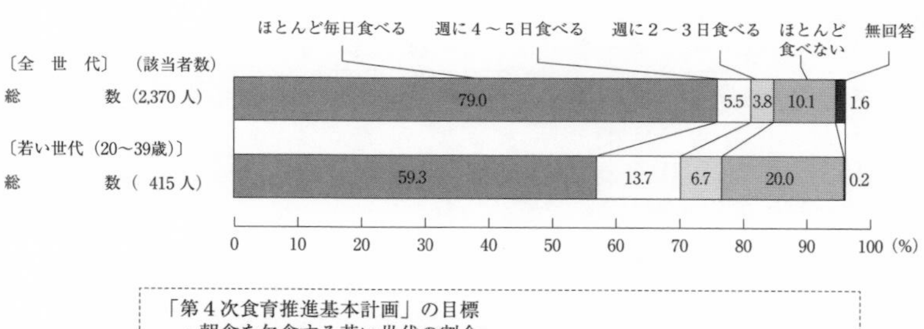

図3.7　朝食を食べる頻度（20歳以上，性・年齢階級別）

出所）農林水産省：食育に関する意識調査報告書（2023）

また，「令和元年度国民健康・栄養調査（厚生労働省）」によると，生活習慣病のリスクを高める量を飲酒している男性の割合や習慣的に喫煙している男性の割合は年齢とともに増加している。過度な飲酒や喫煙は，さまざまな疾

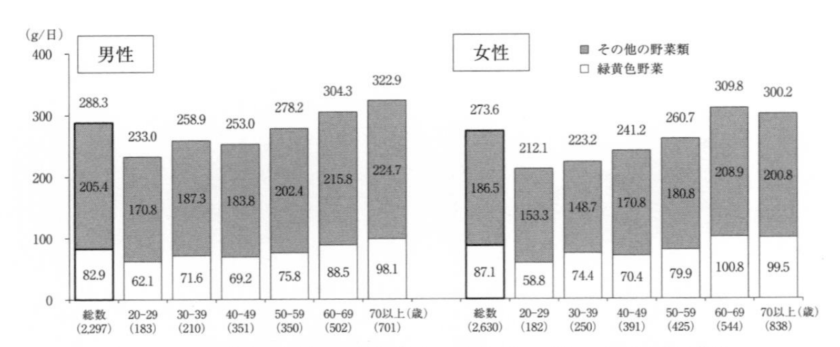

図 3.8 野菜摂取量の平均値(20 歳以上，性・年齢階級別)

出所）図 3.4 と同じ

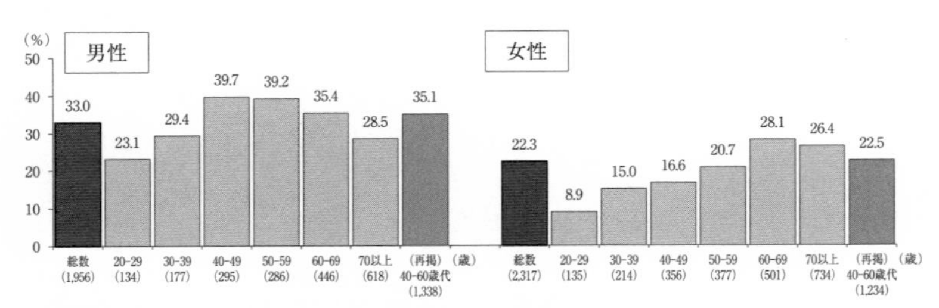

図 3.9 肥満者（BMI ≧ 25 kg/m^2）の割合（20 歳以上，性・年齢階級別）

出所）図 3.4 と同じ

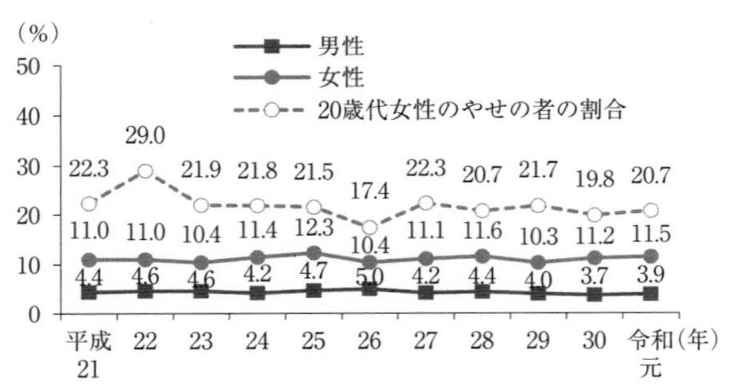

図 3.10 やせの者（BMI ＜ 18.5 kg/m^2）の割合（平成 21 年〜令和元年）

出所）図 3.4 と同じ

病や生活習慣病の発症率を高めるため，栄養教育と併せて飲酒や喫煙に対する健康教育も行う。

③ **女性の場合**

20 歳〜 30 歳代の女性は痩身願望をもつものが多く，20 歳代のやせの者(BMI ＜ 18.5 kg/m^2)の割合は 20.7 %(**図 3.10**)である。若い女性のやせは健康課題の 1 つであり，「健康日本 2(第 3 次)」は，若年女性のやせの減少を推進課題としている。無理なダイエット等による低栄養状態の継続は**鉄欠乏性貧血**[*1]に繋がる。さらに，やせと排卵障害(月経不順)や女性ホルモンの分泌低下，骨量減少との関連が報告されている。また，妊娠前にやせであった女性は，標準的な体型の女性と比べて**低出生体重児**[*2]を出産するリスクが高いことも報告されている。経済協力開発機構(OECD)の保健関連統計データによると，日本の低出体重児割合は 9.4 %であり，OECD 諸国の平均 6.5 %と比べて高い。これらの課題を解決するためには，やせが女性やその子どもの健康に与える影響，適正体重などの正しい健康知識の周知，ダイエットの必要性等を自ら考える栄養教育を行う。

また，ダイエットがきっかけで摂食障害になることがあるが，摂食障害は単なる食欲や食行動の異常ではない。心理的要因に基づく食行動の重篤な障害であり，体重に対する過度のこだわりや自己評価への体重・体形の過剰な

＊1 **鉄欠乏性貧血** 世界保健機構(WHO)では，Global Nutrition Targets 2025 において，生殖年齢の女性の貧血を 50 %減少させるという世界目標を掲げている。貧血は女性の健康と幸福を損ない，母体および新生児に悪影響を与えるが，世界中で 5 億人の生殖年齢の女性が罹患している。原因はさまざまであるが症例の半分は鉄欠乏症によるものと推定されている。

＊2 **低出生体重児** 胎児期および出生後早期の環境，特に栄養状態がその後の健康状態や疾病に影響するという DOHaD 説(Developmental Origins of Health and Disease)が唱えられており，低出生体重等の胎内での低栄養状態は，成人期に 2 型糖尿病，冠動脈疾患等を発症するリスクが高まり，生涯にわたる悪影響をもたらす可能性があることが指摘されている。

影響がみられる。摂食障害は大きく分けて**神経性やせ症**[*1]と**神経性過食症**[*2]に分類される。アメリカ精神医学会「神経疾患の診断・統計マニュアル第５版」(DSM-5)(2013年)を基準とした診断が行われている。身体的要因と精神的要因が交互に密着に関連して形成された食行動の異常と考えられている。摂食障害の場合，管理栄養士は専門医を受診することを勧め，家族，カウンセラー等とチームで連携して治療を進められるようにする。

④ **女性の健康支援**

女性は，妊娠や出産をする可能性があるため，ライフサイクルにおいては男性と異なる健康上の問題に直面する。このため，女性が自身の身体について正しい情報を入手し，自ら判断し，健康を享受できるようにしていく必要がある。

内閣府男女共同参画局では，**生涯を通じた女性の健康支援**[*3]を推進している。ここでは，**リプロダクティブ・ヘルス／ライツ**[*4]の視点等を重視しつつ，女性がその健康状態に応じて的確に自己管理を行うことができるようにするための健康教育や相談体制を確立するとともに，生涯を通じた女性の健康の保持増進を図ることを施策の基本的方針としている。将来を担う若い女性が自身の精神，身体特性を自覚し，健康を維持するためには食事の摂り方や栄養に関する知識は不可欠である。そのため，大学生への積極的な栄養教育が求められる。

⑤ **大学生アスリート**

大学生アスリートは身体活動量が多いため，性，年齢のほか競技特性やトレーニング量を加味し，消費量に見合ったエネルギーや栄養素の摂取が必要である。しかし，栄養に関する知識の不足がみられ，中食や外食の割合も多く，エネルギー摂取量のうち菓子類からの摂取が多い場合や，摂取食品の選択に偏りがある場合も多い。これに伴う不適切な体重減少，体調不良といった問題が挙げられる。

競技種目，ポジション，競技レベル，個人の身体づくりの目的(増量・減量，疲労回復，貧血予防等)にあう栄養教育が重要である。期分け(トレーニング期，試合期，オフ期)にあった食事計画や栄養評価ができるようになることが求められる。

(2) 進め方・実際

1) アセスメント

肥満増加に伴う非感染性疾患である生活習慣病の潜在化，痩身願望による低体重，朝食欠食，野菜摂取量の不足，大学生スポーツ選手の身体活動量に見合わない栄養摂取が見られるライフステージである。下記項目から課題や問題点を抽出する。

*1 **神経性やせ症(AN：anorexia nervosa)**　従来の神経性食欲不振症のこと。必ずしも患者の食欲は低下しておらず，肥満恐怖症のために食べられないことからDSM-5の日本語版で新しくつけられた病名。

*2 **神経性過食症(BN：blimia nervosa)**　アメリカ精神医学会DSM-5(2013)の診断基準は①むちゃ食いのエピソードの繰り返し，②むちゃ食いの期間中，食行動を自己制御できないという感じを伴う。③体重増加を防ぐために自己誘発性嘔吐，下痢・利尿剤・浣腸の使用，厳格な食事制限または絶食，または激しい運動を繰り返す。④むちゃ食いは最低週１回以上３か月続く，⑤自己評価は，体型および体重の影響を過度に受けている。⑥神経性食欲不振症のエピソードの期間中のみ起こるものではない。

*3 **生涯を通じた女性の健康支援**　内閣府男女共同参画局による①リプロダクティブ・ヘルス／ライツに関する意識の浸透，②生涯を通じた女性の健康の保持増進対策の推進，③女性の健康をおびやかす問題についての対策の推進，といった女性の心身の健康を生涯にわたって支援するための施策。文部科学省，厚生労働省，農林水産省，警察庁が担当して施策を推進している。

*4 **リプロダクティブ・ヘルス/ライツ**　リプロダクティブ・ヘルス(性と生殖に関する健康)とは，1994年の国際人口／開発会議の「行動計画」および1995年の第４回世界女性会議の「北京宣言及び行動綱領」において，「人間の生殖システム，その機能と(活動)過程の全ての側面において，単に疾病，障害がないというばかりでなく，身体的，精神的，社会的に完全に良好な状態にあることを指す」とされている。

リプロダクティブ・ライツ(性と生殖に関する権利)は，「全てのカップルと個人が自分たちの子どもの数，出産間隔，並びに出産する時を責任をもって自由に決定でき，そのための情報と手段を得ることができるという基本的権利，並びに最高水準の性に関する健康及びリプロダクティブ・ヘルスを得る権利」とされている。

① 大学での健康診断(身体計測，血液検査等)の結果，② 学部や専攻の把握，③ 生活スタイル(親と同居，寮，一人暮らし)，通学時間，アルバイト時間，睡眠時間などの日常生活状況，④ 食事摂取状況，⑤ 食知識，⑥ 調理技術，⑦ 運動習慣の有無，⑧ 運動部に所属か否か

2) 目標設定

長期目標		健康的な生活習慣を身につけ，生活習慣病(NCDs)の予防につなげる。
中期目標		欠食を避け，身体活動量に見合ったバランスの良い食事を摂取できるようにする。
短期目標	結果目標	・適切な体重の維持，適正体格(BMI 値)。
	行動目標	・夜遅い食事は避け，朝食を摂る。 ・菓子類，嗜好飲料の摂取を控える。 ・栄養バランスのよい食事を摂取する。 ・調理経験を増やす。 ・栄養成分表示を見る。 ・SDGs (食品ロス削減)のために何らかの行動をする。
	学習目標	①知識：健康と食事の内容や摂り方との関連がわかる。 自分にとって望ましい食事･栄養素について知る。簡単にできる調理方法を学ぶ。 SDGs (食品ロス削減)について知る。 ②態度：欠食をなくし，菓子，嗜好飲料の摂取量を減らす。 栄養バランスに配慮した健康的な食事を積極的に選ぶ。 ③技能：簡単にできる調理方法を身に付ける。 外食・中食の際に栄養バランスのよい組み合わせがわかる。
	環境目標	・学生食堂に大学生の摂取不足が懸念される野菜などの食材を使用したメニューを多く揃える。 ・学生食堂に栄養や食事内容の情報を提供するポスター等を掲示する。 ・SNS やメールによる栄養情報の配信。

3) 計　画 (Plan)

① 栄養や食事に関する講習会

・身体活動量や運動量に見合ったエネルギーおよび栄養素量の啓発。

・5つの料理カテゴリー(主食，主菜，副菜，果物，牛乳・乳製品)に関する栄養学的知識，および菓子類・嗜好飲料の栄養学的知識と健康との関連についての情報提供。

・簡単な調理ができるようになるための調理実習。

・アンケート用紙の準備，対象者に合わせたワークシートの準備を行う。

・学生食堂に「栄養バランスを考えた健康的な食事の選び方」を掲示。

② 個別指導

・行動変容ステージの判断。

・食生活状況や日常生活状況，身体活動量。

4) 実　施 (Do)

① 栄養や食事に関する講習会

・昼休み，部活動の時間に開催する。

・SNS やメールを使用する。

・「食生活指針」を用いて食生活と生活との関連を説明する。

・「食事バランスガイド」や写真等を用いた5つの料理カテゴリー(主食，

主菜，副菜，果物，牛乳・乳製品）の説明と，それぞれの料理から主に摂取できる栄養素を解説する。また，食塩摂取量や脂質量，菓子類，嗜好飲料についての説明も行う。

・一品で多くの栄養素を含む料理や，1つの鍋やフライパン等で多くの栄養素を摂取できる料理の調理実習を行う。併せて，SNSを使用して調理実習のレシピや様子を配信する。

・対象者に合わせたワークシートを用いて行う。

・学生食堂へ協力を依頼し，野菜を多く使用したメニューや，若い人が好む調理方法を用いた魚料理を提供してもらう。

② 個別指導

・行動変容ステージに応じた栄養教育。

・食生活状況や日常生活状況，大学生スポーツ選手の場合は運動量や競技特性から判断するなど，学生の個別性に合わせた指導。

5) モニタリング評価（Check）

企画評価	対象者の食生活状況や日常生活状況，大学生アスリートの場合は運動量や競技特性から課題を的確に抽出できたか，目標設定および講習会や個別指導の内容は適正か，など
経過評価	講習会：予定通りに準備でき，予定通りに進んだか，目標行動の要因に関わる学習はできていたか，など 個別指導：行動変容ステージに合わせた指導ができたか，個別性に合った指導であったか，など
影響評価	計画したプログラム終了後の食生活や生活習慣はどのように変化したか，といった行動目標（短期目標）や環境目標が達成できたか，など
結果評価	短期目標，中期目標は達成できたか，計画したプログラムの目標（長期目標）は達成できたか，など

(3) 具体例：19歳女子大学生

多くの大学の健康管理部門には管理栄養士・栄養士は採用されていない。

大学内における栄養教育は，職域の場合と同様，学生食堂を運営する給食会社の管理栄養士・栄養士により実施されている。その注意点・進め方は職域における栄養教育に準じる（p.121，3.3.2 職域の項参照）。

ここでは，健康管理部門の校医より依頼された栄養教育（個人）例を示す。

対象者：女子学生（19歳）身長159 cm，体重46 kg，Hb 11.0 g/dl。健康診断時に実施したアンケート調査から食生活改善に対する準備性は熟考期。

教育依頼内容：「最近疲れが取れにくく，朝も起きることがつらいことが多い。大学生になってから，ダンス部のある日以外はアルバイトで帰宅が深夜になることもある。」とのことである。健康診断の血液検査結果では，ヘモグロビンの値が基準値を下回っていますが，ほかに異常はみられない。生活習慣や食事内容の改善が必要である。栄養指導をお願いする。

1)　アセスメント：1回目面談

・アセスメントした体重と身長からBMIを計算。18.2 kg/cm^{2}であることから，やせと判定。
・ヘモグロビン値が基準値(11.4～14.6 g/dL)を下回っている。
・食生活改善に対する準備性は熟考期であることから，食生活の改善が期待できる。
・一人暮らしで，朝食はほとんど食べない。昼や夜はコンビニ弁当が多く，欠食も多い。
・本人の認識では「自分は太っている」ため，「痩せたい」と考えていた。そのため，食事を欠食することに違和感はない。空腹感を紛らわすためには食事よりも菓子のほうが軽いので，エネルギーが少ないという認識を持っている。
・飲料摂取の際は水，お茶以外のものを選び，空腹感を補っている。
・ダンス部の練習は週4日あり，帰宅が遅くなるため食事を作る時間がない。
・ファミリーレストランで週2日アルバイトしている。アルバイトの日は賄い食が出る(23時頃)。

→対象者のエネルギー必要量および各栄養素の摂取基準値と実際の摂取量を比較するため，次の面談までに3日間の食事記録(体調不良の日やイベントの日は避ける)を依頼する。

2)　課題の抽出・目標設定・実施：2回目面談

① 対象者の摂取栄養量（3日間の食事記録から平均値を算出）

対象者の3日間の平均値	エネルギー(kcal)	たんぱく質(g)	脂質(g)	炭水化物(g)	鉄(mg)	カルシウム(mg)	レチノール活性当量(μgRAE)	ビタミンB_1(mg)	ビタミンB_2(mg)	ビタミンC(mg)	食物繊維(g)	食塩相当量(g)
菓子類	601	0.1	23.1	91.25	1.8	81	26	0.2	0.1	16	4.5	5.8
食事	1,036	33.0	31.3	153.25	5.3	421	432	0.6	0.9	87	8.5	3.1
合計	1,637	33.1	54.4	244.5	7.1	502	458	0.8	1	103	13	8.9
20歳代食事摂取基準値	2,000	75	55.6	300	10.5	650	650	1.1	1.2	100	18	6.5
過不足	−363	−419	−1.2	−55.5	−3.4	−148	−192	−0.3	−0.2	3	−5	2.4

・BMI：18.2(やせ)

② 課題の抽出

調査で得られた食生活の改善に対する行動変容ステージが熟考期であることから，食生活の改善が期待できる。まず，欠食は栄養摂取量が不足し，痩身の原因となるため，特に朝食摂食を推進することにする。同時に，適正体重を認識してもらい，食事や菓子の栄養価やエネルギーについて栄養教育を行う。

課題	
	1　朝食などの欠食
	2　食事や菓子，飲料の栄養価やエネルギーについて誤った認識による食事摂取量の不足
	3　適正体重の誤認識

③ 目標設定

結果目標	欠食をなくす
実施目標	栄養カウンセリングを月1回受ける
行動目標	菓子の摂取量を減らす
学習目標	知識：食事や菓子，飲料のエネルギー量や栄養価，適正体重について正しい知識を持つ 技能：簡単な調理ができるようになる 態度：食品購入時に食品のエネルギー量や栄養価を意識する
環境目標	菓子の買い置きをしない

④ 実　　施

・朝食を摂取することのメリット，欠食をすることのデメリットを説明。
・菓子類や飲料のエネルギーや栄養価についての正しい情報を提供。併せて，主食・主菜・副菜が揃った献立のエネルギーや栄養素についても説明。
・適正体重を示し，対象者の誤認識を改善。

→今回の面談内容を踏まえた対象者のエネルギー摂取量および各栄養素の摂取量と必要栄養量を比較するため，次の面談までに3日間の食事記録(体調不良の日やイベントの日は避ける)を依頼する。

3) モニタリング：第3回目面談

① 対象者の摂取栄養量（3日間の食事記録から平均値を算出）

対象者の3日間の平均値	エネルギー (kcal)	たんぱく質 (g)	脂質 (g)	炭水化物 (g)	鉄 (mg)	カルシウム (mg)	レチノール活性当量 (μgRAE)	ビタミン B_1 (mg)	ビタミン B_2 (mg)	ビタミンC (mg)	食物繊維 (g)	食塩相当量 (g)
菓子類	53	0.3	0.8	11.5	0	5	0	0	0	0	0	0
食事	1,845	70.6	56.3	263.7	9.8	587	674	0.6	0.9	87	8.5	3.1
合計	1,898	70.9	57.1	275.2	9.8	592	674	1.2	1.1	121	18	7.5
20歳代食事摂取基準値	2,000	75	55.6	300	10.5	650	650	1.1	1.2	100	18	6.5
過不足	−102	−4.1	0.8	−24.8	−0.7	−58	24	0.1	−0.1	21	0	1

・自宅で体重測定したところ，46.8kg であった
・BMI：18.5（ふつう）

② 課題とモニタリング

課題	モニタリング
朝食などの欠食	朝食を摂取することのメリットを理解し，冷凍ピザなど手間のかからないものを毎日食べている。夜遅くの食事は避け，アルバイトのときは，夕方におにぎりなどを食べている。簡単な料理（味噌汁など）は多めに作り，冷蔵庫に入れて，朝食として食べたりしている。
食事や菓子，飲料の栄養価やエネルギーについての誤った認識による食事摂取量の不足	食品を購入する際，エネルギー量や栄養表示を確認するようになった。これにより，食品のエネルギー量や栄養価を理解し，菓子類の摂取量が減った。菓子をやめ，食事を摂るようになったら，疲れにくくなった。
適正体重の誤認識	身長と体重から算出した体格指数（BMI）を確認することにより，「自分は太っている」のではなく，「やせ」であることがわかった。2か月で体重が0.8 kg 増加し，46.8 kg となった。体重は増加したが，ダンス部の練習後も疲れにくくなり，体調がよい。朝も以前に比べ，すんなりと起きることができる。

4) 評　　価

企画評価	問題行動の検出の適否，目標設定は適正か？ →朝食摂取，体重増加，食事内容の改善がみられたことから，適正であったと評価できる。
経過評価	実施目標は達成できたか，目標行動の要因に関する学習はできたか？ →食品や菓子類の購入時にエネルギーや栄養価を確認するようになった。その結果，食事調査では栄養摂取の改善が見られた。また，簡単な料理を作り置きするようになった。
影響評価	行動目標，環境目標は達成できたか？ →菓子類の買い置きは止め，食事調査の結果も菓子類からのエネルギー摂取はほとんどない。
結果評価	結果目標は達成できたか？ →朝食欠食がなくなった。適正体重となり，疲れにくくなった。

【統括的評価】

対象者の食生活改善に対する準備性が熟考期であったことが功を奏し，抽出した課題に対して積極的に取り組んだ。適正体重や食品のエネルギーおよび栄養価の正しい認識が，朝食などの欠食をなくすことに繋がったといえる。また，欠食をしないことで体調に改善がみられたことから，簡単な調理への関心が生じ，作り置き料理にもチャレンジしたようである。食生活の改善から必要なエネルギーや栄養素が供給されたため適正体重となり，ダンス部の練習後も疲れにくくなったといえる。一方で，鉄やカルシウムなど食事摂取

基準に満たない栄養素もあるため，引き続き栄養カウンセリングを行う。

3.3 地域・職域における栄養教育の展開

3.3.1 地　域

(1) 特徴と留意点

地域における栄養教育は，地域保健法で定める保健所・保健センターで実施される。地域保健法は，地域住民の健康の保持増進に寄与することを目的に策定された法律である。保健所は都道府県，政令指定都市，中核市，東京23区(特別区)などに設置され(地域保健法第5条)，保健センターは市町村に設置される(同第18条)。

保健所・保健センターが主となって実施する地域における栄養教育の目的は，地域住民の健康増進と疾病予防の一次予防にある。保健所・保健センターの管理栄養士はすべてのライフステージ・ライフスタイルの地域住民を対象に，「健康日本21」の推進を基本に栄養教育を実施する。保健所と保健センターの業務内容は異なり，保健所は広域的，専門的な技術的拠点として，健康日本21や食育推進基本計画の自治体版作成などの企画調整，指導及びこれらに必要な事業として栄養改善に関すること(同第6条第2項)，地域住民の健康の保持および増進を図るための事項として地域保健に関わる情報収集の整理・活用や調査研究について(同第7条第1, 2項)，国民健康・栄養調査(健康増進法第10～12条)，給食施設指導(同第20～24条)など，行政機関としての色合いが強く，基本的に対人保健サービスは行わない。反対に保健センターは対人保健サービスが中心で，母子手帳交付からマタニティセミナー，乳幼児健診などの母子保健事業のほか，健康相談・栄養指導(含調理実習)など地域住民にとって身近で利用頻度の高い保健サービスの提供を行っている。ただ，都道府県・市や特別区が設置する保健所では保健センター機能＝対人保健サービスも行っている。

保健センターで実施される栄養教室は妊娠期の夫婦を対象にしたマタニティセミナー，離乳開始時期の乳児を持つ保護者対象の離乳食教室，特定保健指導，夏休み期間を利用して親子もしくは子どもを対象にしたクッキング教室などがある。また，幼稚園(園児や保護者対象)や婦人会，老人会などの団体からの依頼で希望テーマに応じて，講話や調理実習などを保健センター内外で実施する。定例的な事業としては乳幼児健診があり，ミルクを思ったように飲んでくれない，離乳食の進め方，偏食，少食などの保護者からの相談に応じている。このように本来重要な役割を果たす機関であるが，業務のスリム化を余儀なくされ，特に対人保健サービスにおいて乳児健診が医療機関に委託されるなど，栄養指導の機会が減少している。その分，インターネットから情報を得る保護者が増えていると思われるため，今後ヘルスリテラシー能力を身に付けるように喚起する必要があるだろう。

その他，災害や食中毒，感染症，飲料水汚染等の飲食に関する健康危機管理も保健所・保健センターの重要な業務である。

(2) 具体例：マタニティセミナー

対象：A市保健センターにおけるマタニティ

1) アセスメントと課題の抽出

国民健康・栄養調査結果(令和2(2019)年)によると，肥満度(BMI)が18.5未満の「やせ(低体重)」が出産対象年齢である20歳代女性で20.7％，30歳代で16.4％，40歳代で12.9％であり，A市でも同様の傾向が見られる。

全国傾向と同様，A市でも低出生体重児(2,500g未満)の割合が増えており，その背景の一つに若年女性のやせや妊娠中の体重増加不足があると予想される。低出生体重児は，成人後に生活習慣病(高血圧・糖尿病など)にかかりやすいと考えられている。そのため，妊娠前からの適切な食生活が，自身の健康の維持・増進と将来生まれてくる子どもの健康にとって大切である。また，子育てへの不安感や負担感も増す傾向にあるため，それらについての配慮が必要である。

以上から，母子手帳交付の際にマタニティセミナーの案内をし，妊娠中の適切な食習慣と，体重増加について説明する。またグループワークを通して子育て仲間を作り，妊娠中の不安感，負担感の軽減を図る。

・課題例

健康状態	非妊時の体格，妊娠中の体重増加，妊娠高血圧症候群や妊娠糖尿病，貧血
食物摂取状況	食習慣，調理技術，食環境

2) 目標設定

目標は最終的に達成したい長期目標と長期目標を達成するための中期目標，長中期目標を達成するための短期目標がある。

目標の種類		内　　容
長期目標		妊娠中に適正体重を理解し，バランスの良い食事，食習慣を習得する
中期目標		バランスの良い食事がわかり，毎食バランスの良い食事を用意できる
短期目標	結果目標	やせの弊害および妊娠中の食事のポイントを理解し，低出生体重児の可能性を低くする
	学習目標	やせの弊害および妊娠中の食事のポイントを知る
	行動目標	3食規則正しく食べる
	環境目標	子育て仲間ができる

3) 計画書作成

妊娠初期後期に各1回ずつ(計2回)開催し，計画書作成の際には6W2Hの各項目を必ず検討する。

プログラム名	マタニティセミナー：不安のないマタニティライフで元気な赤ちゃんを!!
目的(Why)	適正体重を理解し，バランスの良い食事を習得する 子育て仲間を作る
対象者(Whom)	原則妊娠初期・後期の本人およびパートナー
テーマ(What)	妊娠中の食生活
場所(Where)	保健センター　会議室
日時(When)	○○年○○月○○日　○○時～○○時
指導方法(How)	レクチャーの後，グループで仲間づくりをする。前期・後期各1回開催
予算(How much)	参加費用無料
スタッフ(Who)	保健センター管理栄養士，保健師，歯科衛生士

4) プログラム実施

担当者	実　施　内　容
管理栄養士	妊娠中の体重増加とバランスの良い食事について
保健師	出産，育児のアドバイス
歯科衛生士	妊娠中の歯科衛生と乳児の歯について
全員	育児仲間を作ろう !! 質疑応答

5) 評　　価

評価名	内　　容
企画評価	アセスメントが適切で，スタッフの事前トレーニングも適正に実施され連携がとれていた
経過評価	教育プログラムが計画通りに進み，出席率も高く，妊娠中の適正体重やバランスの良い食事が理解できた また育児仲間ができて，妊娠中の不安が減ったという感想が多かった

評価名	目標名	評価指標	結果(%) 目標値(%)	判定
影響評価	行動	3食規則正しく食べるようになったか	90 80以上	目標達成
	環境	子育て仲間を作るためのグループワークの後，連絡先を交換する者も多かった。	95 80以上	目標達成
	学習	やせの弊害および妊娠中の食事のポイントを理解したか	90 80以上	目標達成
	実施	妊娠前期・後期で各1回開催できたか	100 100	目標達成
結果評価	結果	やせの弊害を理解し，妊娠中の体重増加を意識するようになったか バランスの良い食事を理解し用意できるようになったか 子育て仲間ができたか	90～100 80以上	目標達成
経済評価		予算内にできたか	80以上	目標達成

このマタニティセミナーにおいて，対象者の大多数はやせの弊害を理解し，妊娠中の体重増加量を理解し，食事も栄養バランスに気をつけるようになった。プログラム最後のグループワークで，今後の子育て仲間もできた。

6) アクション

以上のようにすべてがうまくいくとは限らない。思った効果が出なかった項目に関しては，介入の部分を修正し，次の教育機会に修正した計画で実施する。

3.3.2 職　域

(1) 特徴と留意点

職域における栄養教育は主に事業所など企業の社員食堂で，喫食者の健康維持，増進の一次予防を目的に献立作成を行い，給食を提供する管理栄養士，栄養士により実施される。生産年齢人口(15 ～ 64 歳)が主な対象者となる。社員食堂は**ポピュレーションアプローチ**[*1]の場としても重要である。

継続的に1回100食以上または1日250食以上の食事を提供する特定給食施設のうち，**健康増進法第21条第1項の規定**[*2]に基づく厚生労働大臣が定める指定基準の施設では，**管理栄養士，栄養士の配置基準**[*3]が決まっている。しかし，その他の施設では，管理栄養士，栄養士の配置は努力義務である。

企業の給食部門に関する法令が，栄養改善法から健康増進法へと変わり，社員食堂は，福利厚生ではなく従業員の健康管理のツールとなった。しかし，その運営はほぼすべてが給食会社に委託する形態となっているため，病院や高齢施設などと異なり，管理栄養士，栄養士は給食会社所属である。したがって給食会社の管理栄養士・栄養士は企業側の健康管理部門と密に連携し，従業員の年に一度の健康診断結果を把握したうえ(個人情報の守秘について厳重注意すること)で，ヘルスプロモーションとしての栄養教育，メニュー提供や栄養学的に好ましい料理を安価にする，テーブルの上に調味料を置かないなど，従業員が自然と好ましい食行動がとれるような環境，栄養学的知識の提示を行う。3.3.1の項で述べたように，特定給食施設は保健所の栄養指導員(管理栄養士)による立入検査を原則年1回受け，指導項目に対して改善に努め，従業員の健康管理の一助とする。

(2) 勤労者の栄養教育

1) トータル・ヘルス・プロモーション・プラン

厚生労働省は，1988年より，健康保持増進措置活動として，働く人の「心とからだの健康づくり」をスローガンに，トータル・ヘルス・プロモーション・プラン(Total Health Promotion Plan：THP)を展開している。

基本的な考え方や事業所における実施方法については，労働安全衛生法第70条の2に基づき，「事業場における労働者の健康保持増進のための指針」(THP指針)が公表されている。健康保持増進措置を実施するスタッフは，産業医，運動指導担当者，運動実戦担当者，心理相談担当者，産業栄養指導担当者，産業保健指導担当者であり，その内容は，健康測定，運動指導，メンタルヘルスケア，栄養指導，保健指導等である。産業栄養指導担当者は，食生活上問題が認められた従業員に栄養指導を行う。

*1　**ポピュレーションアプローチ**　対象を限定せず，集団全体にアプローチして健康リスクを下げる取り組み(例：栄養成分表示など)をいう。これとは反対に，健康リスクの高い個人を対象にすることをハイリスクアプローチという。

*2　**健康増進法第21条第1項の規定**　(特定給食施設における栄養管理)特定給食施設であって特別の栄養管理が必要なものとして厚生労働省令で定めるところにより都道府県知事が指定するものの設置者は，当該特定給食施設に管理栄養士を置かなければならない。

*3　**管理栄養士，栄養士の配置基準**　http://web.hyogo.lg.jp/kf17/documents/siteikizyunn.pdf (2024.2.4)

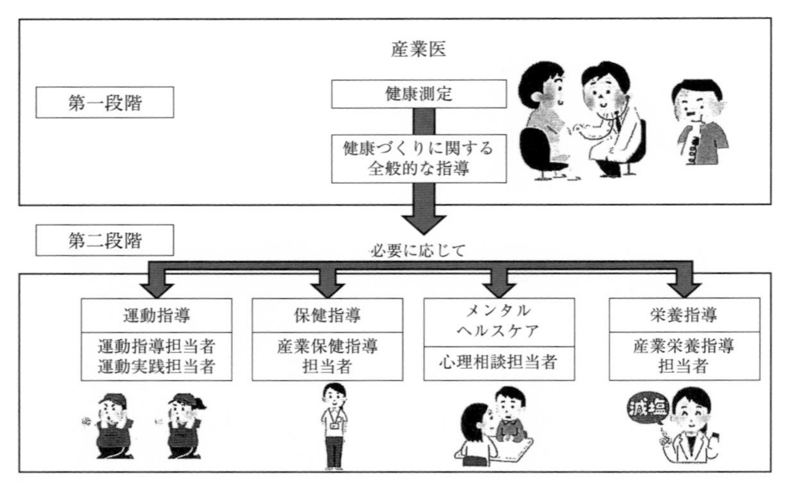

図 3.11 トータル・ヘルス・プロモーション・プランによる健康増進の流れとスタッフの役割

出所）厚生労働省：働く人の健康づくり THP の進め方(2001)を基に作成

2) 特定健康診査・特定保健指導（表 3.14，図 3.12）

厚生労働省は，2008(平成 20)年度 4 月より 40 歳～ 74 歳を対象にメタボリックシンドロームの観点から「特定健康診査・特定保健指導」の制度を開始した。実施主体は健康保険組合や国民健康保険の保険者で，対象は，40 歳～ 74 歳の医療保険加入者である。健診結果から対象者を「情報提供」「動機付け支援」「積極的支援」の 3 つの支援レベルに階層化し，特定保健指導実施者(管理栄養士，医師，保健師)が，行動科学理論に基づき，それぞれのレベルに応じた特定保健指導を実施する。特定保健指導実施者は，決められた時間の面接，電話や電子メールなどによる指導により，対象者の健康への関心を高め，行動変容に導く役割が求められている。

(3) 進め方・実際

栄養教育は対象の健康・栄養課題を明確化し，PDCA サイクルに基づいたものとなる。

表 3.14 特定保健指導の対象者(階層)

腹囲	追加リスク ①血糖②脂質③血圧	④喫煙歴※)	対象 40 ～ 64 歳	対象 65 ～ 74 歳
≧ 85 cm（男性） ≧ 90 cm（女性）	2 つ以上該当	／	積極的支援	動機付け支援
	1 つ該当	あり		
		なし		
上記以外で BMI ≧ 25	3 つ該当	／	積極的支援	動機付け支援
	2 つ該当	あり		
		なし		
	1 つ該当	／		

注）喫煙歴の斜線欄は，階層化の判定が喫煙歴の有無に関係ないことを意味する。
※）質問票において「以前に吸っていたが最近 1 か月は吸っていない」場合は，「喫煙なし」として扱う。
出所）厚生労働省：標準的な健診・保健指導プログラム(令和 6 年度版)を基に作成

1) アセスメント

市町村や都道府県，国など各種の調査結果，社員食堂では健康診断結果と給食の栄養摂取状況を収集・整理し，総合的に分析した上でライフステージ毎の特徴を踏まえ，課題を明確にし，目的・目標を設定する。また，栄養教育後の行動変容を維持・

ステップ1

内臓脂肪蓄積のリスク判定

(1)腹囲	(2) BMI
男性≧ 85cm 女性≧ 90cm	男性＜ 85cm 女性＜ 90cm かつ BMI ≧ 25

ステップ2

追加リスクの数の判定と特定保健指導の対象者の選定

①血圧高値	②脂質異常	③血糖高値	④質問票	⑤質問票
a 収縮期血圧 ≧ 130 mmHg または b 拡張期血圧 ≧ 85 mmHg	a 中性脂肪 ≧ 150 mg/dL または b HDL- コレステロール ＜ 40 mg/dL	a 空腹時血糖 ≧ 100 mg/dL または b HbA1c ≧ 5.6 %	喫煙歴あり	①，②または③の治療にかかる薬剤を服用している
メタボリックシンドロームの判定項目			関連リスク	

ステップ3

保健指導レベルの分類

ステップ1で(1)に該当した場合 ステップ2で①～④のリスクのうち			ステップ1で(2)に該当した場合 ステップ2で①～④のリスクのうち			ステップ2で ⑤に該当
追加リスク 2個以上	追加リスク 1個	追加リスク 0個	追加リスク 3個以上	追加リスク 1, 2個	追加リスク 0個	特定保健指導 の対象外
積極的支援	動機づけ支援	情報提供	積極的支援	動機づけ支援	情報提供	

ステップ4

特定保健指導における例外的対応等

- 65歳以上75歳未満の者については，日常生活動作能力，運動機能等を踏まえ，QOLの低下予防に配慮した生活習慣の改善が重要であること等から，「積極的支援」の対象となった場合でも「動機づけ支援」とする。
- 降圧剤等を服薬中の者については，継続的に医療機関を受診しているはずなので，生活習慣の改善支援については，医療機関において継続的な医学的管理の一環として行われることが適当である。そのため，保険者による特定保健指導を義務とはしない。しかしながら，きめ細やかな生活習慣改善支援や治療中断防止の観点から，かかりつけ医と連携したうえで，保健指導を行うことも可能である。また，健診結果において，医療管理されている疾病以外の項目が保健指導判定値を超えている場合は，本人を通じてかかりつけ医に情報提供することが望ましい。

図 3.12　特定保健指導対象者の階層化

出所）厚生労働省：標準的な健診・保健指導プログラム（令和6年度版）を基に作成

表 3.15　情報提供・保健指導の実施形態

	対象者	支援期間・頻度	支援形態
情報提供	健診受診全員	年1回（健診結果の通知と同時に実施）以上	対象者の特性に合わせ，支援手段を選択
動機づけ支援	健診結果・質問票から，生活習慣の改善が必要と判断された者，かつ生活習慣の変容を促すに当たって，行動目標の設定やその評価に支援が必要な者	原則1回以上の支援。3か月以上経過後に評価を行う。 ※状況等に応じ，6か月経過後の評価実施や，3か月経過後に実績評価終了後に独自のフォローアップ実施も可能。	面接による支援 ・1人20分以上の個別支援（情報通信技術を活用した遠隔面接は30分以上） ・1グループ（8名以下）あたり，80分以上のグループ支援
積極的支援	健診結果・質問票から，生活習慣の改善が必要と判断された者，かつ，そのために保健指導実施者によるきめ細やかな継続的支援が必要な者	3か月以上の継続的な支援。当該3か月以上の継続的な支援後に評価を行う。 ※状況等に応じ，6か月経過後に評価実施や，3か月経過後の実績評価終了後に独自のフォローアップも可能。	●初回時の面接による支援 動機づけ支援と同様 ●3か月以上の継続的な支援 ①支援A（積極的関与タイプ）： ・特定保健指導支援計画や実施報告書，支援計画の実施状況を確認するため，対象者の行動計画への取り組みとその評価等について記載したものの提出を求め，記載に基づいた支援を行う。 ・個別支援A，グループ支援A，電子メール支援Aから選択 ②支援B（励ましタイプ） ・個別支援B，電話支援B，電子メール支援Bから選択 ・支援計画の実施状況の確認と励ましや賞賛をする支援

出所）図3.12と同じ

継続していくためには，対象者の環境整備も重要なポイントとなる。組織における環境は健康になろうとする本人の努力以外のものであるため，環境整備は健康教育と車の両輪の関係にあることを常に意識して栄養教育を実施することが重要である。また，近年は**社会経済的背景***（SES：socio-economic status）も，障害等の有無と同様に健康格差に影響を与えることに留意する必要がある。

＊社会経済的背景　個人や家庭の状況を収入や職業，教育の状況から見る子どもの家庭環境を表す指標の一つ。
資本主義経済が浸透した社会では，社会階層（身分や階級など）と経済的階層（財産や所得などで峻別できる集団）の間には相関関係がある（社会階層が高いと経済的地位も高く，その逆も然り）。

・課題例

年に一度の健康診断で肥満，脂質異常症，血糖値異常者が社員の平均年齢の上昇とともに増加傾向となっている
ヘルシーメニューの売り上げ数が少ない

2）目標設定

目標は最終的に達成したい長期目標と長期目標を達成するための中期目標，長中期目標を達成するための短期目標がある。

・社員食堂の例

目標の種類		内　容
長期目標		肥満を低減することで健康診断結果を改善する
中期目標		ヘルシーな食事を理解し，実践する
短期目標	結果目標	ヘルシー定食がよく売れるようになる
	学習目標	肥満が引き起こす疾病について知る
	行動目標	ヘルシー定食を選ぶ
	環境目標	選んでほしい定食の料金を引き下げる

3）計　画（Plan）

計画は，設定した目標がクリアできるように，評価項目を検討しながら組み立てていく。6W2Hについて計画する。下記は，肥満改善を目的とした計画例である。

プログラム名	健康セミナー：肥満解消への簡単ポイントを知ろう
目的（Why）	肥満の弊害を知り，健康診断結果を改善する
対象者（Whom）	A企業の健康診断結果要指導者。または喫食者全員
テーマ（What）	肥満解消に向けて
場所（Where）	○○会議室または社員食堂
日時（When）	○○年○○月○○日　○○時～○○時または喫食時間
指導方法（How）	講義の後，グループワーク
予算（How much）	委託会社への栄養教育費用，教材費
スタッフ（Who）	A企業健康管理部門事務，保健師等，給食会社側管理栄養士

4）実　施（Do）

事前に綿密な打合せを実施していても，栄養教育プログラムを実施する際に不都合な点も出てくる。その時は柔軟に修正しながら対象者に合わせて実施する。

担当者	実　施　内　容
A企業健康管理部門事務	挨拶　栄養講習会開催の目的説明
給食会社側管理栄養士	肥満の弊害，肥満解消・予防のための食事，食堂でのメニューの選び方，運動について
A企業保健師	日常生活の留意点

5） モニタリング（Check）

実施事項は，いい点も悪い点も含めて記録して残しておく。

食堂でのメニューの選び方はわかったが，今のヘルシーメニューは満足感が少ないとの意見があがった
コンビニで調達する時のポイントも説明してほしかった
運動は隙間時間でできるものを紹介してほしかった

6） 改　善（Action）

モニタリングで得られた情報，特に改善の必要な部分をスタッフ全員が共有し，次回の計画に生かし，よりよいプログラムとする。PDCAサイクルを繰り返す。

（4）具体例：メタボリックシンドローム予防のための栄養教育教室

対象：A社肥満および肥満傾向の男性社員（30～50歳）

1） アセスメントと課題の抽出

・アセスメント

内　容	具体的な情報	方　法
客観的情報	・腹囲85 cm以上の者が多い ・BMI 25.0（kg/m^2）以上の者が多い（30歳代30 %，40歳代35 %，50歳代40 %） ・臨床検査値（中性脂肪が高値の者が多い） ・血圧が高値の者が多い	・身体計測 ・生理・生化学検査
主観的情報	・食習慣 ・生活習慣情報（喫煙歴，飲酒，生活活動量，睡眠等） ・行動変容の準備性 ・食知識，食態度，食スキル ・ソーシャルサポートの状況 ・食物・情報へのアクセス方法	・食物摂取頻度調査 ・食・生活習慣調査 ・質問紙調査（食への関心・環境）

・課題の抽出

課　題	①腹囲85 cm以上やBMIが高値の者が多い。 ②主食・主菜や菓子・アルコールの摂取量が多い。 ③食塩摂取量が多い。野菜摂取量が少ない。 ④飲酒習慣のある者が多い。 ⑤生活習慣病に対する危機感がない者や行動変容の準備性が低い者が多い。
優先課題の決定	腹囲85 cm以上の者が多い。
目標決定	成人期男性のメタボリックシンドローム予防（腹囲の減少） 特定健診でのメタボリックシンドローム該当者は，情報提供・動機づけ支援・積極的支援を受ける

2） 目標設定

本集団では，表に示す目標を提示した。

目標の種類	内　容	現状値（%）	目標値（%）
結果目標	腹囲の減少 （腹囲（cm））	初回の身体計測での測定値	各年代共に −3.0 cm 低下
行動目標	毎日体重測定をし，セルフモニタリングを行う者の割合を増やす。	20	60 以上
	1 回 20 分，週に 3 日以上運動する者の割合を増やす。	10	50 以上
学習目標	（知識） ・自身の 1 回に必要な栄養素・食事内容を理解する者の割合を増やす。	20	50
	・現在の自分の食事の過不足について理解する者の割合を増やす。	10	40
	（態度） ・主食・主菜・副菜を自分で選択しようとする者の割合を増やす。	30	60
	（スキル） ・自分で自分自身の食事を調理できる者の割合を増やす。	10	40
環境目標	社員食堂に栄養成分表示の見方についての掲示をする。 （社員の閲覧数）	—	90 以上
実施目標	プログラムに対する満足度 （最後まで継続してプログラムに取り組む）	—	90 以上

3） 計画書作成

本集団におけるプログラムの名称は，「メタボ予防！　食生活習慣改善！行動変容前進 !!」

プログラム名	メタボ予防！　食生活習慣改善！　行動変容前進 !!
目的（Why）	メタボリックシンドローム予防（腹囲減少）
対象者（Whom）	30 歳代～ 50 歳代までの肥満および肥満傾向の男性 30 名
テーマ（What）	・自身の身体計測，生理生化学検査値の実態の認知 ・メタボリックシンドローム理解 ・自身の 1 日に必要な栄養量・食事内容の理解 ・食事と運動の行動変容
場所（Where）	社内の会議室
日時（When）	10 月から 2 週間に 1 回教室を行い，計 6 回実施する。実施時間帯は，18 時～ 19 時。
指導方法（How）	社内のメールにて募集，講義，ロールプレイを用いた教室を実施。
予算（How much）	教材費（資料代，フードモデル，メジャー，体重計）100,000 円
スタッフ（Who）	管理栄養士，産業医

・教育プログラム計画と評価の方法

今回は全 6 回に分けて実施していく。

回数	学習形態	内容	担当者 （連携者）	評価方法
1	講義	自分の体型を知ろう！	管理栄養士	・理解度（BMI の計算，腹囲の測定方法の理解度を確認）
2	講義 グループ討議	メタボリックシンドロームってどんな病気？	管理栄養士 産業医	・理解度（質問紙を用いてメタボリックシンドロームについての理解を確認）

3	講義，演習	私は１日に何をどれだけ食べると良いの？	管理栄養士	・理解度（自分の１日の食事内容をフードモデルで示すことができるかを確認）
4	講義，ロールプレイ	現在の食事の何を減らし，何を増やせば良いの？	管理栄養士	・理解度（食事記録を基に答えを記入）
5	講義	毎日運動してみよう！！	管理栄養士	・理解度（メタボリックシンドローム予防に運動が必要な理由の理解）
6	講義 グループ討議	毎日の生活でメタボ予防を意識して生活しよう！！	管理栄養士	・理解度（メタボリックシンドローム，１日に必要な食事内容について） ・教室に対する満足度 ・セルフモニタリング実施状況

4) プログラムの実施

４回目（現在の食事の何を減らし，何を増やせば良いの？）の実施内容・留意点を例として下記に示す。

過程	時間	内　容	留意点
導入	5 分	①私は１日に何をどれだけ食べると良いのについて復習	ワークシートに記入させる
展開	10 分	前日の朝食と昼食を振り返る。	②前日の食事を文字とイラストでワークシートに記入させる（食事の記録）。
	10 分	①と②を比較し，何を減らし，何を増やせば良いかを記入する。	前日の食事について増やす食品，減らす食品，良い点，悪い点をワークシートに記載させ，管理栄養士が机間指導を行う。
	15 分	食事についての今後の注意点・決意について述べてもらう。	食事についての注意点・決意を傾聴する。
まとめ	5 分	学習のまとめ	必要な食事量を摂り，食べ過ぎないよう意識づけさせる。

5) モニタリング

・毎食，主食・主菜・副菜をそろえ，量が適切であるか，

・それができなかった時の状況はどうだったか。

・それができた時の体調・気分はどうだったか。

・食事バランス・量のチェックシートの記載を行う。

	月			火			水			木			金			土			日		
	朝	昼	夕	朝	昼	夕	朝	昼	夕	朝	昼	夕	朝	昼	夕	朝	昼	夕	朝	昼	夕
主食	○	○	量が多い																		
主菜	○	○	○																		
副菜	—	—	○																		
その他			アルコール																		
体調・気分																					
運動の実施																					

6) 評　価

評価名	内　容
企画評価	・プログラム内容は適切であった。 ・無理のないプログラムの進行であった。 ・管理栄養士間の連携はとれていた。 ・アセスメントの内容は適切であった。
経過評価	**学習状況の評価** ・食堂での定食を選択する者が増えてきた。 **実施状況に関する評価** ・「このプログラムにまた参加したい」と話す者が多かった。 ・学習形態，学習方法，実施回数，実施場所は適切であった。

評価名	目標名	評価指標	評価方法	開始時(%) 目標値(%)	結果(%)	評価
影響評価	行動	毎日体重を測定し，セルフモニタリングを行う者の割合	モニタリングシート	20 60	20 未満 20-59 60 以上	C B Ⓐ
		1 回 20 分，週に 3 日以上運動する者の割合	モニタリングシート	10 50	10 未満 10-49 50 以上	C Ⓑ A
	学習	(知識) 自身の 1 日に必要な栄養素・食事内容を理解する者の割合	質問紙調査	20 50	20 未満 20-49 50 以上	C B Ⓐ
		(知識) 現在の自分の食事の過不足について理解する者の割合	質問紙調査	10 40	10 未満 10-39 40 以上	C B Ⓐ
		(態度) 主食・主菜・副菜を自分で選択しようとする者の割合	食物摂取頻度調査 質問紙調査	30 60	30 未満 30-59 60 以上	C B Ⓐ
		(スキル) 自分で自分自身の食事を調理できる者の割合	食物摂取頻度調査 質問紙調査	10 40	10 未満 10-39 40 以上	C Ⓑ A
	環境	社員食堂に掲示した「栄養成分表示の見方について」の閲覧数	質問紙調査	0 90	50 未満 50-89 90 以上	C B Ⓐ
結果評価		腹囲の減少，腹囲(cm)	身体計測値	初回計測値 −3 cm 以上	変化なし 〜 −0.5 cm 〜 −2.5 cm 〜 −3.0 cm 以上	C Ⓑ A

A：目標達成　B：現状維持　C：悪化

7) 改　善

	内　容
改善	・セルフモニタリングを継続してできるよう励ましの支援が必要である。 ・行動変容できなかった者への継続的な支援を行い，ソーシャルサポートの活用を促す必要がある。 ・継続して運動する者が少ないため，手軽に活用出来る社会資源の紹介も必要である。
フィードバック	・栄養教育プログラムの成果として，社内報に記載し，社員の健康に対する意識を高める。 ・継続してメールにて支援をする。
発表	・栄養士会や各種学会で本成果を発表する。 ・社のホームページに本成果を公表する。

3.4　高齢者福祉施設や在宅介護の場における栄養教育の展開

3.4.1　高齢者と福祉サービス

(1) 高齢者の栄養状態の特徴と介護予防

高齢者が要介護状態になる原因のうち無視できないものとして，認知症や転倒と並んで**フレイル**[*1](frailty)があり，**低栄養状態**[*2]との関連がきわめて強い。高齢者にとって低体重は寝たきりと密接に関連し，QOLの低下をもたらすことから，肥満と並んで大きく問題視されている。慢性的な栄養不良は低体重に陥りやすく，特にたんぱく質・エネルギー低栄養状態(protein energy malnutrition：PEM)は深刻である。PEMになると感染症や合併症が誘発されやすく，更なるQOLの低下をもたらし，余命も減少する。

PEMや栄養不良は，加齢に伴う感覚機能や口腔機能，消化能力の低下が機能的・生理的な要因として挙げられる。感覚機能(味覚，嗅覚，視覚，聴覚，触覚)は加齢とともに低下する。食事の味，香り，見た目は食欲を促進させるので，感覚の低下は食欲不振や摂取不足の原因になる。また，歯の欠損や義歯，咀嚼や嚥下能力などの口腔機能が低下すると，食事の形態も制限され，食事量に直接影響する。胃腸への負担増加や消化不良の原因にもなる。

老化に伴い身体的機能や運動能力が低下し，活動量も低下する。活動量の低下は骨粗鬆症の原因となるだけでなく，食欲の減退や下痢・便秘など栄養不良にもつながる。また，この時期は膝関節痛や腰痛が多く，これら運動器の障害により移動機能の低下した状態(**ロコモティブシンドローム**[*3])になりやすい。さらに骨折などが原因で体を動かさなくなると，筋力や筋量が低下する**サルコペニア**[*4](sarcopenia)や老化に伴うフレイルでは，日常生活活動能力(activity of daily life：ADL)は低下し，生活全般に支障をきたすなど，介護が必要になってくる。

また，**表3.16**のように，社会的要因や精神心理的要因も低栄養の要因となる。また，介護が必要な状態となる危険性が高くなる。

表3.16　高齢者のさまざまな低栄養の要因

1. 社会的要因	**4. 疾病要因**
独居	臓器不全
介護力不足・ネグレクト	炎症・悪性腫瘍
孤独感	疼痛
貧困	義歯など口腔内の問題
	薬物副作用
2. 精神的心理的要因	咀嚼・嚥下障害
認知機能障害	日常生活動作障害
うつ	消化管の問題(下痢・便秘)
誤嚥・窒息の恐怖	
	5. その他
3. 加齢の関与	不適切な食形態の問題
嗅覚，味覚障害	栄養に関する誤認識
食欲低下	医療者の誤った指導

出所）葛谷雅文，低栄養，大内尉，秋山弘子編：新老年学(第3版)，東京大学出版(2010)

(2) 高齢者の介護予防事業と介護保険制度

高齢者への栄養教育プログラムの目的の1つは介護予防である。介護予防とは「要介護状態の発生をできる限り防ぐ(遅らせる)こと，そして要介護状態にあってもその悪化をできる限り防ぐこと，さらには軽減を目指すこと」と定義される。単に高齢者の運動機能や栄養状態といった心身機能の改善だけを目指すものではなく，心身機能の改善や環境調整などを通じて，日常

---

*1　フレイルの定義
1. 体重減少
2. 疲労感
3. 活動度の減少
4. 身体機能の減弱(歩行速度の低下)
5. 筋力の低下(握力の低下)

上記の5項目中3項目以上該当すればフレイルと診断される

Fried L. P, *et al.*, *J Gerontol A Biol Sci Med Sci* (2001)

*2　**低栄養状態と低栄養傾向の指標**　低栄養状態は，①BMIが18.5未満，②1～6か月間に3%以上の体重減少が認められる，または，6か月間に2～3kgの体重減少がある，③血漿アルブミン値が3.5 g/dL以下が判定の基準となる。さらに血中ヘモグロビン値，総コレステロール値，総リンパ球数値やコリンエステラーゼ値などが参考になる。また，健康日本21(第2次)では低栄養傾向の者をBMI 20以下としている。

*3　**ロコモティブシンドローム(ロコモ，運動器症候群)**　→p.9参照

*4　**サルコペニア**　加齢に伴う筋肉量の減少および筋力の低下。

生活の活動性を高め，家庭や社会への参加を促す。それによって一人ひとりの生きがいや自己実現のための取組を支援して，QOLの向上を目指すものである。介護予防は，高齢者が可能な限り自立した日常生活を送り続けられるような支援が重要である。

わが国の介護保険制度では，日常生活の中でどの程度の介護(介助)を必要とするのか，要介護や要支援の度合いによって，介護給付，予防給付，**総合事業***の3つに分けられる(図3.13)。介護給付では，要介護認定で要介護1から要介護5と判定された者がさらに状態が悪化しないこと(重症化予防)，または状態を維持・改善するために介護サービスを利用する。予防給付では，要支援1または要支援2と判定された者が重い介護状態にならないことを目的に介護サービスを利用する。総合事業は，介護保険の要支援認定を受けた者および基本チェックリスト(図3.14)で介護サービス対象者と認定された者が利用できる「①介護予防・生活支援サービス事業」と，65歳以上のすべての者とその支援を行う者が利用できる「②一般介護予防事業」で構成される(図3.13)。「①介護予防・生活支援サービス事業」は，居宅要支援被保険者等の多様な生活支援のニーズに対応するため，介護予防訪問看護等のサービスに加え，住民主体の支援等も含め，多様なサービスを制度(総合事業)の対象として支援する。この事業は，「訪問型サービス」「通所型サービス」「そ

＊**介護予防・日常生活支援総合事業(総合事業)**　市区町村で行う地域支援事業のひとつとして，地域の高齢者を対象にその方の状態や必要性に合わせたさまざまなサービスなどを提供する事業。

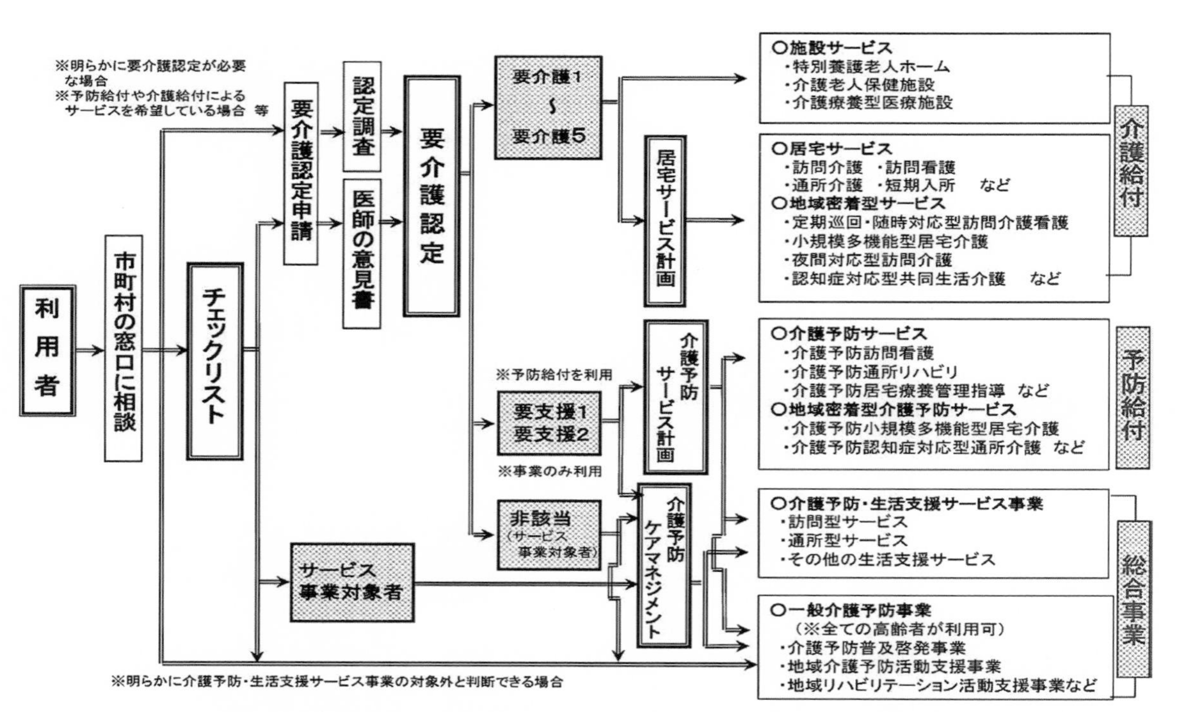

図3.13　介護予防・日常生活支援総合事業(総合事業)サービス利用手続

出所)厚生労働省：介護予防・日常生活支援総合事業のガイドライン(令和4年6月改訂)(2022)

No.	質問項目	回 答 （いずれかに○を お付け下さい）			
1	バスや電車で 1 人で外出していますか	0.はい	1.いいえ	10 項目以上に該当	
2	日用品の買物をしていますか	0.はい	1.いいえ		
3	預貯金の出し入れをしていますか	0.はい	1.いいえ		
4	友人の家を訪ねていますか	0.はい	1.いいえ		
5	家族や友人の相談にのっていますか	0.はい	1.いいえ		
6	階段を手すりや壁をつたわらずに昇っていますか	0.はい	1.いいえ		運動 3 項目以上に該当
7	椅子に座った状態から何もつかまらずに立ち上がっていますか	0.はい	1.いいえ		
8	15 分位続けて歩いていますか	0.はい	1.いいえ		
9	この 1 年間に転んだことがありますか	1.はい	0.いいえ		
10	転倒に対する不安は大きいですか	1.はい	0.いいえ		
11	6 ヵ月間で 2～3kg 以上の体重減少がありましたか	1.はい	0.いいえ		栄養 2 項目に該当
12	身長　　cm　　体重　　　kg　（BMI=　　　）(注)				
13	半年前に比べて固いものが食べにくくなりましたか	1.はい	0.いいえ		口腔 2 項目以上に該当
14	お茶や汁物等でむせることがありますか	1.はい	0.いいえ		
15	口の渇きが気になりますか	1.はい	0.いいえ		
16	週に1回以上は外出していますか	0.はい	1.いいえ		閉じこもり
17	昨年と比べて外出の回数が減っていますか	1.はい	0.いいえ		
18	周りの人から「いつも同じ事を聞く」などの物忘れがあると言われますか	1.はい	0.いいえ		認知機能 1 項目以上に該当
19	自分で電話番号を調べて、電話をかけることをしていますか	0.はい	1.いいえ		
20	今日が何月何日かわからない時がありますか	1.はい	0.いいえ		
21	(ここ 2 週間)毎日の生活に充実感がない	1.はい	0.いいえ		うつ 2 項目以上に該当
22	(ここ 2 週間)これまで楽しんでやれていたことが楽しめなくなった	1.はい	0.いいえ		
23	(ここ 2 週間)以前は楽にできていたことが今ではおっくうに感じられる	1.はい	0.いいえ		
24	(ここ 2 週間)自分が役に立つ人間だと思えない	1.はい	0.いいえ		
25	(ここ 2 週間)わけもなく疲れたような感じがする	1.はい	0.いいえ		

（注）BMI＝体重（kg）÷身長（m）÷身長（m）が 18.5 未満の場合に該当とする。

図 3.14　介護予防のための基本チェックリスト

出所）厚生労働省：介護予防マニュアル（第 4 版）（令和 4 年 3 月改訂）（2022）

の他の生活支援サービス」「介護予防ケアマネジメント」から構成される（**表 3.17**）。「② 一般介護予防事業は」，地域の身近な場所で人と人のつながりを通して介護予防の活動を継続できるように支援するための事業で，生活機能全般の改善を目的とする。この事業は，「介護予防把握事業」「介護予防普及啓発事業」「地域介護予防活動支援事業」「一般介護予防事業評価事業」「地域リハビリテーション活動支援事業」から構成される（**表 3.18**）。

（3）介護予防の栄養教育の進め方・実際

1）　アセスメント

高齢者では残存する生理機能，疾病の重症度や進行度，合併症の種類や進行度などの身体状況や，健康状態に対する意識や関心度などの個人差が大きい。効果的な栄養プログラムを進めるためには，栄養状態のアセスメントに加えて，生活習慣，食事歴，食欲，嗜好，味覚，咀嚼・嚥下機能などについ

表 3.17　介護予防・生活支援サービス事業

事　業	内　容
訪問型サービス	居宅要支援被保険者等に対し，掃除，洗濯等の日常生活上の支援を提供
通所型サービス	居宅要支援被保険者等に対し，機能訓練や集いの場など日常生活上の支援を提供
その他の生活支援サービス	居宅要支援被保険者等に対し，栄養改善を目的とした配食や一人暮らし高齢者等への見守りを提供
介護予防ケアマネジメント	居宅要支援被保険者等に対し，総合事業によるサービス等が適切に提供できるようケアマネジメント

出所）図 3.13 と同じ

表 3.18　一般介護予防事業

介護予防把握事業	地域の実情に応じて収集した情報等の活用により，閉じこもり等の何らかの支援を要する者を把握し，介護予防活動へつなげる
介護予防普及啓発事業	介護予防活動の普及・啓発を行う
地域介護予防活動支援事業	地域における住民主体の介護予防活動の育成・支援を行う
一般介護予防事業評価事業	介護保険事業計画に定める目標値の達成状況等の検証を行い，一般介護予防事業の事業評価を行う
地域リハビリテーション活動支援事業	地域における介護予防の取組を機能強化するために，通所，訪問，地域ケア会議，サービス担当者会議，住民運営の通いの場等へのリハビリテーション専門職等の関与を促進する

出所）図 3.13 と同じ

ても正しく把握することが必要である。個別サービス計画に必要な栄養状態に係わる食生活上の課題を見つけ出すために，その具体的状況や背景を聞き取るとともに，身長，体重等の計測を行う。これらは介護予防のための基本チェックリスト(**図 3.14**)とともに，**図 3.15** のような事前アセスメント表を活用する。なお，アセスメントの項目は対象者の状態などに応じて適宜必要なものを選択して用いるのがよい。

食行動の把握は，対象者の食事に対する関心や知識レベルにより，信頼度が低くなる場合もあるので，食事を担当している家族や介護者の協力が不可欠である。**図 3.16** のような食事内容の記録表を用いるのもよい。

2)　目標設定

食事に興味関心をもち，規則正しく，楽しく食べることの重要性を知り，食事や食生活を改善する。改善によって，症状の悪化・進行や合併症を予防し，QOL や ADL を維持・向上することが目的となる。基本的な知識を身につけることは重要な目標のひとつではあるが，食事が生活を豊かにすることを知り，実感することがまずは大切である。対象者が何を目指したいか，例えば「血糖値や血圧をコントロールしながらおいしく食事をしたい」「適切な食べる量を知りたい」「食事をおいしく食べたい」などのゴールとして設定する。そのゴールを達成するために，「体重をいつまでにどの位増加させたいか」「おかずを 1 品増やす」などの具体的な目標の設定とともに，「何を」「いつ」「どこで」「どの位食べるようにする」などの具体的な行動計画を作成するとよい。その際，対象者にとって身近な地域の食に関連する資源の活用等の視点を盛り込む。管理栄養士は，対象者および家族が日常の生活や環境の中で，主体的かつ無理なく取り組めることに配慮し，本人による目標設定や計画づくりを支援する。

お名前		記入日　　年　月　日	
A. 個別相談や医師への相談の必要性			
1	この３ヶ月以内に、手術や食事療法の必要な入院をしましたか	はい	いいえ
2	呼吸器疾患、消化器疾患、糖尿病、腎臓病などの慢性的な病気はありますか	はい	いいえ
3	下痢や便秘が続いていますか	はい	いいえ
B. 体重			
1	定期的に体重を測定していますか 直近の時期に測定した身長　　cm、体重　　kg	はい	いいえ
2	この３ヶ月間に体重が減少しましたか	はい	いいえ
3	この３ヶ月間に体重が増加しましたか	はい	いいえ
C. 食事の内容			
1	１日に何回食事をしますか	回	
2	肉、魚、豆類、卵などを１日に何回、食べますか	１日に　回 または週に　回	
3	野菜や果物を１日にどの位食べますか	１日に　皿 または週に　皿	
4	牛乳やヨーグルト、チーズなどの乳製品、豆乳を１日に何回位食べますか	１日に　回 または週に　回	
5	水、お茶、ジュース、コーヒーなどの飲み物を１日に何杯位飲みますか	１日に　杯	
6	健康のためなどで、意識して食べている食品、補助食品、サプリメントなどはありますか	はい	いいえ
D. 食事の準備状況			
1	自分(料理担当者の(　　　))が、食べ物を買いに行くのに不自由を感じますか		
2	自分(料理担当者の(　　　))が、食事の支度をするのに不自由を感じますか		
E. 食事の状況			
1	食欲はありますか	はい	いいえ
2	食事をすることは楽しいですか	はい	いいえ
3	１日に１回以上は、誰かと一緒に食事をしますか	はい	いいえ
4	毎日、ほぼ決まった時間に食事や睡眠をとっていますか	はい	いいえ
F. 特別な配慮の必要性			
1	食べ物でアレルギー症状(食べると下痢や湿疹がでる)がでますか	はい	いいえ
2	１日に6種類以上の薬を飲んでいますか	はい	いいえ
3	医師に食事療法をするように言われていますか	はい	いいえ
G. 口腔・嚥下			
1	小さくしたり刻まないと食べられない食品がありますか	はい	いいえ
2	飲み込みにくいと感じることがありますか	はい	いいえ
H. 主観的な意識			
1	自分の健康状態をどう思いますか	1(良い)　2　3　4　5(良くない)	
2	自分の健康状態を良くするために、食事の調整を出来ると思いますか	1(できる)　2　3　4(できない)	

図 3.15　事前アセスメント表(例)

出所）図 3.14 と同じ

3) 計　　画 (Plan)

高齢者は何らかの基礎疾患を有していることがほとんどで，残存する生理機能や食事に関する知識や興味も個人差が大きい。さらに，家族構成や世帯状況などの生活環境もさまざまであるため，栄養教育の方法や期待される教育効果は多様となる。したがって，高齢者集団への栄養教育は属性の似通った少人数グループで実施されることが望ましい。アセスメントの結果および対象者の意向を踏まえて，教育プログラムを作成する。その際，目標や，家庭や地域での自発的な取組みの内容等を考慮して，実施期間，実施回数等を

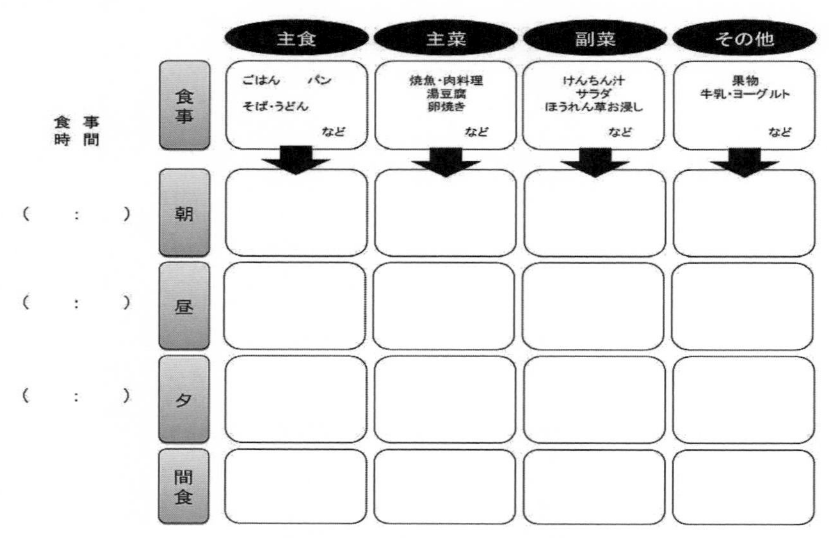

図 3.16　食事内容の記録(例)

出所）厚生労働省　介護予防マニュアル(第 4 版)(令和 4 年 3 月改訂)

設定する。たんぱく質やビタミン D などの栄養摂取と運動を組み合わせた運動と栄養教育は，サルコペニアやフレイルの高齢者の筋肉量や筋力，身体パフォーマンスを改善させる効果が示されている。必要に応じて「運動器の機能向上マニュアル(介護予防マニュアル(第 4 版))」を参考にし，運動も組み合わせた計画作成を行うとよい。

4) プログラムの実施・モニタリング・評価（Do・Check）

家族を含めた個別指導，小グループでの栄養相談，集団的プログラムを適宜，組み合わせて実施する。集団指導では，管理栄養士等による低栄養状態の説明や，対象者一人ひとりが実行可能な具体的な情報や技術提供を行う。簡単な調理実習やゲームなどによる双方向的プログラムを通じて利用者相互の関係づくりを行い，本人の参加や継続に対する意欲を高める工夫をする。参加者同士による情報交換も有効である。気持ちをほぐし，楽しい時間を過ごして心理的な抵抗感を減らせるように配慮する。用いる教育媒体にも注意が必要である。筆記による記入が必要な印刷物や情報量の多いパンフレットなどは教育媒体として適さない場合もある。スライドや配布資料は文字をできるだけ大きくし，イラストを活用するなどの工夫が必要である。また，食品の実物やフードモデルなどの具体性のある，手に触れて学べる教育媒体を活用するとよい。試食や調理等を行う場合には，管理栄養士等を中心として安全・衛生管理を行う。

モニタリングは，実施担当者がその実施状況や改善状況を把握するために行う。モニタリングは，可能な限り２回目以降のプログラムの際に毎回行う。プログラム終了後は，事後アセスメントを行い，事前アセスメント(**図 3.15**)の結果と比較して，計画の実践状況及び目標の達成状況，並びに低栄養状態の改善の程度や主観的な健康感の変化などを評価する。低栄養状態の改善が見られない場合や計画の実施状況や目標の達成状況が十分ではない場合には，再度，対象者や家族と話し合って食事に関する計画の修正を行う。

福祉施設を利用している高齢者には低栄養状態や低栄養傾向の者も少なくない。基礎疾患の影響も考慮したうえで，個々人の適切なエネルギーや各栄養素の必要量，摂食機能や食欲，嗜好などを把握したうえでの栄養教育プログラム作成が重要となる。

低栄養傾向の高齢者に対して，介護予防を目指した栄養教育の具体例を挙げる。

(4) 具体例：通所サービスを受ける高齢者

サービスの形態には，通所型サービス，訪問型サービスがあり，通所型サービスは通所介護事業所などの介護サービス事業所，市町村保健センター，健康増進センター，老人福祉センター，介護保険施設，公民館などがある。管理栄養士が看護職員，介護職員などの他職種と協働し，地域資源と連携しながら，栄養状態を改善するための栄養教育プログラム計画を作成し，それに基づき栄養食事指導や集団的な栄養教育等を実施する。集団的な栄養教育については，複合的プログラムの一環として提供することが可能である。実施期間は概(おおむ)ね３〜６か月程度で，対象者の過度な負担とならず，効果が期待できる期間や回数とする。

対象者が負担可能な予算に抑えることが必要であるが，調理実習や飲食会・試食会による体験学習を取り入れると，技術的な学習だけでなく，食べることや食べることの場への参加の意欲向上につながる。ただし，調理実習等を実施する場合には，衛生面に配慮したうえで食堂や健康支援型配食，簡便な調理設備，調理器具がある集会室や教室などをあらかじめ把握しておく事が重要である。また，生活改善推進員(ヘルスメイト)などのボランティアから協力を得られれば，コストが抑制できるだけでなく，参加者同士の地域交流が生まれ，教育効果が向上することもある。

1） 目標設定

目標の種類		内　容
長期目標		まわりと交流をもちながら，健康的な食生活を送り，介護予防を目指す。
中期目標		低栄養傾向(BMI ≦ 20)を改善する。 休憩なしで 20 分歩けるようになる(具体的な体力の目標値を設定する)。
短期目標	結果目標	体重の維持や適正化(達成可能な具体的な目標値を設定する)。
	学習目標	心身の変化に対応した食生活と健康について知り，自分に合った食生活を考える。 食材の購入方法や基本的な調理方法・保存方法などを知る。
	行動目標	1 日 3 食欠かさずとる。欠食はさける。 動物性たんぱく質や乳製品を十分に摂取する。 日常生活のなかでできる身体活動を取り入れる。
	環境目標	家族や仲間と一緒に会食する機会を増やし，食べる楽しさを実感する。

2） 計　画

① 計画書作成

プログラム名	しっかり食べて動いて元気に暮らそう(運動器機能向上との複合プログラム)
目的(Why)	低栄養と身体機能を改善することで，介護予防につなげる
対象者(Whom)	低栄養傾向(BMI ≦ 20)が認められた通所サービスを受ける高齢者 20 名
テーマ(What)	しっかり食べて動いて元気に暮らそう
場所(Where)	介護サービス事業所(通所サービス)
日時(When)	○○月○○日　13:00 ～ 15:00(隔週開催，計 7 回)
内容(How)	講義，フードモデルやスライドを用いた集団教育，グループワーク試食会や簡単な調理実習，室内でできる軽い運動教室，など
予算(How much)	介護保険を利用。通所型サービス＋選択的サービス(栄養改善や運動器機能向上など)の自己負担分
スタッフ(Who)	管理栄養士，看護職員，介護職員，健康運動指導士

② 教育プログラム計画・実施

運動器機能向上との複合プログラム

回数	テーマ(教育者側)	栄養改善プログラムの内容	運動器の機能向上
1	アセスメント	食生活チェック マイプランづくり 栄養相談	身長・体重の測定 **ADL** や **IADL***の評価 運動機能の測定
2	多様性	講義：食べることの楽しさ 試食会：主食，主菜，乳製品など	身長・体重の測定
3	減　塩	講義：簡単な献立(主食，主菜，副菜の組み合わせ方) グループワーク：夕飯の献立をつくろう	ゴムチューブやダンベルを使った抗重力強化のための運動 ・身長・体重測定 ・準備運動 ・主運動数種 整理運動
4	主食，主菜，副菜	グループワーク：私の好きな料理(主食，主菜，副菜)の紹介	
5	主菜，副菜	グループワーク：地域の食べ物情報交換	
6	主菜，副菜	講義：健康づくりの便利グッズ 実習：簡単おかず	
7	評価，振り返り	食生活チェックとマイプラン達成状況 栄養指導	身長・体重の測定 ADL や IADL の評価 運動機能の測定

＊**IADL (Instrumental Activities of Daily Living)**　手段的日常生活動作。ADL は食事，移動，排泄，入浴，更衣などの日常の基本的な動作を指すが，IADL の動作は ADL よりも応用的な動作を指し，掃除，料理，洗濯，買い物，電話対応，服薬管理，金銭管理などが含まれる。

3) 評　価

目　標	内　容
企画評価	対象者の食事や生活習慣の問題点を的確に把握できていたか 目標設定や学習内容は適正か
経過評価	栄養教育プログラムの準備は予定通りに進んだか 目標行動の要因について学習はできたか
影響評価	短期目標・中期目標は達成できたか
結果評価	教育プログラムの目標(長期目標)は達成できたか 教育プログラム終了後の食事や生活習慣はどのように変化したか
経済評価	予算内に実行できたか

介護度の進行した者はなく，終了後のアンケート調査では，体重が増加した，歩いて買い物に行けるようになった，牛乳が飲めるようになった者がいた。しかし，講義が難しかった，市販の総菜の利用について知りたいという記述が見られた。

高齢者に対する栄養教育プログラムの影響評価や結果評価には知識やスキルの習得や身体状況の改善だけでなく，家族や仲間，社会とのつながりなどの社会的，精神的，さらには文化的なQOLへの効果も注視して評価する必要がある。

3.4.2　高齢者福祉施設

(1) 特徴と栄養教育の留意点

本項では主に「介護老人保健施設」「介護老人保健施設」「介護療養型医療施設」などに高齢者福祉施設に入所している高齢者への栄養教育について述べる。施設入所者に対して，要介護状態の重症化防止と在宅生活・在宅療養に向けた支援を目指して栄養教育は実施される。入所時に栄養スクリーニングを行い，栄養アセスメントの結果から管理栄養士，医師，看護師，介護士などが連携し，栄養ケアマネジメント計画を作成する。計画に基づき管理栄養士は，① 適切な食事の提供，② 栄養食事指導，③ 食行動や栄養状態のモニタリング，などの栄養ケアを実施する。栄養ケアが適切であるかどうかを定期的に再評価して，栄養ケア計画の変更を行う。これら一連のマネジメントを実施することで，介護保険施設では「栄養マネジメント加算」が算定できる。栄養マネジメントの加算を算出するためには一名以上の管理栄養士が常勤している必要があり，常勤で配置された管理栄養士は関連書類の作成・整備を行う。

高齢者福祉施設での栄養ケアでは，摂食・嚥下機能や認知機能が低下しても，最期まで自分の口から食べる楽しみを得られるよう多職種による支援の充実が求められている。摂食機能障害で誤嚥を認める患者を対象に，経口摂取を維持するための検査，計画，サポートなどを行うことに対し，栄養マネジメント加算に加えて「経口維持加算」が算定できる。静脈栄養または経鼻経管や胃瘻からの経腸栄養で栄養を摂取しているが，訓練すれば経口栄養に移行できる可能性のある患者に対し，訓練やサポートで経口移行をすれば「経口移行加算」が算定できる。経口維持加算と経口移行加算は同時に算定できない。

管理栄養士は日々の食事中の様子を1日に1回以上観察するミールラウンドを行い，問題点を抽出することが重要である。入居者の食事場面に立ち合ったり，食事の介助をしたりしながら摂食状況を観察するミールラウンドは，栄養食事指導を行う上でも管理栄養士の大切な業務のひとつである。

また，栄養指導や栄養管理を行うだけではなく，食の楽しさを提供することも管理栄養士の重要な役割である。イベント食や行事食を実施することで，季節の変化を味わったり食欲が増進したりするなど，入所者の生活向上に繋がる。

栄養ケアマネジメントのキーポイントは，多職種連携・共有によるアセスメントとマネジメントである。食事・栄養の管理だけでなく摂食機能訓練やリハビリテーションをチームとしてアプローチしていくことが重要である。

3.4.3 在宅介護の場

(1) 特徴と栄養教育の留意点

在宅介護のサービスは，図 3.17 にあるように，介護給付サービスとして，都道府県・政令市・中核市が指定・監督を行うサービス：居宅介護サービス(訪問サービス・通所サービス・短期入所サービス)，施設サービスがあり，市町村が指定・監督を行うサービス：地域密着型介護サービス・居宅介護支援がある。予防給付を行うサービスとして，都道府県・政令市・中核市が指定・監

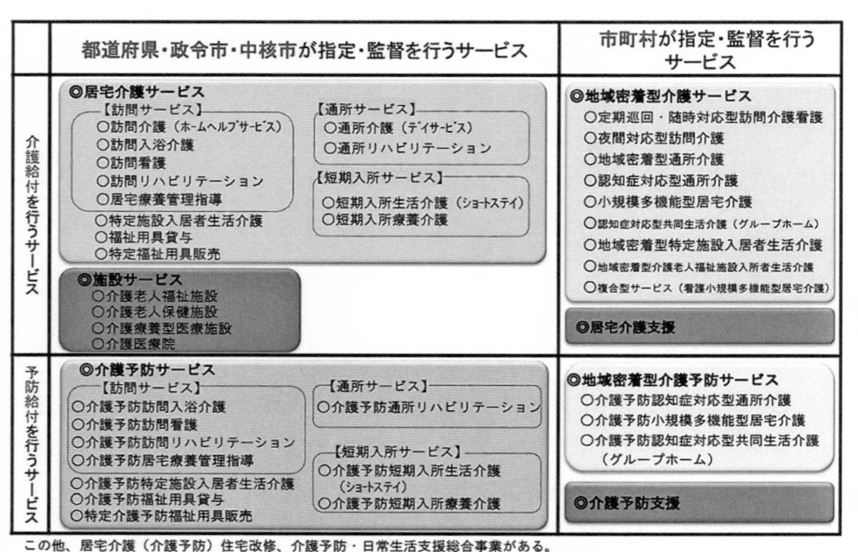

図 3.17　介護サービスの種類

督を行うサービス：介護予防サービス（訪問サービス・通所サービス・短期入所サービス），市町村が指定・監督を行うサービス：地域密着型介護予防サービス・介護予防支援がある。

これらに対する栄養教育は，対象者の主治医の指示のもとで在宅患者訪問栄養食事指導として行う。指導時間や指導頻度など**表 3.19** の条件を満たし実施すれば**介護報酬***において「居宅療養管理指導費」を算定できる。医師・看護師の訪問診療に同行する場合や訪問介護で調理を担当する訪問介護員などに行う場合もある。栄養教育の内容は，対象者が調理をすることが困難であり，宅配食や市販の総菜・加工食品（スマイルケア「食品・嚥下調整食品・とろみ食など）の利用方法・紹介となることもある。

*1 **介護報酬** 介護サービスを提供する事業者が利用者（要介護者または要支援者）に介護サービスを提供した場合に，その対価として事業者に対して支払われる報酬

（2）具体例：在宅介護 91 歳

訪問介護サービスを利用し家族のもとで終末期を過ごした女性の経過である。診療所に勤務する管理栄養士が，医師の指示のもとで，定期的に訪問し（1～2か月に1回），家族・訪問介護士に（**在宅患者訪問栄養食事指導***）を実施した。

対象：1928 年 8 月生女性，家族構成：娘（管理栄養士有資格）・娘婿・孫 3 人。

*2 診療報酬（医療機関にその対価として支払われる費用：厚生労働大臣が定めた医療行為一つひとつに点数がつけられている）においては栄養食事指導料という名称となる。

1） 訪問介護サービス制度について

訪問介護サービスには，① 身体介護（入浴介助・排泄介助・食事介助等），② 生活介助（調理・洗濯・掃除等），③ 通院等乗降介助（乗車前・乗車後の移動介助等）がある。

訪問介護サービスは，手順 ① 市区町村に「介護認定申請」，② 市区町村の職員やケアマネージャーによる「認定調査」，③ 主治医による「意見書」，④ 介護認定審査会による判定，⑤ 市区町村による「要介護認定」により認定される。要介護認定は，要支援1～2，要介護1～5の7段階と非該当（支援：介護が必要ない）に分けられる。

表 3.19 診療報酬における栄養食事指導料

	指導内容	時間	回数	対象者	実施者
在宅患者訪問栄養食事指導料1・2 a．単一建物診療患者が1人の場合 b．単一建物診療患者が2～9人の場合 c．単一建物診療患者が10人以上の場合	患者を訪問して具体的な献立等によって栄養管理に関わる指導を行う。	30 分以上	月 2 回まで	・特別食を必要とする患者 ・がん患者 ・摂食機能又は嚥下機能が低下した患者（嚥下調整食を必要とする） ・低栄養状態にある患者（血中アルブミン 3.0g/dℓ 以下）	〔指導料 1〕実施医療機関の管理栄養士 〔指導料 2〕栄養ケア・ステーションまたは他の医療機関の管理栄養士

＊指導料 1・2 は，それぞれ算定できる実施者，料金が異なる。
最新の情報は，厚生労働省ホームページを参照。

2） 経過（2019年9月～2023年8月）

① **2019年9月**（**在宅介護開始時**）（**91歳**）

腸閉塞の術後，寝たきりなった。食事摂取が困難となり，中心静脈栄養が開始された。療養型病院に転院となったが，本人・家族の希望により在宅介護を開始した。

身長153 cm・体重44 kg（BMI 18.8），血中アルブミン値2.8 g/dℓ（低栄養状態）であった。

自宅での中心静脈栄養は，主治医・看護師の指導の下で娘が管理を行い（中心静脈栄養の管理は訪問介護士には認められていない），訪問介護サービスについては，ケアマネージャーよるケアプランにより，① 身体介護（入浴介助・排泄介助；介護保険），訪問リハビリ（介護保険），訪問口腔ケア（介護保険）と，医師の指示で訪問マッサージ（医療保険）を利用することとなった。

それら介護に関わるすべての担当者や家族が「チャットアプリ」を使用し，情報を共有して対象者の状態を把握した。またウェブカメラを設置し，家族は常に対象者の状態を観察でき，対象者は画用紙にメッセージを書いてカメラを通じ意思を伝えることができるようにした。

② **2019年11月**（**91歳**）

発熱により緊急入院となった。病院食の対応により経口摂取が可能（中心静脈栄養は終了）となり退院となった。食事摂取が可能であるので，訪問介護はa. 食事介助（昼食），b. 調理（昼食・夕食）が追加された。

③ **2019年12月**（**91歳**）

自宅で調理した料理・市販の高齢者用の食品の他，菓子類を好み，摂取栄養量は，エネルギー1,200（標準体重当り24）kcal・たんぱく質70 g・脂質30 g・炭水化物170 g程度でほぼ必要量は摂取できた。水分摂取量は300～500 ml程度で不足であったので，本人が希望する常温の麦茶を1.5 ℓ用意しておき水分摂取量を管理した。

④ **2020年10月**（**92歳**）

摂取最が減り（エネルギー800～1,000 kcal）体重41 kg（BMI 17. 7）・血中アルブミン値2.5 g/dl（低栄養状態）と減少したため，訪問介護士に昼食の食べ残しを食器のまま冷蔵庫に保存してもらい摂取量を把握した。また，残食の状況から，柔らかい・冷たい・暖かいものは摂取量が減るため，訪問介護士には通常の硬さ・常温の調理を依頼した。

訪問リハビリ（介護保険），訪問口腔ケア（介護保険）は中止された。

⑤ **2021年3月**（**92歳**）

体重42 kg（身長151 cm）（BMI 18. 4）・血中アルブミン値2.9 g/dl（低栄養状態）で，短時間の座位が可能と思われるほど回復し，食事摂取は良好であった。

⑥ 2022年12月（94歳）

残食が多くなり（摂取エネルギー約800 kcal），体重39 kg（身長150 cm）（BMI 17.3），血中アルブミン値2.6 g/dl（低栄養状態）となった。そのため濃厚流動食400 kcal（味の種類4種類）を数回にわけて摂取することにした。精神的に不安定になり感情的になることもあったが，患者に対応するスタッフ・家族は主治医・看護師の指導の下で声かけや**タッチング***を増やし介護にあたることにより回復した。

*非言語的コミュニケーションの一つで，患者さんの身体に触れること。

⑦ 2023年8月（95歳）

食事量が減り摂取エネルギーは600～800 kcalとなり，体重32 kg・血中アルブミン値2.3 g/dℓ（低栄養状態）となった。甘いものは好むので，スキムミルク・水あめ・粉飴（約300 kcal）を摂取することで1日1,000 kcalを目標とした。

⑧ 2023年11月（95歳）

食事量が徐々に減り家族に見守られ眠るように亡くなった。

3）まとめ

約4年間，患者の意思・家族の希望に沿う介護が可能であった。その理由として，主治医・看護師・ケアマネージャー・管理栄養士・訪問の介護士・理学療法士・マッサージ師や介護用品販売業者・家族が情報を共有したこと，診療所の管理栄養士が家族・訪問介護士に対し定期的に適切な在宅患者訪問栄養食事指導を行ったこと，家族に管理栄養士がおり，高齢者の栄養・食生活について理解していたことが挙げられる。今後，高齢人口の増加に伴い，在宅介護対象者が増加することが推測される。診療所における管理栄養士の配置・活躍が期待される。

なお，低栄養状態にある患者として，**表3.19**に示す在宅患者訪問栄養食事指導料を算定した。

3.5 栄養と環境に配慮した栄養教育の展開

2015年の国連サミットにおいて，持続可能な開発目標（SDGs：Sustainable Development Goals）が採択された。これは，2030年までに持続可能でよりよい世界を目指すための国際目標であり，「誰一人取り残さない」持続可能で多様性と包摂性のある社会の実現に向けて，17の目標が設定されている。この目標は，社会（貧困や飢餓，教育等），経済（エネルギーや資源の有効活用，働き方の改善，不平等の解消等），環境（地球環境や気候変動等）の3側面から世界が直面する課題を網羅的に示している。このうち栄養改善の取組みは，栄養や健康の課題を対象とする，目標2「飢餓をゼロに」，目標3「すべての人に健康と福祉を」をはじめ，すべての目標の達成に関連しており，SDGsの達成には栄養改善への取組みが不可欠である。

SDGsをはじめ，国際的に栄養面と環境面に配慮した食環境づくりの重要性が提起され，さまざまな取組みが行われている。国連食糧農業機関（FAO）と世界保健機関（WHO）は協働し，SDGsの達成に資するものとして，持続可能で健康的な食事の実現に向けた指針を2019（令和元）年7月に策定した。この指針では，持続可能で健康的な食事を供給する食料システムを構築するためには，健康面だけでなく，環境面も含めた対策が重要であることが示され，食料システムの変革に向けて「持続可能で健康的な食事の実行に向けたアクション」が提示された（表3.20）。日本では，厚生労働省による「自然に健康になれる持続可能な食環境づくり」が推進されている。

表3.20　持続可能で健康的な食事の実行に向けたアクション

① 持続可能で健康的な食事の供給を可能とする環境づくり （インセンティブ，法的枠組み，持続可能で健康的な食事に寄与する食品の製造・流通・表示・マーケティング・消費の促進等）
② 一貫した政策の展開 （地方・国内・国際レベルでの関連政策の連携等）
③ 代表的なベースラインの設定 （健康面と環境面双方の効果判定のためのベースラインの設定・活用）
④ いかなる状況下でも入手・調達可能な食品の確認
⑤ 現行の食料システムの分析 （持続可能で健康的な食事の実現のための生産から消費までの現行の食料システムの分析）
⑥ 各種トレードオフの最適化 （持続可能で健康的な食事の実現に向けて生じる各種トレードオフの調整）
⑦ 手頃な価格での購入の保障 （貧困格差への対策）
⑧ 各国の食品ベースの食事ガイドライン策定 （社会，文化，経済，生態学，環境等を考慮した食事ガイドラインの策定）
⑨ 行動変容に向けた能力開発の推進 （消費者のエンパワーメント，栄養教育の推進）

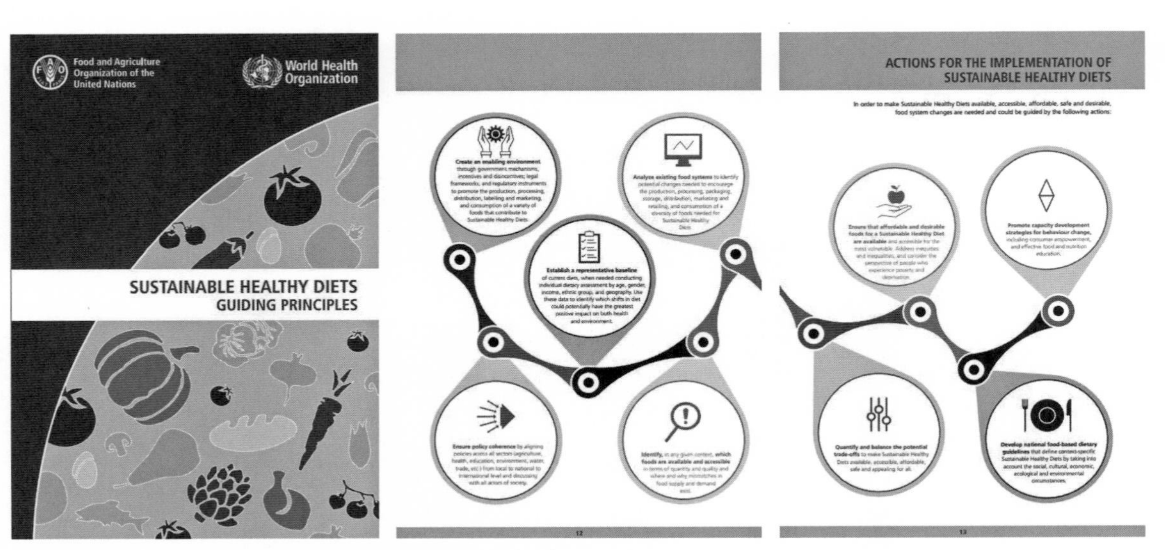

出所）FAO and WHO「Sustainable healthy diets -Guiding principles」(2019)
和訳）厚生労働省：自然に健康になれる持続可能な食環境づくりの推進に向けた検討会報告書(2021)

3.5.1　栄　　養

厚生労働省による「自然に健康になれる持続可能な食環境づくり」では，栄養は活力ある持続可能な社会の基盤となるものであり，全世代や生涯にわたり影響する栄養課題の改善・解消が必要であることが示されている。日本の栄養課題として，「食塩の過剰摂取」，「経済格差に伴う栄養格差」，「若年女性のやせ」が挙げられている。

（1）食塩の過剰摂取

NCDs[*1]（Non-Communicable Diseases：非感染性疾患）による**死亡・障害調整生命年**[*2]（DALYs：Disability adjusted life years）に最も影響を与える食事因子は，世界的には全粒穀類の摂取不足であるのに対して，日本を含む東アジアでは食塩の多量摂取が最大の食事因子となっている。日本の食塩摂取量は長期的には減少傾向であるものの，2019（令和元）年の平均摂取量は男性 10.9 g，女性 9.3 g（国民健康・栄養調査）であり，世界保健機関（WHO）が推奨する 5 g/日未満の約 2 倍を摂取している。同調査では，健康関心度の実態把握として，食習慣改善の意思が調査されている。食塩摂取量の状況別にみた食習慣改善の意思について，男女とも 1 日の食塩摂取量が 8 g 以上の者において，食習慣改善の意思がない者の割合は男女とも約 6 割を占めており，健康関心度に配慮した取組みが必要である（**図 3.18**）。

（2）若年女性のやせ

日本の 20 歳代および 30 歳代のやせの者の割合は，中長期的に増加傾向にある（**図 3.19**）。若年女性のやせは，骨粗鬆症や早産，低出生体重児を出産するリスクが高くなる。妊娠前から妊娠期における栄養摂取不足は，胎内での胎児の発育に影響を及ぼす。胎児期の発育が十分でない場合，成人期に 2

*1　**NCDs**　遺伝的，生理学的，環境的および行動的要因の組み合わせの結果として生じる慢性疾患の総称である。がん，循環器疾患，糖尿病，COPD（慢性閉塞性肺疾患）等が代表的な疾患。

*2　**死亡・障害調整生命年**　早期死亡と障害を有することにより失われた期間の合計により表される。傷病や機能障害等が健康に影響する大きさを示す。

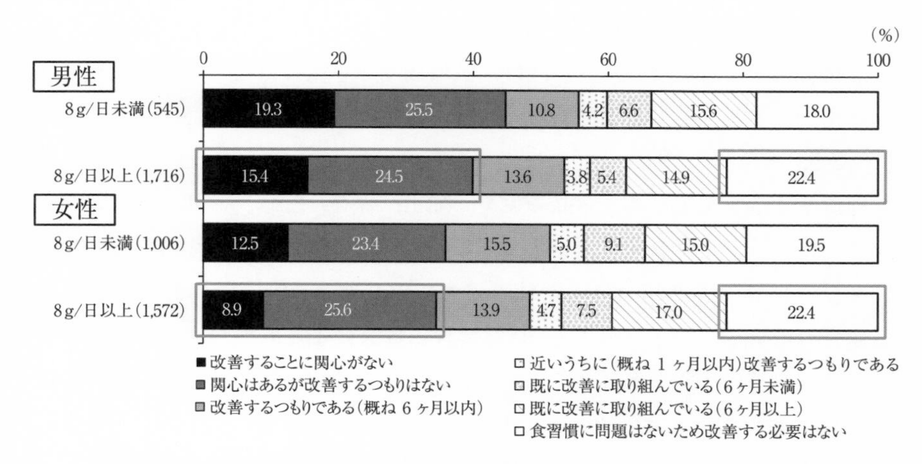

図 3.18　食塩摂取量の状況別，食習慣改善の意思（20 歳以上，男女別）

出所）厚生労働省：国民健康・栄養調査（2019）

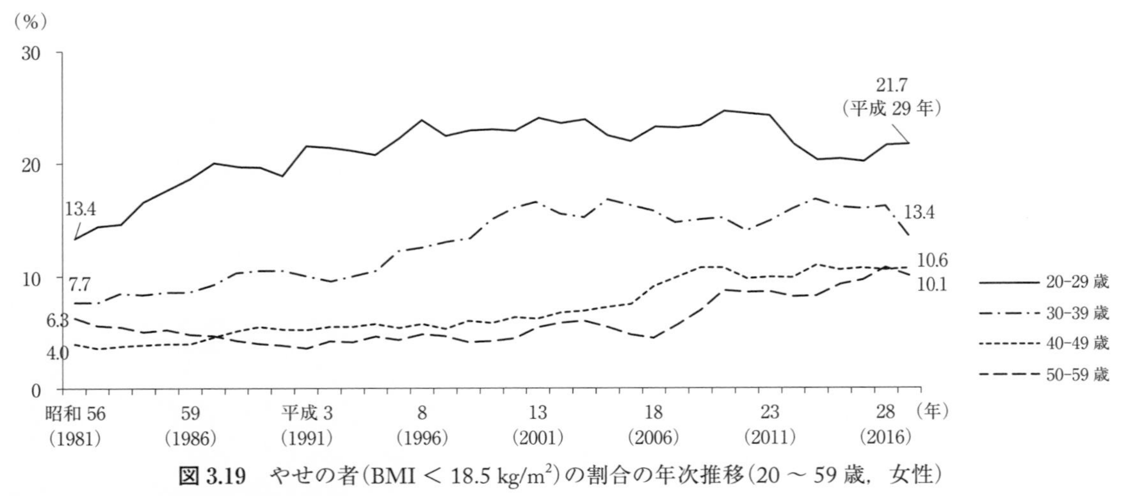

図 3.19　やせの者(BMI < 18.5 kg/m^2)の割合の年次推移(20 ～ 59 歳，女性)

出所）厚生労働省：国民健康・栄養調査(2017)

型糖尿病や冠動脈疾患等を発症するリスクを高めること(p.112 参照)が報告されている。そのため，若年女性のやせは女性自身の健康問題としてだけでなく，世代を超えた健康という視点からの対策が必要である。

(3) 経済格差に伴う栄養格差

2018(平成 30)年の国民健康・栄養調査結果によると，食品を選択する際に「栄養価」を重視すると回答した者の割合は，男女ともに世帯の所得が 200 万円未満の世帯員は 600 万円以上の世帯員と比較して，低い。また，世帯の年間収入別に栄養素等摂取量をみると，世帯の年間収入が多いほど，炭水化物エネルギー比率が低く，脂質エネルギー比率が高い。一方で，食塩摂取量(g/1,000 kcal)は世帯の年間収入による違いはなく，「食塩の過剰摂取」は共通した栄養課題となっている。しかし，一部の減塩商品は，通常品または従来品よりも価格が高い傾向にあるとの指摘がある。誰もが自然に健康になれる持続可能な食環境づくりに向け，減塩商品を手頃な価格で購入・利用できるようにすることも重要である。

3.5.2　環　　境

農業や畜産をはじめ，食品の生産，加工，保存，配送，流通，廃棄に至るまでのフードサプライチェーン(food supply chain)において発生する温室効果ガスは，世界の人為起源の温室効果ガス発生全体の 21 ～ 37 %を占めると推定されている。このうち 8 ～ 10 %は食品ロスによるものである。日本は食料や飼料等の多くを海外からの輸入に頼っているが，本来食べられるにも関わらず廃棄される食品ロスは，2021(令和 3)年度の推計で 523 万トン発生している。食品は水分含量が多いため，焼却に多くのエネルギーが必要となるうえ，二酸化炭素も排出され，環境負荷につながる。このように食と環境問題は密接に関係している。栄養課題の改善・解消に取り組むための健康的な食事には，将来にわたる食料の安定供給が必要であり，食における環境保全への取組みを進めていかなければならない。

表 3.21　環境保全に影響を与える取組み

直接的		
脱炭素経営	SBT (Science Based Targets)	**パリ協定**[*1] が求める水準と整合した，企業が設定する温室効果ガス排出削減目標のこと。 事業者自らの排出だけでなく，事業活動に関係するあらゆる排出を合計した排出量の削減が求められる。
	RE100 (Renewable Energy 100)	企業が事業活動に必要な電力の 100 % を**再生可能エネルギー**[*2] で賄うことを目指す。
プラスチック資源循環		プラスチックの過剰な使用抑制や再生可能資源への代替等により，プラスチックの資源循環を促進する。
間接的		
気候関連財務情報開示タスクフォース (TCFD：TaskForce on Climate-related Financial Disclosures)		企業の気候変動への取組み，影響に関する情報を開示する。

環境面での取組みには，直接的に環境保全に寄与するものと情報開示等を通して間接的に環境保全に影響を与えるものがあると考えられる。**表 3.21** にそれぞれの取組を示す。この他に，地産地消では，地域の農林水産物を利用することで，輸送や保存にかかるエネルギーを抑制し，それらに係る二酸化炭素の排出量を抑えることができ，環境への負荷の軽減につながる。

気候変動に対する取組みについては，**温室効果ガス**[*3]の排出を抑制する緩和策と変化した気候のもとで悪影響を最小限に抑える適応策に分類することができる。食品の生産から廃棄に至るまでの過程での温室効果ガスの排出削減や森林等による吸収作用の保全は緩和策に該当する。また，気温上昇等の気候変動による農作物の品質や収穫量低下や回遊性魚介類の分布域の変化等の影響がみられており，このような気候変動に適応した品種・育種素材や生産安定技術の開発や使用は適応策に該当する。

3.5.3　栄養と環境に配慮した食環境づくりと栄養教育

健康的で持続可能な食生活を送るためには，食品へのアクセスと情報へのアクセスを整備することが必要であり，そのためには事業者(食品製造事業者，食品流通事業者，メディア等)の役割が重要である。「自然に健康になれる持続可能な食環境づくり」では，各事業者に**図 3.20** に示される取組が期待されている。

食品製造事業者は，栄養面・環境面に配慮した商品の積極的な開発・主流化や持続可能な食環境づくりに関連する栄養面・環境面の取組を推進することが期待されている。さらに，食品流通事業者は，消費者が栄養面・環境面に配慮した商品を自然に選択できるような商品陳列や価格設定とすることで，消費者は個人の健康関心度に関わらず，栄養面・環境面に配慮した商品を自然に選択することができる。また，手頃な価格で商品を購入できることは，利活用の増加だけでなく，栄養格差解消にもつながる。また，メディアから健康で持続可能な食生活の実践に関する情報が提供され，消費者の興味・関心を高めることで行動変容支援へとつながる。これらの取組を推進すること

*1　**パリ協定**　2015 年に国連気候変動枠組み条約締約国会議(COP21)で採択された。
世界共通の長期目標として，「世界の平均気温上昇を産業革命以前に比べて 2 ℃より十分低く保ち，1.5 ℃に抑える努力をする。」という国際的な取組。

*2　**再生可能エネルギー**　太陽光・風力・地熱・水力・バイオマス(動植物に由来する有機物)等をエネルギー源として永続的に利用することのできるエネルギー。

*3　**温室効果ガス**　大気中の熱を吸収する性質をもつ二酸化炭素やメタン等のガスの総称。大気中の温室効果ガスが増加すると，地球の気温が上昇し，地球温暖化につがなる。

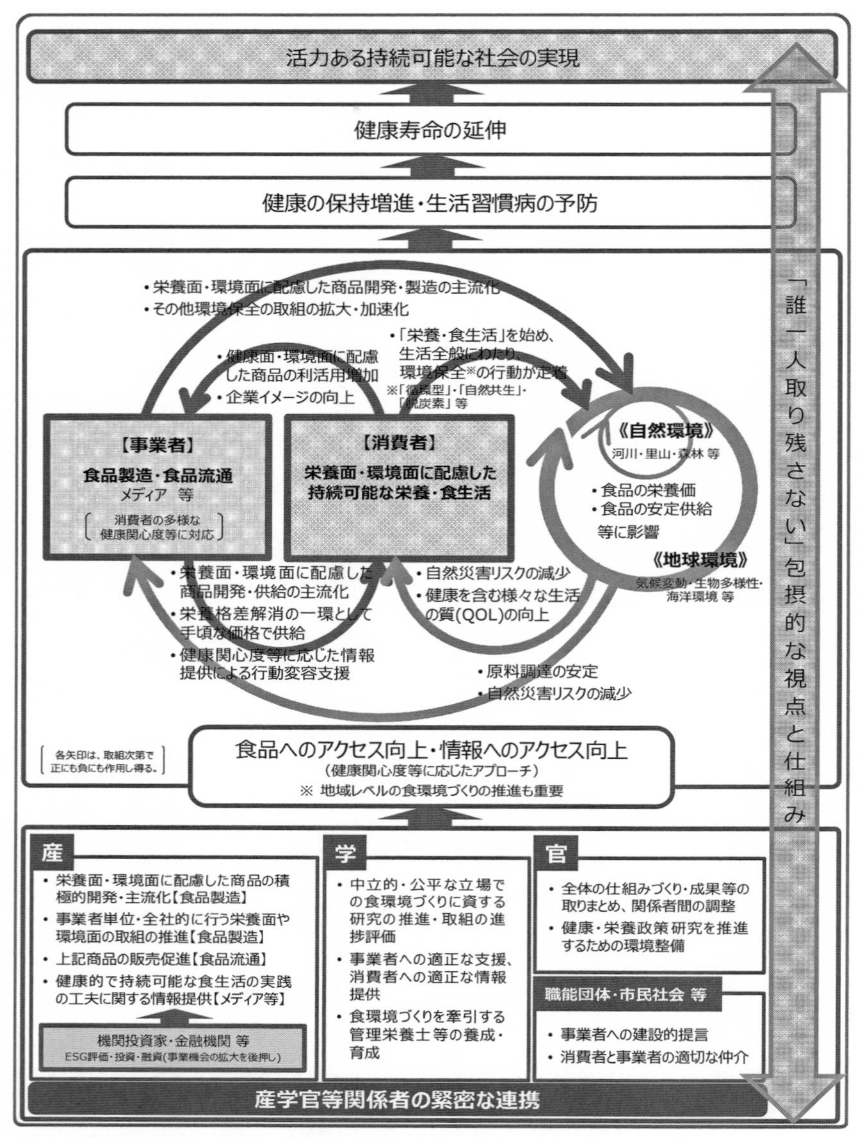

(注) 本図中段の部分は、事業者、消費者及び地球・自然環境の相互関係を示すことを主眼としており、それぞれの物理的な位置関係を示しているものではない。

図 3.20　自然に健康になれる持続可能な食環境づくりの枠組み

出所)自然に健康になれる持続可能な食環境づくりの推進に向けた検討会報告書(2021)

により，事業者にとっては **ESG 評価***の向上につながることや新たな市場獲得の機会となり得る。

事業者の取組みに加え，学術関係者には，公平な立場での食環境づくりに関する研究の推進や事業者への支援，消費者への情報提供，食環境づくりを牽引する管理栄養士の養成・育成が求められている。また，国(厚生労働省)に対しては，仕組みづくりや関係者間の調整，環境整備等が求められている。

***ESG 評価**　企業経営における環境(Environment)，社会(Social)，企業統治(Governance)への取組の評価。これまで株式投資は企業の財務情報をもとに行われていたが，現在は環境や持続性等を考慮した ESG 投資が拡大しており，企業の ESG 評価が重視されている。

コラム 8　食品ロス削減推進法

食品ロスは，売れ残りや食べ残し等，まだ食べられるにもかかわらず，捨てられてしまう食品のことを指す。2021（令和 3）年度の日本における食品ロス 523 万トンのうち，279 万トン（53 %）は事業者から，244 万トン（47 %）は家庭から排出されている。SDGs の 17 目標の 1 つである「12 つくる責任，つかう責任」では，具体的なターゲットとして，2030 年までに小売・消費レベルにおける世界全体の一人当たりの食料の廃棄を半減させることが掲げられている。日本では，食品ロス削減の取組として，2019（令和元）年より食品ロス削減推進法が施行されており，事業活動により発生する食品ロスの把握や規格外・未利用の農林水産物の有効活用，納品期限の緩和，賞味期限表示の大括り化（年月表示化）等の取組が行われている。

このように**産官学***等が連携・協働し，社会全体で食環境づくりに取り組むことで「自然に健康になれる食環境」の形成を推進していくことが重要である。

栄養課題への取組は，あらゆる年齢（ライフコース）の人々の栄養状態を改善・維持し，健康増進や疾病を予防することができる。しかし，栄養課題への取組を続けていくためには，食と密接に関連している気候変動や環境保全等についても考慮する必要がある。管理栄養士等の栄養専門職はそれぞれのフィールドでの生産，加工，保存，配送，流通，廃棄の中で，環境問題への対応が求められている。また，次世代を担う子どもに対して，健康的で持続可能な栄養・食生活が活力ある持続可能な社会の実現につながることを伝えていくことや，主体的に楽しく学べる機会を作っていくことも必要である。

＊**産官学**　産業界（民間企業），官公庁（国・地方公共団体），学校（教育・研究機関）の協力・連携のこと。それぞれの強みを活かすことで，新しい技術や事業の創出につながる。

【演習問題】

問 1　保育園児を対象に，「お魚を食べよう」という目的で食育を行った。学習教材とその内容として，最も適切なのはどれか。1 つ選べ。

（2021 年国家試験）

(1) ホワイトボードに「さかなは，ちやにくのもとになる」と書いて，説明した。
(2) アジの三枚おろしの実演を見せて，給食でその料理を提供した。
(3) エプロンシアターを用いて，マグロとアジを例に食物連鎖について説明した。
(4) 保育園で魚を飼って，成長を観察した。

解答（2）

問 2　離乳食教室を企画する場合の，目標とその内容の組合せである。最も適当なのはどれか。1 つ選べ。　（2020 年国家試験）

(1) 実施目標 —— 家庭で離乳食レシピブックを参照し，調理する。
(2) 学習目標 —— 成長・発達に応じた離乳食を調理できるようになる。
(3) 行動目標 —— 集団指導と調理実習を組み合わせた教室を行う。
(4) 環境目標 —— 市販のベビーフードの入手法を紹介する。
(5) 結果目標 —— 負担感を減らすために，家族の協力を増やす。

解答（2）

問3　小学校において，1年生が正しく箸を使えるようになることをねらいとした，食に関する指導を実施することとなった。ねらいに合った環境目標である。正しいのはどれか。2つ選べ。　(2018年国家試験)

(1) ランチルームに置く，箸のサイズの種類を増やす。
(2) 自宅でも，正しく箸を使う児童を増やす。
(3) 給食で，地場産物を活用した献立を増やす。
(4) 縦割り給食で，1年生に箸の持ち方を教える上級生を増やす。
(5) 箸の使い方のマナーを，知っている児童を増やす。

解答 (1)，(4)

問4　交替制勤務があり，生活習慣変容が困難だと感じている者が多い職場において，メタボリックシンドローム改善教室を行うことになった。学習者のモチベーションが高まる学習形態である。最も適切なのはどれか。1つ選べ。　(2020年国家試験)

(1) 産業医が，食生活，身体活動，禁煙の講義をする。
(2) 管理栄養士が，夜勤明けの食事について，料理カードを使って講義する。
(3) 健診結果が改善した社員から，体験を聞き，話し合う。
(4) グループに分かれて，食生活の改善方法を学習する。

解答 (3)

問5　K大学で在学生を対象に調査をしたところ，体調不良と朝食内容に関連が見つかった。大学として「朝ごはん教室」を開催することとなり，目標を設定した。実施目標の項目として，最も適当なのはどれか。1つ選べ。　(2023年国家試験)

(1) 体調不良が改善した学生を，50％以上にする。
(2) 主食・主菜・副菜を組み合わせた朝食を週2回以上食べる学生を，70％以上にする。
(3) 学生食堂に対し，朝食の提供を週4日に増やすよう働きかける。
(4) 次回の教室にも参加したいと思う学生を，80％以上にする。
(5) 栄養バランスの良い朝食の必要性を説明できる学生を，80％以上にする。

解答 (4)

問6　体重増加を目指す大学ラグビー部の学生12人を対象に，栄養教室を3か月で計6回実施した。教室の総費用は60,000円であった。参加者の体重増加の合計は10 kgであった。体重1 kg当たりの教室の費用効果(円)として，最も適当なのはどれか。1つ選べ。　(2023年国家試験)

(1) 1,000
(2) 5,000
(3) 6,000
(4) 10,000
(5) 20,000

解答 (3)

問 7　K 大学の学生食堂では，全メニューに小鉢 1 個がついている。小鉢の種類には，肉料理，卵料理，野菜料理，果物・デザートがあり，販売ラインの最後にある小鉢コーナーから選択することになっている。ナッジを活用した，学生の野菜摂取量を増やす取組として，最も適切なのはどれか。1 つ選べ。　（2023 年国家試験）

（1）食堂の入口に「野菜は 1 日 350 g」と掲示する。
（2）小鉢コーナーの一番手前に，野菜の小鉢を並べる。
（3）小鉢は全て野菜料理とする。
（4）小鉢の種類別に選択数をモニタリングする。

解答（2）

問 8　K 高校陸上部において，競技力向上のための栄養教育を行うことになった。栄養教育プログラムを 6W2H で整理した。What に該当するものとして，最も適当なのはどれか。1 つ選べ。　（2024 年国家試験）

（1）陸上部の部員
（2）補食の摂り方
（3）調理実習室の活用
（4）各部員の競技記録の更新
（5）体験型学習の実施

解答（2）

問 9　認知症の妻と，その介護者である夫の二人暮らし高齢世帯への支援や取組と，生態学的モデルのレベルの組合せである。最も適当なのはどれか。1 つ選べ。　（2024 年国家試験）

（1）認知症カフェを運営している同じ境遇の男性が，気軽に立ち寄るよう夫を誘った。 ――― 個人内レベル
（2）市の管理栄養士が，市の高齢者福祉プランに食料品買出し支援強化を含めることを提言した。 ――― 個人間レベル
（3）遠方に住む息子が，配食サービス事業を調べて，利用してみることを勧めた。 ――― 組織レベル
（4）住民ボランティアグループが，市が養成する認知症サポーターとして見守り活動を開始した。 ――― 地域レベル
（5）夫が，災害時に備えた食品ストックのガイドブックを読み，買い物の参考にした。 ――― 政策レベル

解答（4）

問 10　低栄養傾向の高齢者に，月 1 回，計 6 回コースの低栄養予防教室を実施した。教室の総費用は 12 万円であった。教室終了後の目標 BMI の達成者は，30 名中 20 名であった。目標達成のための教室の費用効果である。正しいのはどれか。1 つ選べ。　（2019 年国家試験）

（1）667 円
（2）2,000 円
（3）4,000 円
（4）6,000 円
（5）20,000 円

解答（4）

参考文献・参考資料

環境省：令和 3 年版環境白書・循環型社会白書・生物多様性白書（2021）
https://www.env.go.jp/policy/hakusyo/r03/pdf/full.pdf（2023.11.22）

（一社）健康な食事・食環境コンソーシアム：「健康な食事・食環境」認証制度
https://smartmeal.jp/（2023.11.20）

厚生労働省：児童福祉法，1947（昭和 22）年（2024 年改正予定）
https://elaws.e-gov.go.jp/document?lawid=322AC0000000164（2023.11.24）

厚生労働省：乳幼児身体発育評価マニュアル　平成 23 年度　厚生労働科学研究費補助金（成育疾患克服等次世代育成基盤研究事業）
https://www.google.com/url?sa=t&rct=j&q=&esrc=s&source=web&cd=&ved=2ahUKEwjDt4XzsZ2EAxVAjK8BHVE3BkQ4ChAWegQIAhAB&url=http%3A%2F%2Fwww.niph.go.jp%2Fsoshiki%2F07shougai%2Fhatsuiku%2Findex.files%2Fkatsuyou_130805.pdf&usg=AOvVaw2Jm53kMspPOzDzBUSAgKix&opi=89978449

厚生労働省：令和 2 年乳幼児身体発育曲線の活用・実践ガイド
https://google.comurl?sa=t&rct=j&q=&esrc=s&source=web&cd=&ved=2ahUKEwj7iqy-sZ2EAxUsa_UHHavJDSUQFnoECBgQAQ&url=http%3A%2F%2Fwww.niph.go.jp%2Fsoshiki%2F07shougai%2Fhatsuiku%2Findex.files%2Fjissen_2021_03.pdf&usg=AOvVaw0e7uzdWLVDZ95uGva4lICv&opi=89978449

厚生労働省：保育所保育指針（2017（平成 29）年改訂）
https://www.mhlw.go.jp/file/06-Seisakujouhou-11900000-Koyoukintoujidoukateikyoku/0000160000.pdf（2023.11.20）

厚生労働省：保育所における食事の提供ガイドライン（2012（平成 24）年）
https://www.mhlw.go.jp/bunya/kodomo/pdf/shokujiguide.pdf（2023.11.24）

厚生労働省：楽しく食べる子どもに～保育所における食育に関する指針～（2004（平成 16）年）
https://www.mhlw.go.jp/shingi/2007/06/dl/s0604-2k.pdf（2023.11.24）

厚生労働省：保育所における食事の提供に関する全国調査（平成 23 年）
https://www.mhlw.go.jp/stf/shingi/2r9852000001yhvg-att/2r9852000001yi0h.pdf（2023.11.25）

厚生労働省：令和元年国民健康・栄養調査結果
https://www.mhlw.go.jp/content/10900000/000687163.pdf（2023.11.20）

厚生労働省：標準的な健診・保健指導プログラム（令和 6 年度版）
https://www.mhlw.go.jp/stf/seisakunitsuite/bunya/0000194155_00004.html

（2023.11.20）
厚生労働省：労働安全衛生法第 70 条の 2
https://www.jaish.gr.jp/anzen/hor/hombun/hor1-20/hor1-20-5-1-0.htm（2023.11.20）
厚生労働省：若い女性の「やせ」や無理なダイエットが引き起こす栄養問題｜e-ヘルスネット
http://www.e-healthnet.mhlw.go.jp/information/food/e-02-006.html（2023.12.22）
厚生労働省：地域保健法
https://hourei.net/law/322AC0000000101（2023.12.22）
厚生労働省：健康増進法
https://www.mhlw.go.jp/web/t_doc?dataId=78aa3837&dataType=0&pageNo=1（2023.12.22）
厚生労働省：健康増進法施行規則
https://www.mhlw.go.jp/web/t_doc?dataId=78aa4860&dataType=0&pageNo=1（2023.12.22）
厚生労働省：自然に健康になれる持続可能な食環境づくりの推進に向けた検討会報告書（2021）
https://www.mhlw.go.jp/content/10900000/000836820.pdf（2023.11.23）
厚生労働省：令和元年度国民健康・栄養調査
http://www.mhlw.go.jp/content/001066903.pdf（2024.2.3）
厚生労働省：健康日本 21（第 3 次）
https://www.mhlw.go.jp/stf/seisakunitsuite/bunya/kenkou_iryou/kenkou/kenkounippon21_00006.html（2024.2.3）
消費者庁：食品ロス削減ガイドブック（令和 5 年度版）（2023）
https://www.caa.go.jp/policies/policy/consumer_policy/information/food_loss/pamphlet/assets/2023_food_loss_guide_book_231117_01.pdf（2023.11.22）
スポーツ庁：令和 3 年度全国体力・運動能力，運動習慣等調査結果（2021）
https://www.mext.go.jp/sports/b_menu/toukei/kodomo/zencyo/1411922_00003.html（2023.11.20）
世界保健機関：世界の栄養目標（Global nutrition targets 2025）
https://www.who.int/publications/i/item/WHO-NMH-NHD-14.2（2024.2.3）
内閣府／文部科学省／厚生労働省：就学前のこどもに関する教育，保育の総合的な提供の推進に関する法律（2006）
https://e-laws.e-gov.go.jp/document?lawid=418AC0000000077（2023.11.24）
内閣府／文部科学省／厚生労働省：幼保連携型認定こども園教育・保育要領（2017（平成 29）年改訂）
https://www8.cao.go.jp/shoushi/kodomoen/pdf/kokujibun.pdf（2023.11.24）
内閣府男女共同参画局：生涯を通じた女性の健康支援
https://www.gender.go.jp/about_danjo/basic_plans/1st/2-8h.html（2024.2.3）
農林水産省：令和 5 年 3 月食育に関する意識調査報告書
https://www.maff.go.jp/j/syokuiku/ishiki/r05/pdf_index.html（2024.2.3）
農林水産省：令和 4 年 3 月食育に関する意識調査報告書
https://www.maff.go.jp/j/syokuiku/ishiki/r04/pdf_index.html（2024.2.3）
農林水産省：令和 3 年 3 月食育に関する意識調査報告書
https://www.maff.go.jp/j/syokuiku/ishiki/r03/pdf_index.html（2024.2.3）
農林水産省：令和 2 年 3 月食育に関する意識調査報告書
https://www.maff.go.jp/j/syokuiku/ishiki/r02/pdf_index.html（2024.2.3）

農林水産省：平成 31 年 3 月食育に関する意識調査報告書
https://warp.da.ndl.go.jp/info:ndljp/pid/12175499/www.maff.go.jp/j/syokuiku/ishiki/h31/pdf_index.html（2024.2.3）
農林水産省：第 4 次食育推進基本計画（令和 3 年～ 7 年）
https://www.mhlw.go.jp/content/000770380.pdf（2024.2.3）
文部科学省：令和 3 年度学校保健統計調査
https://www.mext.go.jp/b_menu/toukei/chousa05/hoken/kekka/k_detail/1411711_00006.htm（2023.11.20）
文部科学省：食に関する指導の手引－第 2 次改訂版
https://www.mext.go.jp/a_menu/sports/syokuiku/1292952.htm（2023.11.20）
文部科学省：栄養教諭を中核としたこれからの学校の食育（平成 29 年 3 月）
https://www.mext.go.jp/a_menu/sports/syokuiku/__icsFiles/afieldfile/2017/08/09/1385699_001.pdf（2023.11.20）

Antoniak, A. E., Greig, C. A., The effect of combined resistance exercise training and vitamin D3 supplementation on musculoskeletal health and function in older adults: a systematic review and meta-analysis. *BMJ* Open 7:e014619, 2017.
Liao, C. D., Lee, P. H., Hsiao, D. J., *et al.*, Effects of Protein Supplementation Combined with Exercise Intervention on Frailty Indices, Body Composition, and Physical Function in Frail Older Adults. *Nutrients* 10:1916, 2018.
Liao, C. D., Tsauo, J. Y., Wu, Y. T., *et al.*, Effects of protein supplementation combined with resistance exercise on body composition and physical function in older adults: a systematic review and meta-analysis. *Am J Clin Nutr* 106: 1078-1091, 2017. doi:10.3945/ajcn.116.143594.
Velenzuela, P. L., Mata, F., Morales, J. S., *et al.*, Does Beef Protein Supplementation Improve Body Composition and Exercise Performance? A Systematic Review and Meta-Analysis of Randomized Controlled Trials. *Nutrients* 11:1429, 2019.

4 栄養教育の国際的動向

4.1 わが国と諸外国の食生活の比較

図 4.1 に示すように，肥満者の割合は増加傾向にある国が多く，世界的に深刻な問題である。多くの国の基準では，BMI 30 以上を肥満(obese)と定義しており，25 以上は太りぎみ(overweight)と定義されている。日本では BMI 25 以上を肥満としている。

日本の 20 歳以上の肥満者の割合(BMI ≧ 30)は，2019(令和元)年の国民健康・栄養調査によると 4.6 %で，韓国よりも低い割合であり，世界的にみると肥満者は少ない国となる。しかし，わが国でも肥満者は増加傾向にあるため，「健康日本 21(第 2 次)」では，成人の肥満者(BMI ≧ 25)の減少を目標に掲げている。同調査 2019(令和元)年によると，20 歳以上の肥満者(BMI ≧ 25)の割合は，男性 33.0 %，女性 22.3 %であるが，「健康日本 21(第 2 次)」の令和 4 年度の目標値は，20 〜 60 歳代男性 28 %以下，40 〜 60 歳代女性 19.0 %以下を掲げている。

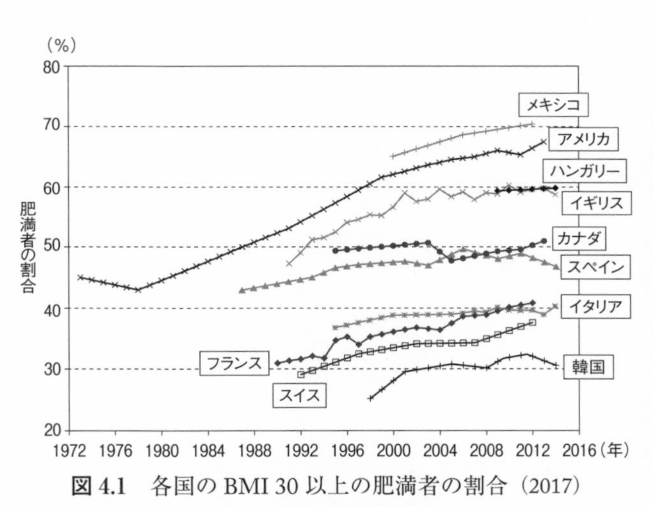

図 4.1 各国の BMI 30 以上の肥満者の割合（2017）

出所）http://www.oecd.org/els/health-systems/Obesity-Update-2017.pdf (2024.2.11)

わが国は，2005(平成 17)年 6 月に「**食事バランスガイド**」を公表した(**図 4.2**)。主食，副菜，主菜，牛乳・乳製品，果物の 5 つの料理を基本としている。主食は炭水化物がおよそ 40 g，副菜は野菜などの重量が約 70 g，主菜はたんぱく質がおよそ 6 g，牛乳・乳製品はカルシウムが約 100 mg，果物は重量が 100 g を基準に(SV，サービング)としている。

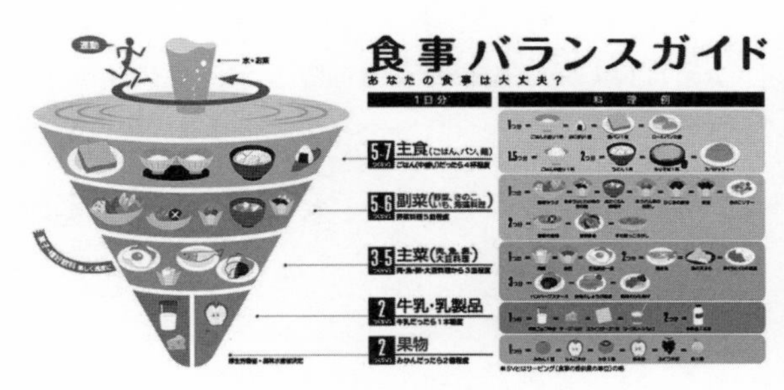

図 4.2 食事バランスガイド（厚生労働省，農林水産省）

出所）http://www.maff.go.jp/j/balance_guide/ (2024.2.11)

4.2 先進国における栄養教育

わが国同様，その他の先進諸国でも肥満など生活習慣に関する問題を抱えている。他国でも，ガイドを見た人がどのようなバランスで食事を摂取すればよいかわかるように工夫された食生

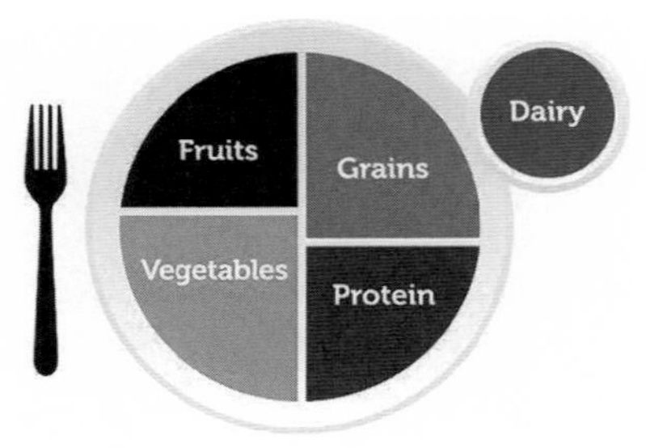

図 4.3　マイプレートのロゴ

出所）https://www.myplate.gov/（2024.2.11）

活の指針が示されている。先進国のガイドラインを以下に示す。

4.2.1　アメリカのガイドラインについて

アメリカでガイドラインが初めて発表されたのは，1894 年であり，現在と同様，米国農務省（USDA）から出された。

マイプレート（MyPlate）は，2011 年米国農務省（USDA）から出されたガイドラインである。食品のパッケージに掲示されたり，栄養教育の教材として使用されている。

図 4.3 にマイプレートのロゴを示す。マイプレートは，① 穀類 30 %，② たんぱく質 20 %，③ 野菜類 30 %，④ 果物類 20 %に区分けされている。大きな皿の横に，小さな乳類の皿が付いている。MyPlatePlan というインターネットのページでは，自分の身長と体重を入れると目安の摂取エネルギーが計算され，MyPlate で必要とされるポーションサイズが表示される。自分に適応した食事記録票がダウンロードできたりと，栄養教育ツールが充実している。

マイプレートはアメリカ人のための食生活指針 2020-2025 に改訂された。4 つのポイント（1. すべてのライフステージで健康的な食事パターンに従いましょう。2. 個人的な好み，文化的伝統，予算を反映し，栄養豊富な食べ物や飲み物をカスタマイズして楽しみましょう。3. 栄養豊富な食べ物や飲み物で食品グループを満たすことに焦点をあて，カロリー制限しましょう。4. 糖分，飽和脂肪酸，ナトリウムを多く含む食品やアルコールを制限しましょう）で，これまでの指針より端的に記されている。食生活指針をサポートするための My plate の使用方法についても記載されている。

4.2.2　アメリカにおけるその他の栄養教育にまつわる事象

ファイブ・ア・デイ（5-a-day）は，1991 年にアメリカの PBH（Produce for Better Health Foundation：農産物健康増進基金）と NCI（National Cancer Institute：米国国立がん研究所）が協力して始めた健康増進運動である。野菜や果物の摂取は，生活習慣病発症のリスクを抑える可能性が高いという科学的根拠をもとに「1 日 5 ～ 9SV（サービング）以上の野菜（350 g 以上）と果物（200 g 以上）を食べましょう」をスローガンとした官民一体の運動が展開されている。その結果，アメリカ国内では野菜や果物の摂取量が増加傾向にあり，この運動の成果が広がっているとされている。この実態を受け，日本でも 2002 年にファイブ・ア・デイ協会が設立され，子どもたちや消費者を対象とした健康増進のための野菜・果物を十分に取り入れた正しい食

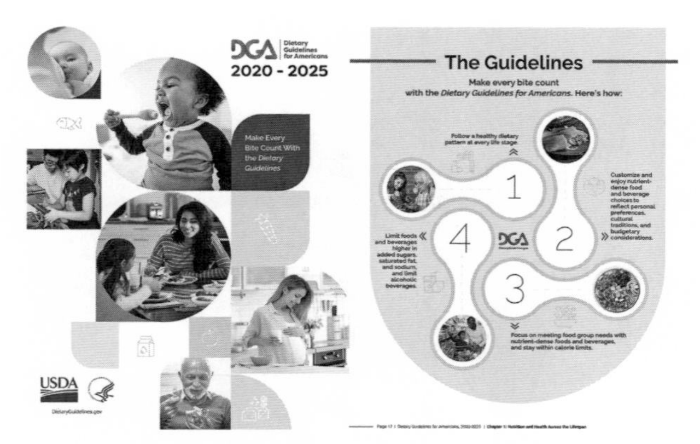

図 4.4　アメリカ人のための食生活指針

出所）https://Dietary Guidelines.gov（2024.2.11）

習慣を伝える食育活動が実施されている。

フードスタンプ(Food Stamp)(現在の正式名称は,「補助的栄養支援プログラム」(SNAP：Supplemental Nutrition Assistance Program)(**図 4.5**)とは，アメリカで 1964 年から制度化された貧困対策のひとつで，低所得者向けに行われている食糧費補助対策で，公的扶助のひとつである。家族構成と所得に応じた金額を受給することができ，デビットカードのようなカードを受け取り，食料を購入する際に金券として利用することができる。アメリカの学校給食プログラムでは，朝食を提供するものがある。

SNAP Supplemental Nutrition Assistance Program

図 4.5　補助的栄養支援プログラム（フードスタンプ）のロゴ

出所）https://www.fns.usda.gov/building-healthy-america-profile-supplemental-nutrition-assistance-program (2024.2.11)

その他にも，学校内の清涼飲料水の自動販売機設置を規制する条例の制定や，子ども向けジャンクフードの広告規制がある。高脂肪食品・ジャンクフードに対する課税は，デンマークやハンガリーで 2011 年，メキシコでは 2013 年に導入されている。アメリカではいくつかの州ですでに実施されており，国での導入が検討されている。

4.2.3　カナダのガイドラインについて

カナダのガイドラインは，1942 年に Canada's Official Food Rules として発行された。その後，数回の改定を経て，1961 年に Canada's Food Guide となり，現在もその名称が使われている(**図 4.6A**)。2019 年に発表された。

アメリカのフードガイド(My Plate)と同様に，一皿で食品をどのくらい摂取すればよいか割合でわかるように示されている(**図 4.6B**)。しかし，My Plate とは，食品の皿の分け方が多少異なり，乳製品も勧められていない。また，直接メッセージが入れられているという部分でも異なり，そのメッセージは 4 つで，① たんぱく質を食べよう ② 全粒穀類を選ぼう ③ たくさんの野菜と果物 ④ 飲み物は水に，という内容である。カナダ保健省(Health Canada)のホームページよりダウンロードすることができる。

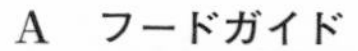
A　フードガイド

B　フードガイドの詳細

図 4.6　カナダのガイドライン

出所）https://food-guide.canada.ca/static/assets/pdf/CFG-snapshot-EN.pdf (2023.12.3)
http://www.healthycanadians.gc.ca/alt/pdf/eating-nutrition/healthy-eating-saine-alimentation/tips-conseils/interactive-tools-outils-interactifs/eat-well-bien-manger-eng.pdf (2024.2.11)

4.2.4　オーストラリアのガイドラインについて

アメリカやカナダと同様に，円形で食品群ごとにどのくらい摂取すればよいか割合でわかるように示されている(**図 4.7A**)。食品群は，① 野菜類，② 果物，③ 乳製品，④ 肉・魚類，⑤ 穀類，という 5 群に分けられている。円の外に，油，嗜好飲料，菓子類は少量摂取する注意喚起がされている。また，ガイドラインの詳細が示されており，そのなかにオーストラリア人のための

A　フードガイド

出所）https://www.eatforhealth.gov.au/guidelines/australian-guide-healthy-eating（2024.2.11）

B　食生活指針

AUSTRALIAN DIETARY GUIDELINES

GUIDELINE 1

To achieve and maintain a healthy weight, be physically active and choose amounts of nutritious food and drinks to meet your energy needs.

GUIDELINE 2

Enjoy a wide variety of nutritious foods from these five food groups every day:

- Plenty of vegetables of different types and colours, and legumes/beans
- Fruit
- Grain (cereal) foods, mostly wholegrain and/or high cereal fibre varieties, such as breads, cereals, rice, pasta, noodles, polenta, couscous, oats, quinoa and barley
- Lean meats and poultry, fish, eggs, tofu, nuts and seeds, and legumes/beans
- Milk, yoghurt, cheese and/or their alternatives, mostly reduced fat

And drink plenty of water.

GUIDELINE 3

Limit intake of foods containing saturated fat, added salt, added sugars and alcohol.

GUIDELINE 4

Encourage, support and promote breastfeeding.

GUIDELINE 5

Care for your food; prepare and store it safely.

5つの食生活指針

1	健康的な体重を維持するため，適度な運動を行い，あなたの必要なエネルギーを満たす，栄養価の高い食べ物と飲み物を選択しましょう。
2	毎日，5つの食品グループ（野菜類，果物，穀物類，肉・魚・卵などのたんぱく源，乳製品）からさまざまな栄養価の高い食品を楽しみましょう。
3	飽和脂肪酸，塩，砂糖およびアルコール食品の摂取を制限しましょう。
4	母乳を奨励，支援，促進しましょう。
5	あなたの食べ物に気を使いましょう；安全に準備して保存しましょう。

出所）https://www.eatforhealth.gov.au/guidelines/australian-dietary-guidelines-1-5（2024.2.11）

C　ライフステージごとの野菜のサービング数

Minimum recommended number of serves of vegetables per day

	Serves per day		
	19-50 years	51-70 years	70+ years
Men	6	5½	5
Women	5	5	5
Pregnant women	5	-	-
Breastfeeding women	7½	-	-

	Serves per day				
	2-3 years	4-8 years	9-11 years	12-13 years	14-18 years
Boys	2½	4½	5	5½	5½
Girls	2½	4½	5	5	5

出所）https://www.eatforhealth.gov.au/sites/default/files/files/n55a_australian_dietary_guidelines_summary_131014_1.pdf（2024.2.11）

D　ポーションサイズ

出所）https://www.eatforhealth.gov.au/sites/default/files/files/n55a_australian_dietary_guidelines_summary_131014_1.pdf（2024.2.11）

図 4.7　オーストラリアのガイドライン

食生活指針が示されている（**図 4.7B**）。

オーストラリアのガイドラインは，食品群ごとに，ライフステージごとのサービング数（**図 4.7C**）とポーションサイズ（一皿分の盛り付け量）の食品例（**図 4.7D**）を，オーストラリア政府保健省が運営するホームページで見ることができる。

4.2.5　イギリスのガイドラインについて

アメリカやオーストラリアと同様に，円型で食品群ごとの割合が示され（**図 4.8B**），健康のための8つの食生活指針が出されている（**図 4.8C**）。2016年3月，A The eatwell plate（**図 4.8A**）から B Eatwell Guide（**図 4.8B**）へと変更された。新

A　フードガイド

The eatwell plate

Use the eatwell plate to help you get the balance right. It shows how much of what you eat should come from each food group.

B　フードガイド

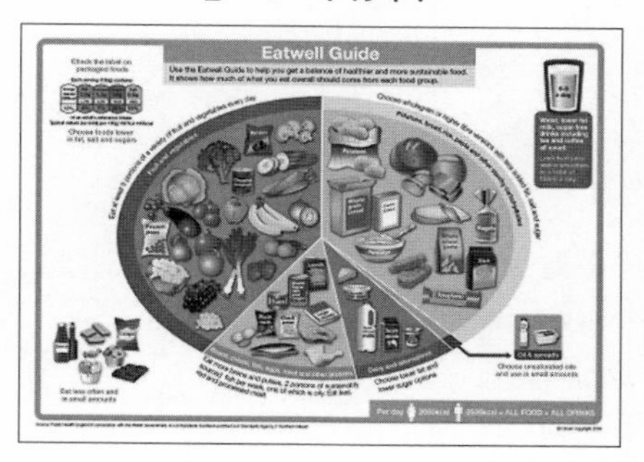

8 tips for eating well

1. Base your meals on starchy foods
2. Eat lots of fruit and veg
3. Eat more fish – including a portion of oily fish each week
4. Cut down on saturated fat and sugar
5. Eat less salt – no more than 6g a day for adults
6. Get active and be a healthy weight
7. Don't get thirsty
8. Don't skip breakfast

C　8つの食生活指針

1	でんぷんの多い食品を食事の基本としましょう。
2	果物と野菜をたくさん食べましょう。
3	もっと魚を食べましょう。 週１回は脂の乗った魚を食べましょう。
4	飽和脂肪酸と砂糖を減らしましょう。
5	食塩を減らしましょう。 成人は１日６g以下にしましょう。
6	運動をして，適正体重を維持しましょう。
7	喉が渇かないようにしましょう。
8	朝食を欠食しないようにしましょう。

図 4.8　イギリスのガイドライン

出所）https://assets.publishing.service.gov.uk/government/uploads/system/uploads/attachment_data/file/528193/Eatwell_guide_colour.pdf（2022.1.15）
https://assets.publishing.service.gov.uk/government/uploads/system/uploads/attachment_data/file/551502/Eatwell_Guide_booklet.pdf（2024.2.11）

しいガイドでは，印象的であったナイフとフォークは取り除かれている。また，各食品群の名前とその割合についても変更が加えられた。例えば，たんぱく質の部分では「豆，豆類，魚，卵，肉，その他のたんぱく質」と記されており，肉類以外の食品がたんぱく質摂取に寄与することを強調している。

4.2.6　デンマークのガイドラインについて

2021年1月に新たに発表されたデンマークのガイドライン（**図 4.9**）では，健康と気候にやさしい食事の仕方についてのスローガンが掲げられている。牛肉や羊肉の摂取や加工肉を減らすことで，地球の気候変動やサスティナビリティ（持続可能性）につながることまで考慮されている。また，前回の指針にも記載があったが，野菜とフルーツを１日約600g摂取するように推奨されている。

4.2.7　その他の国のフードガイド，食育の実施について

ギリシャのフードピラミッドでは，ワインの表示がある（**図 4.10**）。スイスで2011年新たに出されたフードピラミッドは，上から３段目の右上，たんぱく質のグループに日本食である豆腐が表示されている（**図 4.11**）。また，フ

The Official Dietary Guidelines - good for health and climate are:	公式の食生活指針 ―健康と気候に良いものとは―
Eat plant-rich, varied and not too much	植物が種類豊かで，多すぎないようにしましょう
Eat more vegetables and fruit	野菜や果物をたくさん食べましょう
Eat less meat - choose legumes and fish	マメや魚を選び，肉を減らしましょう
Eat wholegrain foods	全粒穀物を食べましょう
Choose vegetable oils and low-fat dairy products	植物油と低脂肪乳製品を選びましょう
Eat less sweet, salty and fatty food	甘くなく，塩辛くなく，脂肪の少ないものを食べましょう
Thirsty? Drink water	喉が渇いたら，水を飲みましょう

図 4.9　デンマークのガイドライン

出所）https://altomkost.dk/english/#c41067（2024.2.11）

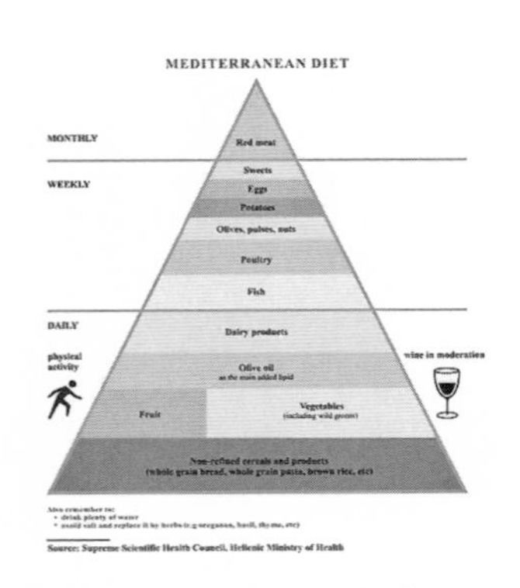

図 4.10　ギリシャのフードピラミッド　　**図 4.11**　スイスのフードピラミッド

出所）http://www.fao.org/nutrition/education/food-dietary-guidelines/regions/countries/greece/en/（2024.2.11）
http://www.fao.org/nutrition/education/food-based-dietary-guidelines/regions/countries/switzerland/en/（2024.2.11）

ランスでは，1990 年から子どもたちの食文化の乱れを守るため，フランス料理という国家遺産を学習する場として「味覚の週間」の取組みが行われている。現在では，国を挙げた「食育」へと成長している。イタリアでは，1986 年から「**スローフード**[*1]運動」が行われている。

*1　**スローフード**　ファストフード（fast food）の健康や情緒に及ぼす影響，食文化の荒廃への警鐘として提唱されてきた言葉。伝統的な食材や料理方法を守り，質の良い食品を提供し，消費者の味の教育を進めるというもの。

4.3　開発途上国の栄養教育

開発途上国では，飢餓状況が続いている国があることが，WFP（World Food Program）作成の**ハンガーマップ・ライブ**[*2]を見るとわかる（**図 4.12**）。飢餓に苦しむ人々のほとんどは開発途上国に住み，その人口の 11 ％が栄養不足である。栄養の確保が必要な状況であり，低栄養状態に伴うエネルギーやたんぱく質の不足（PEM：protein energy malnutrition）や，微量栄養素欠乏症（micronutrient deficiency）が大きな問題となっている。5 歳児未満の子どもの低栄養は 1990 年以降低下しているが，低所得国では 40 ％近い（**図 4.13**）。SDGs（持続可能な開発目標）2（飢餓をゼロに）では，2030 年までに 5 歳児未満の発育不全の子どもの割

*2　**ハンガーマップ・ライブ**　世界の飢餓状況を，栄養不足人口の割合により国ごとに 6 段階で色分けして表現したものである。飢餓人口の割合が最も高いレベル 5 に分類された国では，全人口の 35 ％以上もの人々が栄養不足に陥っている。ハンガーマップは WFP が FAO（国際連合食糧農業機関）の統計に基づき作成したものである。

合を減らすことを目的としている。一方，開発途上国の一部では，先進諸国と同様に肥満者の増加がみられ，過剰栄養による慢性疾患対策が重要となり，開発途上国の栄養状態は2極化しているのが現状である。開発途上国においても，国独自の指針やフードガイドを作成している。

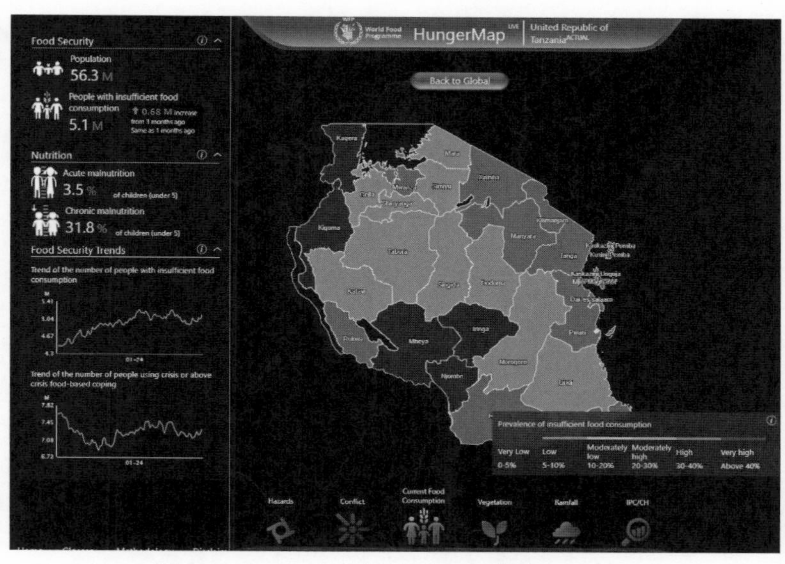

図 4.12　ハンガーマップ・ライブ*（2023.3 ～）

出所）https://hungermap.wfp.org/?_ga=2.112091905.424272149.1707788216-675783077.1701674192（2024.2.11）

＊2023年3月より，ハンガーマップ・ライブが配信され，ほぼリアルタイムで世界90か国以上の食料不安の状況をモニターできるようになっている。また，世界各国の貧困や紛争，飢餓で苦しむ子どもたちの状況を瞬時にPDFのレポートとして出力できる。

JICA（Japan International Cooperation Agency，国際協力機構）では，栄養欠乏が深刻な開発途上国の人々に対して，鉄やビタミンAなどを食品に添加するプログラムが実施されている。また，ヨード不足による知能障害が深刻であり，ヨード添加塩の使用を義務づけている国や地域もある。ユニセフでは，微量栄養素欠乏症対策として，栄養素の補強が行われている。たとえば，パンへのビタミンA添加プログラムや，食卓塩へのビオチン添加プログラムがある。国連WFPでは，**学校給食プログラム**を実施し，空腹のまま学校に通っている飢餓状態にある地域の子どもたちに給食を提供している。給食は学校で調理されたり，調理場等から学校へ運ばれてくる。内容は，温かい食事や栄養価の高いビスケットなどである。また，日本の子どもたちへ飢餓の状況を伝えるための教材も配布されている。

2020年より新型コロナウイルス感染症（COVID-19）によるパンデミックが発生し，低・中所得国に大きな影響を与え，公平性が一層の課題となった。2021年に開催された東京栄養サミットでは，栄養不良に苦しむ子どもの減少，紛争や気候変動によっても影響を受けやすい低・中所得国について資金やシステムを支援していくことが議論された。

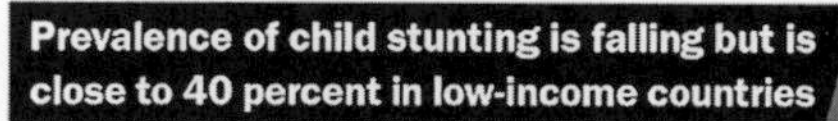

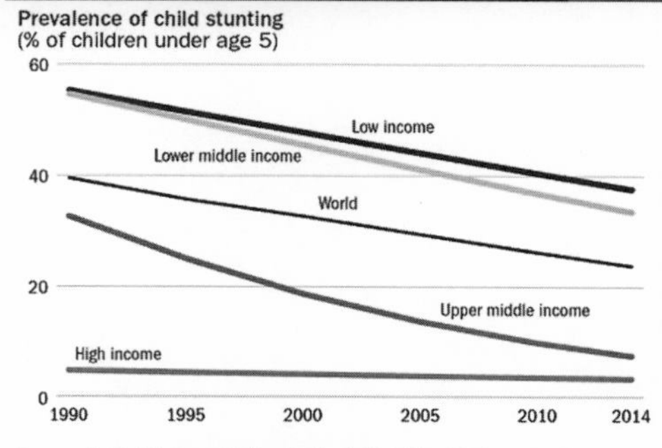

図 4.13　栄養失調の子どもの割合（2004～2009）

出所）World Development Indicator（2016）

【演習問題】

問 1　食事バランスガイドに関する記述である。最も適当なのはどれか。1 つ選べ。（2023 年国家試験）

(1) 食育推進基本計画を具体的に行動に結びつけるものである。
(2) 運動の重要性が示されている。
(3) 摂取すべき水分の量が示されている。
(4) 菓子は主食に含まれる。
(5) 1 食で摂るサービング(SV)の数が示されている。

解答（2）

問 2　世界の健康・栄養問題および栄養状態に関する記述である。最も適当なのはどれか。1 つ選べ。（2022 年国家試験）

(1) 発展途上国には，NCDs の問題は存在しない。
(2) ビタミン A 欠乏症は，開発途上国の多くで公衆栄養上の問題となっている。
(3) 栄養不良の二重負荷とは，発育阻害と消耗症が混在する状態をいう。
(4) 小児の発育阻害の判定には，身長別体重が用いられる。
(5) 栄養転換では，食物繊維の摂取量の増加がみられる。

解答（2）

問 3　公衆栄養活動に関係する国際的な施策とその組織の組合せである。最も適当なのはどれか。1 つ選べ。（2021 年国家試験）

(1) 持続可能な開発目標(SDGs)の策定 ―― 国際連合(UN)
(2) 食品の公正な貿易の確保 ―― 国連世界食糧計画(WFP)
(3) 栄養表示ガイドラインの策定 ―― 国連児童基金(UNICEF)
(4) 食物ベースの食生活指針の開発と活用のガイドラインの作成 ―― コーデックス委員会(CAC)
(5) 母乳育児を成功させるための 10 か条の策定 ―― 国連食糧農業機関(FAO)

解答（1）

問 4　開発途上国における 5 歳未満の子どもの栄養状態に関する記述である。最も適当なのはどれか。1 つ選べ。（2023 年国家試験）

(1) 過栄養の問題は，みられない。
(2) 低体重は，身長別体重で評価される。
(3) 発育阻害は，年齢別体重で評価される。
(4) 消耗症は，年齢別身長で評価される。
(5) 低栄養の評価指標として，WHO の Z スコアがある。

解答（5）

問5　栄養教育において用いられる基準・指針等と，食物の階層構造（レベル）の組合せである。誤っているのはどれか。1つ選べ。（2024年国家試験）

（1）日本人の食事摂取基準 ―――――――――――― 栄養素レベル
（2）栄養成分表示 ―――――――――――――――― 栄養素レベル
（3）6つの基礎食品 ――――――――――― 食品（食材料）レベル
（4）食事バランスガイド ―――――――――― 料理（食事）レベル
（5）米国の MyPlate ―――――――――――――― 栄養素レベル

解答（3）

参考文献

勝俣誠監修：世界から飢餓を終わらせるための30の方法，合同出版（2012）
春木敏編：エッセンシャル栄養教育論（第2版），医歯薬出版（2009）
丸山千寿子，足達淑子，武見ゆかり編：栄養教育論（改訂第4版），南江堂（2016）

付　　表

1. 栄養教育に必要な基礎知識と教材
2. 栄養教育に関連する法律・通知

1．栄養教育に必要な基礎知識と教材

〈健康日本21〉

2000年に策定された「21世紀における国民健康づくり運動（健康日本21）」では，2010年度までの期間を目途とした具体的な目標等が提示された。国民の健康維持と現代病予防を目的として2002年に制定された健康増進法に基づき，2003年には「国民の健康の増進の総合的な推進を図るための基本的な方針」が告示された。「健康日本21」の終了にともない，2012年には「国民の健康の増進の総合的な推進を図るための基本的な方針」が全面的に改正され，「健康日本21（第三次）」が告示された。

＊21世紀における国民健康づくり運動（健康日本21）（期間：2000～2012）

（2000（平成12）年3月31日厚生省発健医第115号等）

第一　趣　旨

健康を実現することは，元来，個人の健康観に基づき，一人一人が主体的に取り組む課題であるが，個人による健康の実現には，こうした個人の力と併せて，社会全体としても，個人の主体的な健康づくりを支援していくことが不可欠である。

そこで，「21世紀における国民健康づくり運動（健康日本21）」（以下「運動」という。）では，健康寿命の延伸等を実現するために，2010年度を目途とした具体的な目標等を提示すること等により，健康に関連する全ての関係機関・団体等を始めとして，国民が一体となった健康づくり運動を総合的かつ効果的に推進し，国民各層の自由な意思決定に基づく健康づくりに関する意識の向上及び取組を促そうとするものである。

http://www.kenkounippon21.gr.jp/kenkounippon21/about/intro/index_menu1.html

＊健康日本21（第三次）（期間：2024～2032）

（2023（令和5）年5月31日厚生労働省告示第207号）

全ての国民が健やかで心豊かに生活できる持続可能な社会の実現に向け誰一人取り残されない健康づくりの展開とより実効性をもつ取組の推進を通じて，国民の健康増進の総合的な推進を図るための基本的な事項が示された（p.1，1.1.1参照）。

＊国民の健康の増進の総合的な推進を図るための基本的な方針

（2012（平成24）年7月10日厚生労働省告示第430号）

この方針は，21世紀の我が国において少子高齢化や疾病構造の変化が進む中で，生活習慣及び社会環境の改善を通じて，子どもから高齢者まで全ての国民が共に支え合いながら希望や生きがいを持ち，ライフステージ（乳幼児期，青壮年期，高齢期等の人の生涯における各段階をいう。以下同じ。）に応じて，健やかで心豊かに生活できる活力ある社会を実現し，その結果，社会保障制度が持続可能なものとなるよう，国民の健康の増進の総合的な推進を図るための基本的な事項を示し，平成25年度から令和4年度までの「21世紀における第2次国民健康づくり運動（健康日本21（第2次））」（以下「国民運動」という。）を推進するものである。

https://www.mhlw.go.jp/bunya/kenkou/dl/kenkounippon21_01.pdf

〈健康づくりのための指針〉

＊食生活指針（2016（平成28）年6月に一部改定。主な改定のポイント）

改定前	改定後
適正体重を知り，日々の活動に見合った食事量を。	適度な運動をバランスのよい食事で，適正体重の維持を。
食塩や脂肪は控えめに。	食塩は控えめに，脂肪は質と量を考えて。
食文化や地域の産物を活かし，ときには新しい料理も。	日本の食文化や地域の産物を活かし，郷土の味の継承を。
料理や保存を上手にして無駄や廃棄を少なく。	食料資源を大切に，無駄や廃棄の少ない食生活を。

http://www.maff.go.jp/j/syokuiku/shishinn.html　（2018.7.5）

＊食生活指針

食生活指針	食生活指針の実践
食事を楽しみましょう。	・毎日の食事で，健康寿命をのばしましょう。 ・おいしい食事を，味わいながらゆっくりよく噛んで食べましょう。 ・家族の団らんや人との交流を大切に，また，食事づくりに参加しましょう。
１日の食事のリズムから，健やかな生活リズムを。	・朝食で，いきいきとした１日を始めましょう。 ・夜食や間食はとりすぎないようにしましょう。 ・飲酒はほどほどにしましょう。
適度な運動とバランスのよい食事で，適正体重の維持を。	・普段から体重を量り，食事量に気をつけましょう。 ・普段から意識して身体を動かすようにしましょう。 ・無理な減量はやめましょう。 ・特に若年女性のやせ，高齢者の低栄養にも気をつけましょう。
主食，主菜，副菜を基本に，食事のバランスを。	・多様な食品を組み合わせましょう。 ・調理方法が偏らないようにしましょう。 ・手作りと外食や加工食品・調理食品を上手に組み合わせましょう。
ごはんなどの穀類をしっかりと。	・穀類を毎食とって，糖質からのエネルギー摂取を適正に保ちましょう。 ・日本の気候・風土に適している米などの穀類を利用しましょう。
野菜・果物，牛乳・乳製品，豆類，魚なども組み合わせて。	・たっぷり野菜と毎日の果物で，ビタミン，ミネラル，食物繊維をとりましょう。 ・牛乳・乳製品，緑黄色野菜，豆類，小魚などで，カルシウムを十分にとりましょう。
食塩は控えめに，脂肪は質と量を考えて。	・食塩の多い食品や料理を控え目にしましょう。食塩摂取量の目標値は，男性で１日８g 未満，女性で７g 未満とされています。 ・動物，植物，魚由来の脂肪をバランスよくとりましょう。 ・栄養成分表示を見て，食品や外食を選ぶ習慣を身につけましょう。
日本の食文化や地域の産物を活かし，郷土の味の継承を。	・「和食」をはじめとした日本の食文化を大切にして，日々の食生活に活かしましょう。 ・地域の産物や旬の素材を使うとともに，行事食を取り入れながら，自然の恵みや四季の変化を楽しみましょう。 ・食材に関する知識や調理技術を身につけましょう。 ・地域や家庭で受け継がれてきた料理や作法を伝えていきましょう。
食糧資源を大切に，無駄や廃棄の少ない食生活を。	・まだ食べられるのに廃棄されている食品ロスを減らしましょう。 ・調理や保存を上手にして，食べ残しのない適量を心がけましょう。 ・賞味期限や消費期限を考えて利用しましょう。
「食」に関する理解を深め，食生活を見直してみましょう	・子供のころから，食生活を大切にしましょう。 ・家庭や学校，地域で，食品の安全性を含めた「食」に関する知識や理解を深め，望ましい習慣を身につけましょう。 ・家族や仲間と，食生活を考えたり，話し合ったりしてみましょう。 ・自分たちの健康目標をつくり，よりよい食生活を目指しましょう。

文部省決定，厚生省決定，農林水産省決定
2016（平成 28）年６月一部改正

＊妊娠前からはじめる妊産婦のための食生活指針―妊娠前から，健康なからだづくりを―

① 妊娠前から，バランスのよい食事をしっかりとりましょう
② 「主食」を中心に，エネルギーをしっかりと
③ 不足しがちなビタミン・ミネラルを，「副菜」でたっぷりと
④ 「主菜」を組み合わせてたんぱく質を十分に
⑤ 乳製品，緑黄色野菜，豆類，小魚などでカルシウムを十分に
⑥ 妊娠中の体重増加は，お母さんと赤ちゃんにとって望ましい量に
⑦ 母乳育児も，バランスのよい食生活のなかで
⑧ 無理なくからだを動かしましょう
⑨ たばことお酒の害から赤ちゃんを守りましょう
⑩ お母さんと赤ちゃんのからだと心のゆとりは，周囲のあたたかいサポートから

出所）厚生労働省，2021 年３月

＊健康づくりのための身体活動基準・指針（身体活動・運動ガイド2023）（概要）（厚生労働省，2023（令和5）年）

全体の方向性	個人差等を踏まえ、強度や量を調整し、可能なものから取り組む 今よりも少しでも多く身体を動かす

	身体活動		座位行動
高齢者	歩行又はそれと同等以上の (3メッツ以上の強度の) 身体活動を**1日40分以上** （1日約**6,000歩以上**） (=週15メッツ・時以上)	**運動** 有酸素運動・筋力トレーニング・バランス運動・柔軟運動など多要素な運動を週３日以上 **【筋力トレーニング※1を週2～3日】**	座りっぱなしの時間が長くなりすぎないように注意する **（立位困難な人も、じっとしている時間が長くなりすぎないように少しでも身体を動かす）**
成人	歩行又はそれと同等以上の (3メッツ以上の強度の) 身体活動を**1日60分以上** （1日約**8,000歩以上**） (=週23メッツ・時以上)	**運動** 息が弾み汗をかく程度以上の (3メッツ以上の強度の) 運動を**週60分以上** (=週４メッツ・時以上) **【筋力トレーニングを週2～3日】**	
こども （※身体を動かす時間が少ないこどもが対象）	（参考） ・中強度以上（３メッツ以上）の身体活動（主に有酸素性身体活動）を1日60分以上行う ・高強度の有酸素性身体活動や筋肉・骨を強化する身体活動を週３日以上行う ・身体を動かす時間の長短にかかわらず、座りっぱなしの時間を減らす。特に余暇のスクリーンタイム※2を減らす。		

※１　負荷をかけて筋力を向上させるための運動。筋トレマシンやダンベルなどを使用するウエイトトレーニングだけでなく、自重で行う腕立て伏せやスクワットなどの運動も含まれる。

※２　テレビやDVDを観ることや、テレビゲーム、スマートフォンの利用など、スクリーンの前で過ごす時間のこと。

＊健康づくりのための睡眠指針（睡眠ガイド2023）（厚生労働省，2023（令和5）年）

全体の方向性	個人差等を踏まえつつ、日常的に質・量ともに 十分な睡眠を確保し、心身の健康を保持する

高齢者	● 長い床上時間が健康リスクとなるため、床上時間が８時間以上にならないことを目安に、必要な睡眠時間を確保する。 ● 食生活や運動等の生活習慣や寝室の睡眠環境等を見直して、睡眠休養感を高める。 ● 長い昼寝は夜間の良眠を妨げるため、日中は長時間の昼寝は避け、活動的に過ごす。
成人	● 適正な睡眠時間には個人差があるが、６時間以上を目安として必要な睡眠時間を確保する。 ● 食生活や運動等の生活習慣、寝室の睡眠環境等を見直して、睡眠休養感を高める。 ● 睡眠の不調・睡眠休養感の低下がある場合は、生活習慣等の改善を図ることが重要であるが、病気が潜んでいる可能性にも留意する。
こども	● 小学生は９～12時間、中学・高校生は８～10時間を参考に睡眠時間を確保する。 ● 朝は太陽の光を浴びて、朝食をしっかり摂り、日中は運動をして、夜ふかしの習慣化を避ける。

〈食育ガイド〉

2012（平成 24）年 5 月に内閣府より公表された。乳幼児から高齢者まであらゆる国民が，日々の生活の中で食育の取り組みが実践できるように，各世代に応じた具体的な取り組みを示したものである。そのため，小学生や高齢者などあらゆる世代の者が読みやすく，わかりやすい内容となっている。ガイドでは，健康や生活習慣，食事内容，食品表示の見方，食中毒予防，災害への備えなどの情報が記載されている。2022 年 4 月に農林水産省より，デジタル食育ガイドブックが公表された。

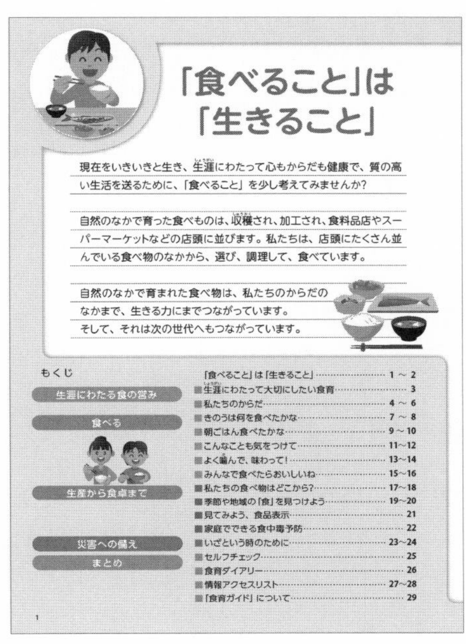

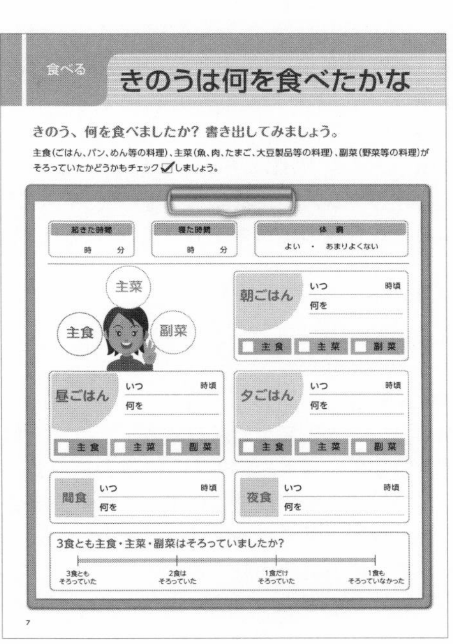

出所）農林水産省　https://www.youtube.com/watch?v=0ZTL253yOW8（2024.2.4）

〈第４次食育推進基本計画〉

第 4 次食育推進基本計画は，令和 3 年から令和 7 年までの 5 年間の食育の推進に関する方針や目標を定めている。

「第４次食育推進基本計画」における食育の推進に当たっての目標

目標 具体的な目標値（追加・見直しは黄色の目標値）	現状値（令和２年度）	目標値（令和７年度）
1 食育に関心を持っている国民を増やす		
①食育に関心を持っている国民の割合	83.2%	90%以上
2 朝食又は夕食を家族と一緒に食べる「共食」の回数を増やす		
②朝食又は夕食を家族と一緒に食べる「共食」の回数	週9.6回	週11回以上
3 地域等で共食したいと思う人が共食する割合を増やす		
③地域等で共食したいと思う人が共食する割合	70.7%	75%以上
4 朝食を欠食する国民を減らす		
④朝食を欠食する子供の割合	4.6%※	0%
⑤朝食を欠食する若い世代の割合	21.5%	15%以下
5 学校給食における地場産物を活用した取組等を増やす		
⑥栄養教諭による地場産物に係る食に関する指導の平均取組回数	月9.1回※	月12回以上
⑦学校給食における地場産物を使用する割合(金額ベース)を現状値(令和元年度)から維持・向上した都道府県の割合	—	90%以上
⑧学校給食における国産食材を使用する割合(金額ベース)を現状値(令和元年度)から維持・向上した都道府県の割合	—	90%以上
6 栄養バランスに配慮した食生活を実践する国民を増やす		
⑨主食・主菜・副菜を組み合わせた食事を1日2回以上ほぼ毎日食べている国民の割合	36.4%	50%以上
⑩主食・主菜・副菜を組み合わせた食事を1日2回以上ほぼ毎日食べている若い世代の割合	27.4%	40%以上
⑪1日当たりの食塩摂取量の平均値	10.1g※	8g以下
⑫1日当たりの野菜摂取量の平均値	280.5g※	350g以上
⑬1日当たりの果物摂取量100g未満の者の割合	61.6%※	30%以下

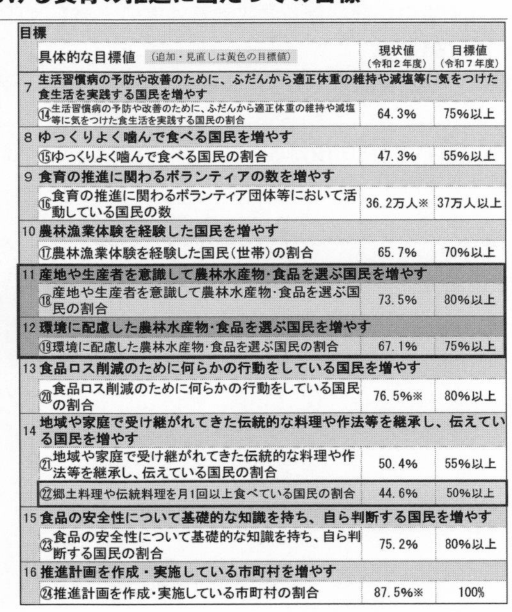

目標 具体的な目標値（追加・見直しは黄色の目標値）	現状値（令和２年度）	目標値（令和７年度）
7 生活習慣病の予防や改善のために、ふだんから適正体重の維持や減塩等に気をつけた食生活を実践する国民を増やす		
⑭生活習慣病の予防や改善のために、ふだんから適正体重の維持や減塩等に気をつけた食生活を実践する国民の割合	64.3%	75%以上
8 ゆっくりよく噛んで食べる国民を増やす		
⑮ゆっくりよく噛んで食べる国民の割合	47.3%	55%以上
9 食育の推進に関わるボランティアの数を増やす		
⑯食育の推進に関わるボランティア団体等において活動している国民の数	36.2万人※	37万人以上
10 農林漁業体験を経験した国民を増やす		
⑰農林漁業体験を経験した国民（世帯）の割合	65.7%	70%以上
11 産地や生産者を意識して農林水産物・食品を選ぶ国民を増やす		
⑱産地や生産者を意識して農林水産物・食品を選ぶ国民の割合	73.5%	80%以上
12 環境に配慮した農林水産物・食品を選ぶ国民を増やす		
⑲環境に配慮した農林水産物・食品を選ぶ国民の割合	67.1%	75%以上
13 食品ロス削減のために何らかの行動をしている国民を増やす		
⑳食品ロス削減のために何らかの行動をしている国民の割合	76.5%※	80%以上
14 地域や家庭で受け継がれてきた伝統的な料理や作法等を継承し、伝えている国民を増やす		
㉑地域や家庭で受け継がれてきた伝統的な料理や作法等を継承し、伝えている国民の割合	50.4%	55%以上
㉒郷土料理や伝統料理を月1回以上食べている国民の割合	44.6%	50%以上
15 食品の安全性について基礎的な知識を持ち、自ら判断する国民を増やす		
㉓食品の安全性について基礎的な知識を持ち、自ら判断する国民の割合	75.2%	80%以上
16 推進計画を作成・実施している市町村を増やす		
㉔推進計画を作成・実施している市町村の割合	87.5%※	100%

注）学校給食における使用食材の割合（金額ベース、令和元年度）の全国平均は、地場産物52.7%、国産食材87%となっている。

※は令和元年度の数値

出所）農林水産省　https://www.maff.go.jp/j/press/syouan/hyoji/attach/pdf/210331_35-4.pdf（2024.1.15）

2．栄養教育に関連する法律・通知

〈世界保健機関（World Health Organization：WHO）〉

〈厚生労働省関連法令，通知文等〉

＊栄養士法（1947（昭和 22）年法律第 245 号）　**＊健康増進法**（2002（平成 14）年法律第 103 号）
＊健康増進法施行規則（2003（平成 15）年厚生労働省令第 86 号）　**＊地域保健法**（1947（昭和 22）年法律第 101 号）
＊児童福祉法（1947（昭和 22）年法律第 164 号）　**＊老人福祉法**（1963（昭和 38）年法律第 133 号）
＊介護保険法（1997（平成 9）年法律第 123 号）　**＊食品衛生法**（1947（昭和 22）年法律第 233 号）
＊食育基本法（2005（平成 17）年法律第 63 号）　**＊保育所保育指針**（2008（平成 20）年厚生労働省告示第 141 号）
＊保育所におけるアレルギー対応ガイドライン（2011（平成 23）年 3 月）
＊保育所における食事の提供ガイドライン（2012（平成 24）年 3 月）

〈政府統計関連〉

＊国勢調査

〈厚生労働省統計・白書〉

＊厚生労働白書　**＊国民生活基礎調査**　**＊国民健康・栄養調査**　**＊乳幼児身体発育調査**
＊乳幼児栄養調査　**＊患者調査**　**＊国民医療費**
＊健康づくりのための食環境整備に関する検討会報告書について（2012）
＊健康日本 21（第 3 次）の推進のための説明資料（2023）
＊健康づくりのための身体活動・運動ガイド 2023
＊厚生労働統計協会：厚生の指標　増刊　国民衛生の動向
＊厚生労働省：労働衛生白書

〈文部科学省関連法令，統計情報〉

＊学校給食実施基準（1954（昭和 29）年文部省告示第 90 号）　**＊学校保健統計調査**　**＊体力・運動能力調査**
＊食に関する指導体制の整備について（答申）（2004（平成 16）年 1 月 20 日）
＊栄養教諭制度の創設に係る学校教育法等の一部を改正する法律等の施行について（通知）（2004（平成 16）年 6 月 30 日 16 文科ス第 142 号）
＊栄養教諭の配置促進について（依頼）（2009（平成 21）年 4 月 28 日付け 21 文科ス第 6261 号）

〈農林水産省統計情報〉

＊食育推進基本計画　**＊食育白書**　**＊食料需給表**　**＊外食における原産地表示に関するガイドライン**（2005）

〈消費者庁〉

＊食品表示法（2013（平成 25）年法律 70 号）

【演習問題】

問 1　妊産婦のための食生活指針に関する記述である。誤っているのはどれか。1 つ選べ。

（2021 年度国家試験）

(1) 妊娠前の女性も対象にしている。
(2) 栄養機能食品による葉酸の摂取を控えるよう示している。
(3) 非妊娠時の体格に応じた、望ましい体重増加量を示している。
(4) バランスのよい食生活の中での母乳育児を推奨している。
(5) 受動喫煙のリスクについて示している。

解答　(2)

問 2　健康日本 21（第二次）の目標項目のうち，中間評価で「改善している」と判定されたものである。最も適当なのはどれか。1 つ選べ。　（2021 年度国家試験）

(1) 適正体重の子どもの増加
(2) 適正体重を維持している者の増加
(3) 適切な量と質の食事をとる者の増加
(4) 共食の増加
(5) 食品中の食塩や脂肪の低減に取り組む食品企業及び飲食店の登録数の増加

解答　(5)

問 3　健康増進法で定められている事項のうち，厚生労働大臣が行うものである。正しいのはどれか。1 つ選べ。　（2022 年度国家試験）

(1) 都道府県健康増進計画の策定
(2) 国民健康・栄養調査における調査世帯の指定
(3) 特定給食施設に対する勧告
(4) 特別用途表示の許可
(5) 食事摂取基準の策定

解答　(5)

【予想問題】

問 1　食育推進基本計画に関する記述である。最も適当なのはどれか。1 つ選べ。

(1) 第一次食育推進基本計画は平成 17 年に策定された。
(2) 食育推進基本計画は当初内閣府所管であったが、現在は厚生労働省所管である。
(3) 第一次食育推進基本計画から学校給食において地場産物を使用する割合を増加させる目標がある。
(4) 第三次食育推進基本計画では、食育に関心を持っている国民の割合が目標値を達成した。
(5) 第四次食育推進基本計画は、食育推進の 16 目標と 20 の目標値が設定されている。

解答　(3)

索　引

執筆者紹介

＊土江　節子	神戸女子大学名誉教授（1.1）
井上久美子	十文字学園女子大学人間生活学部食物栄養学科教授（1.2，3.2.1，3.3.2）
牛込　恵子	東京家政大学家政学部栄養学科特任教授（1.3）
小川万紀子	吉祥寺二葉栄養調理専門職学校校長（1.4）
小林　実夏	大妻女子大学家政学部食物学科教授（1.5）
秋吉美穂子	文教大学健康栄養学部管理栄養学科教授（2.2，2.3）
安田　敬子	神戸女子大学家政学部管理栄養士養成課程准教授（2.4，3.3.1，付表）
清水　扶美	神戸女子大学家政学部管理栄養士養成課程准教授（2.4）
平田　庸子	神戸女子短期大学食物栄養学科准教授（2.5，2.6）
小倉　有子	安田女子大学家政学部管理栄養学科准教授（3.1.1）
大瀬良知子	東洋大学食環境科学部健康栄養学科准教授（3.1.2，4）
井上　広子	東洋大学食環境科学部健康栄養学科教授（3.2.1，3.3.2）
高橋　律子	昭和学院短期大学ヘルスケア栄養学科教授（3.2.2）
島本　和恵	昭和学院短期大学人間生活学科准教授（3.2.2）
馬渡　一諭	徳島大学大学院医歯薬学研究部講師（3.4.1）
橋本　弘子	大阪成蹊短期大学栄養学科教授（3.4.2，3.4.3）
寺田　亜希	山口県立大学看護栄養学部栄養学科講師（3.5）

（執筆順，＊編者）

サクセスフル食物と栄養学基礎シリーズ 10　栄養教育論

2024年3月30日　第一版第一刷発行　　◎検印省略

編著者　土 江 節 子

発行所　株式会社　学　文　社
発行者　田　中　千　津　子

郵便番号　153-0064
東京都目黒区下目黒3-6-1
電　話　03(3715)1501(代)
https://www.gakubunsha.com

Printed in Japan
印刷所　新灯印刷株式会社

ISBN 978-4-7620-3347-6